国家示范（骨干）高职院校重点建设专业优质核心课程系列教材

单片机应用教程

主　编　胡云冰　聂振华

副主编　徐　琴　徐宏英　佘明洪　瞿　芳

熊　伟　刘　涛　鲁先志

中国水利水电出版社
www.waterpub.com.cn

内 容 提 要

本书在多所院校近年来教学改革经验的基础上，结合职业教育改革的要求，采取将 51 单片机的知识点分解到不同的项目任务中，以项目驱动的方式来实施教学，通过做学结合让学生轻松掌握 51 单片机的知识和技能。主要内容包括：单片机硬件系统、中断系统、定时/计数器、串口通信、显示及键盘接口技术、51 单片机汇编指令、C 语言基础知识、单片机开发工具介绍等。本书采用项目化方式，通俗易懂，易于教与学，各项任务中的电路设计可以通过 Proteus 仿真软件或相应的实验板进行实验。

本书可作为高职高专院校的计算机类、自动化类、电子信息类、机电类、机械制造类等专业作为单片机技术课程的教材，也可作为中职学校、职工大学、函授学院和单片机应用开发人员的参考工具书。

本书配有电子教案、汇编语言和 C 语言源程序、相关设计电路的仿真文件等，读者可以从中国水利水电出版社网站以及万水书苑免费下载，网址为：http://www.waterpub.com.cn/softdown/或 http://www.wsbookshow.com。

图书在版编目（CIP）数据

单片机应用教程 / 胡云冰，聂振华主编. -- 北京 : 中国水利水电出版社，2014.6
国家示范（骨干）高职院校重点建设专业优质核心课程系列教材
ISBN 978-7-5170-2060-8

Ⅰ. ①单… Ⅱ. ①胡… ②聂… Ⅲ. ①单片微型计算机－高等职业教育－教材 Ⅳ. ①TP368.1

中国版本图书馆CIP数据核字(2014)第104787号

策划编辑：寇文杰　责任编辑：张玉玲　加工编辑：鲁林林　封面设计：李　佳

书　名	国家示范（骨干）高职院校重点建设专业优质核心课程系列教材 **单片机应用教程**
作　者	主　编　胡云冰　聂振华 副主编　徐　琴　徐宏英　佘明洪　瞿　芳 熊　伟　刘　涛　鲁先志
出版发行	中国水利水电出版社 （北京市海淀区玉渊潭南路 1 号 D 座　100038） 网址：www.waterpub.com.cn E-mail：mchannel@263.net（万水） sales@waterpub.com.cn 电话：（010）68367658（发行部）、82562819（万水）
经　售	北京科水图书销售中心（零售） 电话：（010）88383994、63202643、68545874 全国各地新华书店和相关出版物销售网点
排　版	北京万水电子信息有限公司
印　刷	三河市铭浩彩色印装有限公司
规　格	184mm×260mm　16 开本　12.75 印张　326 千字
版　次	2014 年 6 月第 1 版　2014 年 6 月第 1 次印刷
印　数	0001—3000 册
定　价	25.00 元

前　　言

目前很难找到哪个领域没有单片机的应用，可以说单片机已经渗透到我们生活的各个领域，民用轿车的安全保障系统、计算机网络通信与传输、飞机上的各种仪表控制、工业自动化过程的实时控制和数据处理、各种智能 IC 卡、全自动洗衣机的控制、导弹的导航装置等都离不开单片机。单片机的学习、开发与应用将造就一批智能控制与计算机应用的工程师，因此学习单片机技术越来越成为社会发展的需要。

本书在方法与内容、教与学、做与练等方面，体现了高职教育的教学特色，融实用性、科学性、趣味性于一体，主要特点如下：

（1）知识点和技能的项目化。

考虑到高职教学的需求，满足够用的原则，将单片机相应的知识点放到不同的实验项目中，而不再是将相应的知识点放在某一章来讲，学生接受起来更容易，通过相应的实验项目掌握相应的知识点。

（2）采用汇编语言和 C 语言两种编程方式。

C 语言编程容易阅读和理解，程序风格更加人性化，移植方便，目前已经成为单片机应用产品开发的主流语言，单片机的教学应该紧跟发展的方向，在程序设计中推广 C 语言编程。

传统的单片机教学采用汇编语言进行单片机程序设计，汇编语言比较灵活，但程序不易理解，但是考虑到传统单片机教学很多还是采用汇编语言编程方式，因此本书在编写过程中兼顾两方面的需求，每个程序均用汇编语言和 C 语言两种语言进行程序设计。

（3）以工作任务引导教学。

以工作任务为向导，根据相应的任务引入相关的理论和知识点，通过技能训练引出相关概念，体现在做中学、在学中练的教学思路。

（4）可选的仿真环境和相应的硬件实验环境。

本书全部任务均可由基于 Proteus+keil c 的平台来完成，不需要硬件实验板，只要有一台微机，安装有 Proteus 仿真软件和 keil c 开发环境，即可完成相关的实验，可大大节约成本；根据需求，也可以在硬件实验板上完成相关的实验，配套有相应的硬件实验电路板。

（5）采用理实一体化、现场化教学模式。

本书适合理实一体化教学，知识体系项目化，打破了理论和实践课程的分离，在教学中采用现场化教学，能够体现出在做中学、在学中做、做学结合的方式。

（6）版面新颖，更能体现高职教学需求。

高职教学更强调技能培训，但同时要有一定的理论基础，考虑到实际的需求，本书第二部分介绍了汇编语言和 C 语言的基础知识，以满足需求、够用为原则，而不能像 C 语言教程或者汇编语言教程采用的编程方式，编排上更灵活。

本书适用于高职高专院校的计算机类、自动化类、电子信息类、机电类、机械制造类等专业作为单片机技术课程的教材，也可作为中职学校、职工大学、函授学院和单片机应用开发人员的参考工具书。

本书由重庆电子工程职业学院胡云冰、聂振华任主编，重庆正大软件学院徐琴及重庆电子工程职业学院徐宏英、佘明洪、瞿芳、熊伟、刘涛、鲁先志任副主编。具体分工如下：胡云冰负责全书的统稿工作及第一部分项目五的编写，聂振华负责第一部分项目一、项目二的编写；徐琴负责第一部分项目四的编写；徐宏英负责第一部分项目三的编写；佘明洪和瞿芳负责第二部分内容二、内容三的编写，熊伟、刘涛、鲁先志负责第二部分内容一的编写。同时龙浩、卢厚财、李方元、熊静和曾华桥等为本书的编写提供了不少帮助，在此表示衷心的感谢。

为了方便教学，本书配有电子教学课件，以及书中所有项目的 C 程序源文件和工程，部分项目还配有汇编语言源程序以及 Proteus 设计文件。

由于作者水平有限，书中难免有疏漏和不足之处，恳请广大读者批评指正。

编 者

2014 年 5 月

目　　录

项目一

单片机硬件系统

任务　单片机控制单个 LED 发光二极管闪烁

任务目标

- 了解单片机及单片机应用系统。
- 理解单片机内部组成及信号引脚。
- 掌握 MCS-51 内部数据存储器及内部程序存储器。
- 了解并行输入/输出口电路结构。
- 了解单片机复位电路。
- 理解单片机工作过程。

任务要求

通过单片机 P1.0 引脚控制发光二极管，使二极管亮一会灭一会，交替闪烁。

相关知识点

一、概述

单片微型计算机（Single Chip Microcomputer）简称单片机，是指集成在一块芯片上的计算机，是典型的嵌入式微控制器（Microcontroller Unit），常用英文字母的缩写 MCU 表示单片机，它最早是被用在工业控制领域。单片机具有结构简单、控制功能强、可靠性高、体积小、价格低等优点，在许多行业都得到了广泛应用。从航天航空、地质石油、冶金采矿、机械电子、轻工纺织到机电一体化设备、邮电通信、日用设备和器械等，单片机都发挥了巨大作用。

1. 单片机及单片机应用系统

（1）微型计算机及微型计算机系统。

微型计算机（Microcomputer）简称微机，是计算机的一个重要分支。人们通常按照计算机的体积、性能和应用范围等条件，将计算机分为巨型机、大型机、中型机、小型机和微型机等。微型计算机不但具有其他计算机快速、精确、程序控制等特点，最突出的优点是它体积小、重量轻、功耗低、价格便宜。个人计算机（Personal Computer）简称PC机，是微型计算机中应用最为广泛的一种，也是近年来计算机领域中发展最快的一个分支，由于PC机在性能和价格方面适合个人用户购买和使用，目前它已经像普通家电一样深入到了家庭和社会生活的各个方面。

微型计算机系统由硬件系统和软件系统两大部分组成。

硬件系统是指构成微机系统的实体和装置，通常由运算器、控制器、存储器、输入接口电路和输入设备、输出接口电路和输出设备等组成。其中，运算器和控制器一般做在一个集成芯片上，统称中央处理单元（Central Processing Unit，CPU），是微机的核心部件，配上存放程序和数据的存储器、输入/输出（Input/Output，I/O）接口电路及外部设备即构成微机的硬件系统。

软件系统是指微机系统所使用的各种程序的总体。软件的主体驻留在存储器中，人们通过它对整机进行控制并与微机系统进行信息交换，使微机按照人的意图完成预定的任务。

软件系统与硬件系统共同构成实用的微机系统，两者是相辅相成、缺一不可的。

微型计算机系统组成示意图如图1.1.1所示。

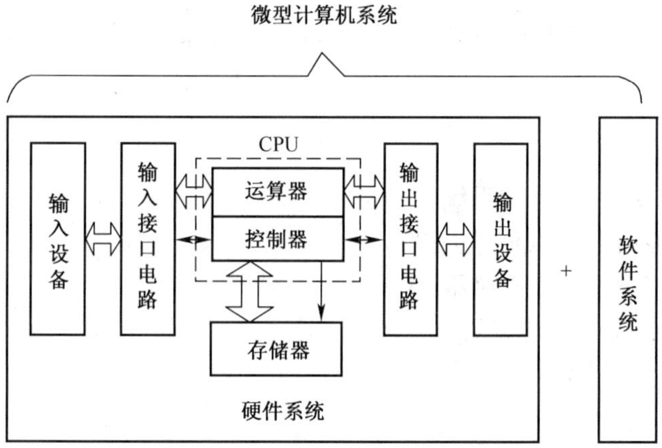

图1.1.1　微型计算机系统组成示意图

下面对组成计算机的5个基本部件进行简单说明。

- 运算器：是计算机的运算部件，用于实现算术和逻辑运算，计算机的数据运算和处理都在这里进行。
- 控制器：是计算机的指挥控制部件，使计算机各部分能自动协调地工作。运算器和控制器是计算机的核心部分，常把它们合在一起称为中央处理器，简称CPU。
- 存储器：是计算机的记忆部件，用于存放程序和数据。存储器又分为内存储器和外存储器。
- 输入设备：用于将程序和数据输入到计算机中，如键盘。
- 输出设备：用于把计算机数据计算或加工的结果以用户需要的形式显示或保存，如显示器、打印机。

通常把外存储器、输入设备和输出设备合在一起称为计算机的外部设备，简称外设。

（2）单片微型计算机。

单片微型计算机是指集成在一个芯片上的微型计算机，也就是把组成微型计算机的各种功能部件，包括CPU（Central Processing Unit）、随机存取存储器RAM（Random Access Memory）、只读存储器 ROM（Read-only Memory）、基本输入/输出（Input/Output）接口电路、定时器/计数器等部件制作在一块集成芯片上，构成一个完整的微型计算机，从而实现微型计算机的基本功能。单片机内部结构示意图如图 1.1.2 所示。

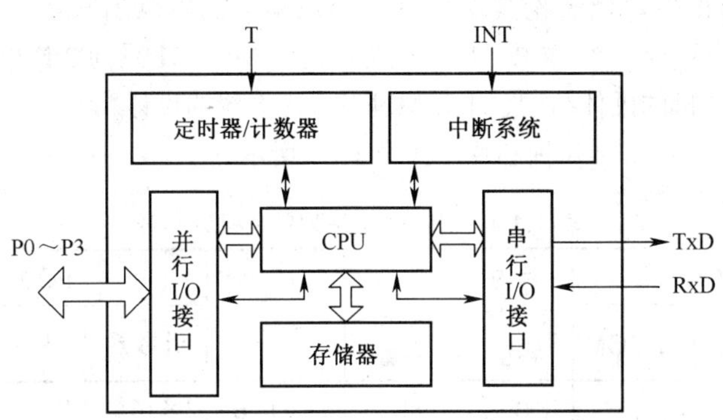

图 1.1.2 单片机内部结构示意图

单片机实质上是一个硬件的芯片，在实际应用中，通常很难直接和被控对象进行电气连接，必须外加各种扩展接口电路、外部设备等硬件和软件才能构成一个单片机应用系统。

（3）单片机应用系统及组成。

单片机应用系统是以单片机为核心，配以输入、输出、显示、控制等外围电路和软件，能实现一种或多种功能的实用系统。所以说，单片机应用系统是由硬件和软件组成的，硬件是应用系统的基础，软件是在硬件的基础上对其资源进行合理调配和使用，从而完成应用系统所要求的任务，二者相互依赖，缺一不可。单片机应用系统的组成如图 1.1.3 所示。

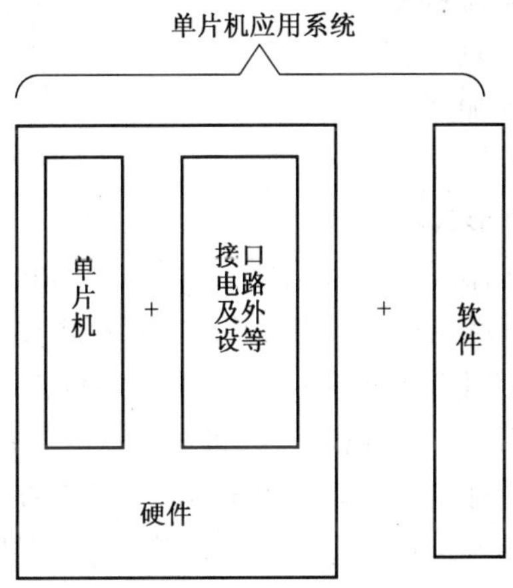

图 1.1.3 单片机应用系统的组成

由此可见，单片机应用系统的设计人员必须从硬件和软件两个角度来深入了解单片机，并能够将二者有机结合起来，才能形成具有特定功能的应用系统或整机产品。

自从 1974 年美国 Fairchild 公司研制出第一台单片机 F8 之后，迄今为止，单片机经历了由 4 位机到 8 位机、16 位机、32 位机的发展过程。单片机制造商有很多，主要有美国的 Intel、Motorola、ATMEL 等公司。目前，单片机正朝着高性能、多品种方向发展，近年来 32 位单片机已进入了实用阶段。但是由于 8 位单片机从性能价格比上占有优势，而且 8 位增强型单片机在速度和功能上向现在的 16 位单片机挑战，因此在未来相当长的时期内 8 位单片机仍是单片机的主流机型。

2. 51 单片机系列

尽管各类单片机很多，但无论是从世界范围还是从国内范围来看，使用最为广泛的应属 MCS-51 单片机。基于这一事实，本书以应用最为广泛的 MCS-51 系列 8 位单片机（8031、8051 等）为研究对象，介绍单片机的硬件结构、工作原理及应用系统的设计。

MCS-51 单片机系列共有十几种芯片，如表 1.1.1 所示。

表 1.1.1　MCS-51 系列单片机分类表

子系列	片内 ROM 形式			片内 ROM 容量	片内 RAM 容量	寻址范围	I/O 特性			中断源
	无	ROM	EPROM				计数器	并行口	串行口	
51 子系列	8031	8051	8751	4KB	128B	2×64KB	2×16	4×8	1	5
	80C31	80C51	87C51	4KB	128B	2×64KB	2×16	4×8	1	5
52 子系列	8032	8052	8752	8KB	256B	2×64KB	3×16	4×8	1	6
	80C32	80C52	87C52	8KB	256B	2×64KB	3×16	4×8	1	6

表中列出了 MCS-51 单片机系列的芯片型号以及它们的技术性能指标，使我们对其基本情况有一个概括的了解。下面就在这个表的基础上对 MCS-51 系列单片机进行说明。

（1）51 子系列和 52 子系列。

MCS-51 系列又分为 51 和 52 两个子系列，并以芯片型号的最末位数字作为标志。其中 51 子系列是基本型，而 52 子系列则属增强型。52 子系列功能增强的具体方面从表 1.1.1 中可以看出：

- 片内 ROM 从 4KB 增加到 8KB。
- 片内 RAM 从 128 字节增加到 256 字节。
- 定时器/计数器从 2 个增加到 3 个。
- 中断源从 5 个增加到 6 个。

（2）片内 ROM 存储器配置形式。

MCS-51 单片机片内程序存储器有多种配置形式，即掩膜 ROM、EPROM、EEPROM 和 Flash ROM。它们各有特点，也各有其适用场合，在使用时应根据需要进行选择。一般情况下，片内带掩膜型 ROM 适用于定型大批量应用产品的生产；片内带 EPROM 型的单片机适合于研制产品样机；外接 EPROM 的方式适用于研制新产品；Intel 公司推出的片内带 EEPROM 型的单片机，可以在线写入程序；目前 Flash ROM 使用较广，闪存是电子可擦除只读存储器（EEPROM）的变种，闪存与 EEPROM 不同的是，它能在字节水平上进行删除和重写而不是整个芯片擦写，这样闪存就比 EEPROM 的更新速度快。

二、51 单片机结构

尽管单片机比较简单，但要按 5 个基本组成部件来讲单片机的硬件结构和原理也将是一件十分复杂的事。其实也没有这种必要。因此，通常讲述单片机结构原理时，总是从实际需要出发，只介绍与程序设计和系统扩展应用有关的内容。

1. 51 单片机的内部组成及信号引脚

51 单片机的典型芯片是 8031、8051、8751。8051 内部有 4KB ROM，8751 内部有 4KB EPROM，

8031 片内无 ROM，除此之外，三者的内部结构及引脚完全相同。因此以 8051 为例来说明本系列单片机的内部组成及信号引脚。

（1）8051 单片机的基本组成。

8051 单片机的基本组成如图 1.1.4 所示。

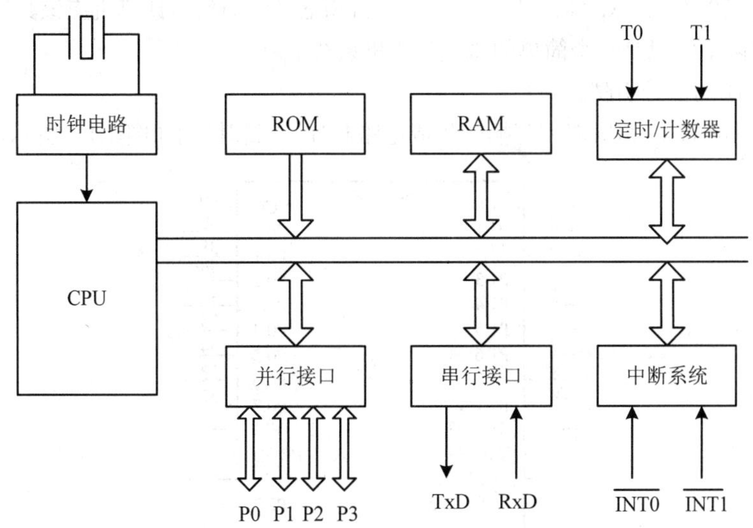

图 1.1.4　MCS-51 单片机结构框图

1）中央处理器（CPU）。

中央处理器是单片机的核心，完成运算和控制功能。MCS-51 的 CPU 能处理 8 位二进制数或代码。

2）内部数据存储器（内部 RAM）。

8051 芯片中共有 256 个 RAM 单元，但后 128 单元被专用寄存器占用，能作为寄存器供用户使用的只是前 128 单元，用于暂存中间数据，可读可写，掉电后数据会丢失。因此通常所说的内部数据存储器就是指前 128 单元，简称内部 RAM。

3）内部程序存储器（内部 ROM）。

8051 共有 4KB ROM，用于存放程序、原始数据或表格，因此称之为程序存储器，掉电后数据不会丢失，简称内部 ROM。

4）定时器/计数器。

8051 共有 2 个 16 位的定时器/计数器，以实现定时或计数功能，并以其定时或计数结果对计算机进行控制。

5）并行 I/O 口。

MCS-51 共有 4 个 8 位的 I/O 口（P0、P1、P2、P3），以实现数据的并行输入输出。

6）串行口。

MCS-51 单片机有一个全双工的串行口，以实现单片机和其他设备之间的串行数据传送。该串行口功能较强，既可作为全双工异步通信收发器使用，也可作为同步移位器使用。

7）中断控制系统。

MCS-51 单片机的中断功能较强，以满足控制应用的需要。8051 共有 5 个中断源，即外中断 2

个、定时/计数中断 2 个、串行中断 1 个。全部中断分为高级和低级共 2 个优先级别。

8）时钟电路。

MCS-51 芯片的内部有时钟电路，但石英晶体和微调电容需要外接。时钟电路为单片机产生时钟脉冲序列。晶振频率通常选择 6MHz、11.0592MHz 或 12MHz。

从上述内容可以看出，MCS-51 虽然是一个单片机芯片，但作为计算机应该具有的基本部件它都包括，因此实际上它已是一个简单的微型计算机系统了。

（2）MCS-51 的信号引脚。

MCS-51 是标准的 40 引脚双列直插式集成电路芯片，引脚排列如图 1.1.5 所示。

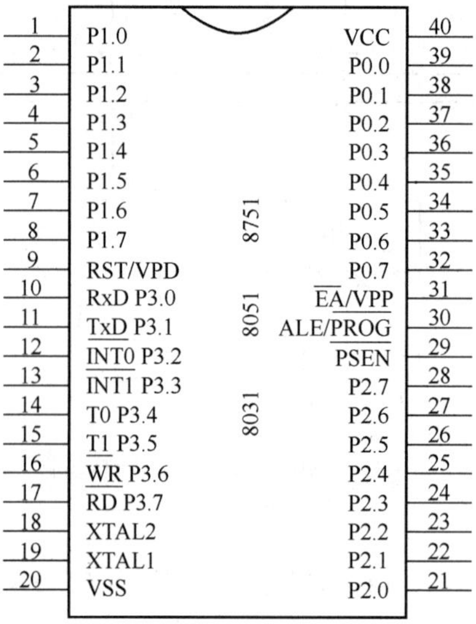

引脚	名称	名称	引脚
1	P1.0	VCC	40
2	P1.1	P0.0	39
3	P1.2	P0.1	38
4	P1.3	P0.2	37
5	P1.4	P0.3	36
6	P1.5	P0.4	35
7	P1.6	P0.5	34
8	P1.7	P0.6	33
9	RST/VPD	P0.7	32
10	RxD P3.0	$\overline{\text{EA}}$/VPP	31
11	TxD P3.1	ALE/$\overline{\text{PROG}}$	30
12	$\overline{\text{INT0}}$ P3.2	$\overline{\text{PSEN}}$	29
13	$\overline{\text{INT1}}$ P3.3	P2.7	28
14	T0 P3.4	P2.6	27
15	T1 P3.5	P2.5	26
16	$\overline{\text{WR}}$ P3.6	P2.4	25
17	$\overline{\text{RD}}$ P3.7	P2.3	24
18	XTAL2	P2.2	23
19	XTAL1	P2.1	22
20	VSS	P2.0	21

8751 8051 8031

图 1.1.5　MCS-51 引脚图

1）信号引脚介绍。

P0.0～P0.7：P0 口 8 位双向口线。

P1.0～P1.7：P1 口 8 位双向口线。

P2.0～P2.7：P2 口 8 位双向口线。

P3.0～P3.7：P3 口 8 位双向口线。

ALE：地址锁存控制信号。

在系统扩展时，ALE 用于控制把 P0 口输出的低 8 位地址锁存器锁存起来，以实现低位地址和数据的隔离。此外由于 ALE 是以晶振六分之一的固定频率输出的正脉冲，因此可作为外部时钟或外部定时脉冲使用。

$\overline{\text{PSEN}}$：外部程序存储器读选通信号。在读外部 ROM 时 $\overline{\text{PSEN}}$ 有效（低电平），以实现外部 ROM 单元的读操作。

$\overline{\text{EA}}$：访问程序存储控制信号。当 $\overline{\text{EA}}$ 信号为低电平时，对 ROM 的读操作限定在外部程序存储器；而当 $\overline{\text{EA}}$ 信号为高电平时，则对 ROM 的读操作是从内部程序存储器开始，并可延至外部程序存储器。

RST：复位信号。当输入的复位信号延续 2 个机器周期以上高电平即为有效，用以完成单片机的复位初始化操作。

XTAL1 和 XTAL2：外接晶体引线端。当使用芯片内部时钟时，这两个引线端用于外接石英晶体和微调电容；当使用外部时钟时，用于接外部时钟脉冲信号。

VSS：地线。

VCC：+5V 电源。

2）信号引脚的第二功能。

由于工艺及标准化等原因，芯片的引脚数目是有限制的。例如 MCS-51 系列把芯片引脚数目限定为 40 条，但单片机为实现其功能所需要的信号数目却远远超过此数，因此就出现了需要与可能的矛盾。如何解决这个矛盾？“兼职”是唯一可行的办法，即给一些信号引脚赋以双重功能。如果把前述的信号定义为引脚第一功能的话，则根据需要再定义的信号就是它的第二功能。下面介绍一些信号引脚的第二功能。

P3 口线的第二功能：P3 的 8 条口线都定义有第二功能，如表 1.1.2 所示。

表 1.1.2 P3 口各引脚与第二功能表

引脚	第二功能	信号名称
P3.0	RxD	串行数据接收
P3.1	TxD	串行数据发送
P3.2	$\overline{\text{INT0}}$	外部中断 0 申请
P3.3	$\overline{\text{INT1}}$	外部中断 1 申请
P3.4	T0	定时器/计数器 0 的外部输入
P3.5	T1	定时器/计数器 1 的外部输入
P3.6	$\overline{\text{WR}}$	外部 RAM 写选通
P3.7	$\overline{\text{RD}}$	外部 RAM 读选通

EPROM 存储器程序固化所需要的信号：有内部 EPROM 的单片机芯片（如 8751），为写入程序需要提供专门的编程脉冲和编程电源，这些信号也是由信号引脚以第二功能的形式提供的，即：

编程脉冲：30 脚（ALE/$\overline{\text{PROG}}$）。

编程电压（25V）：31 脚（$\overline{\text{EA}}$/VPP）。

2. MCS-51 内部数据存储器

MCS-51 单片机的芯片内部有 RAM 和 ROM 两类存储器，即所谓的内部 RAM 和内部 ROM，首先分析内部 RAM。

（1）内部数据存储器低 128 单元。

8051 的内部 RAM 共有 256 个单元，通常把这 256 个单元按其功能划分为两部分：低 128 单元（单元地址 00H～7FH）和高 128 单元（单元地址 80H～FFH）。如表 1.1.3 所示为低 128 单元的配置介绍。

低 128 单元是单片机的真正 RAM 存储器，按其用途划分为 3 个区域：

1）寄存器区。

共有四组寄存器，每组 8 个寄存单元（各为 8 位），各组都以 R0～R7 作寄存单元编号。寄存器常用于存放操作数及中间结果等，由于它们的功能及使用不作预先规定，因此称之为通用寄存器，有时也叫工作寄存器。四组通用寄存器占据内部 RAM 的 00H～1FH 单元地址。

表 1.1.3 片内 RAM 的配置

单元地址	功能
30H～7FH	数据缓冲区
20H～2FH	位寻址区（00H～7FH）
18H～1FH	工作寄存器 3 区（R7～R0）
10H～17H	工作寄存器 2 区（R7～R0）
08H～0FH	工作寄存器 1 区（R7～R0）
00H～07H	工作寄存器 0 区（R7～R0）

在任一时刻，CPU 只能使用其中的一组寄存器，并且把正在使用的那组寄存器称为当前寄存器组。到底是哪一组，由程序状态字寄存器 PSW 中 RS1、RS0 位的状态组合来决定。

通用寄存器为 CPU 提供了就近数据存储的便利，有利于提高单片机的运算速度。此外，使用通用寄存器还能提高程序编制的灵活性，因此在单片机的应用编程中应充分利用这些寄存器，以简化程序设计，提高程序运行速度。

2）位寻址区。

内部 RAM 的 20H～2FH 单元，既可以作为一般 RAM 单元使用，进行字节操作，也可以对单元中的每一位进行位操作，因此把该区称为位寻址区。位寻址区共有 16 个 RAM 单元，共 128 位，位地址为 00H～7FH。MCS-51 具有布尔处理机功能，这个位寻址区可以构成布尔处理机的存储空间。这种位寻址能力是 MCS-51 的一个重要特点。表 1.1.4 所示为位寻址区的位地址表。

表 1.1.4 片内 RAM 位寻址区的位地址

单元地址	MSB			位地址				LSB
2FH	7F	7E	7D	7C	7B	7A	79	78
2EH	77	76	75	74	73	72	71	70
2DH	6F	6E	6D	6C	6B	6A	69	68
2CH	67	66	65	64	63	62	61	60
2BH	5F	5E	5D	5C	5B	5A	59	58
2AH	57	56	55	54	53	52	51	50
29H	4F	4E	4D	4C	4B	4A	49	48
28H	47	46	45	44	43	42	41	40
27H	3F	3E	3D	3C	3B	3A	39	38
26H	37	36	35	34	33	32	31	30
25H	2F	2E	2D	2C	2B	2A	29	28
24H	27	26	25	24	23	22	21	20
23H	1F	1E	1D	1C	1B	1A	19	18
22H	17	16	15	14	13	12	11	10
21H	0F	0E	0D	0C	0B	0A	09	08
20H	07	06	05	04	03	02	01	00

3）用户 RAM 区。

在内部 RAM 低 128 单元中，通用寄存器占去 32 个单元，位寻址区占去 16 个单元，剩下 80 个单元是供用户使用的一般 RAM 区，其单元地址为 30H～7FH。

对用户 RAM 区的使用没有任何规定或限制。但在一般应用中常把堆栈开辟在此区中。

（2）内部数据存储器高 128 单元。

内部 RAM 的高 128 单元是供给专用寄存器使用的，其单元地址为 80H～FFH。因为这些寄存器的功能已作专门规定，所以称之为专用寄存器（Special Function Register），也可称为特殊功能寄存器。

8051 共有 21 个专用寄存器，现对其中部分寄存器进行简单介绍。

1）程序计数器（Program Counter，PC）。

PC 是一个 16 位的计数器，作用是控制程序的执行顺序，内容为将要执行指令的地址，寻址范围达 64KB。PC 有自动加 1 功能，从而实现程序的顺序执行。PC 没有地址，是不可寻址的。因此用户无法对它进行读写。但可以通过转移、调用、返回等指令改变其内容，以实现程序的转移。因地址不在 SFR 之内，一般不计作专用寄存器。

2）累加器（Accumulator，ACC）。

累加器为 8 位寄存器，是最常用的专用寄存器，功能较多，地位重要。它既可用来存放操作数，也可用来存放运算的中间结果。MCS-51 单片机中大部分单操作数指令的操作数就取自累加器，许多双操作数指令中的一个操作数也取自累加器。

3）B 寄存器。

B 寄存器是一个 8 位寄存器，主要用于乘除运算。乘法运算时，B 是乘数。乘法操作后，乘积的高 8 位存于 B 中。除法运算时，B 是除数。除法操作后，余数存于 B 中。此外，B 寄存器也可作为一般数据寄存器使用。

4）程序状态字（Program Status Word，PSW）。

程序状态字是一个 8 位寄存器，用于存储程序运行中的各种状态信息。其中有些位状态是根据程序执行结果由硬件自动设置的，而有些位状态则使用软件方法设定。PSW 的位状态可以用专门指令进行测试，也可以用指令读出。一些条件转移指令将根据 PSW 有些位的状态进行程序转移。PSW 的各位定义如下：

PSW 位地址	D7H	D6H	D5H	D4H	D3H	D2H	D1H	D0H
字节地址 D0H	CY	AC	F0	RS1	RS0	OV	F1	P

除 PSW.1 位保留未用外，其余各位的定义及使用介绍如下：

- CY（PSW.7）：进位标志位。CY 是 PSW 中最常用的标志位，功能有两个：一是存放算术运算的进位标志，在进行加或减运算时，如果操作结果最高位有进位或借位时，CY 由硬件置 1，否则清零；二是在位操作中作累加位使用。位传送、位与位或等位操作，操作位之一固定是进位标志位。
- AC（PSW.6）：辅助进位标志位。在进行加减运算中，当有低 4 位向高 4 位进位或借位时，AC 由硬件置 1，否则 AC 位被清零。

- F0（PSW.5）：用户标志位。这是一个供用户定义的标志位，需要利用软件方法置位或复位，用以控制程序的转向。
- RS1 和 RS0（PSW.4、PSW.3）：寄存器组选择位，用于选择 CPU 当前工作的通用寄存器组。通用寄存器共有四组，其对应关系如表 1.1.5 所示。

表 1.1.5　寄存器组对应关系

RS1	RS0	寄存器组	片内 RAM 地址
0	0	第 0 组	00H～07H
0	1	第 1 组	08H～0FH
1	0	第 2 组	10H～17H
1	1	第 3 组	18H～1FH

这两个选择位的状态是由软件设置的，被选中的寄存器组即为当前通用寄存器组。但当单片机上电或复位后，RS1 RS0=00。

- OV（PSW.2）：溢出标志位。在带符号数加减运算中，OV=1 表示加减运算超出了累加器 A 所能表示的符号数有效范围（-128～+127），即产生了溢出，因此运算结果是错误的；否则，OV=0 表示运算正确，即无溢出产生。在乘法运算中，OV=1 表示乘积超过 255，即乘积分别在 B 与 A 中；否则，OV=0 表示乘积只在 A 中。在除法运算中，OV=1 表示除数为 0 表示除法不能进行；否则，OV=0，除数不为 0，除法可正常进行。
- P（PSW.0）：奇偶标志位。表明累加器 A 内容的奇偶性，如果 A 中有奇数个 1，则 P 置 1，否则置 0。凡是改变累加器 A 中内容的指令均会影响 P 标志位。此标志位对串行通信中的数据传输有重要的意义。在串行通信中常采用奇偶校验的办法来校验数据传输的可靠性。

5）数据指针（DPTR）。

数据指针是 MCS-51 中的一个 16 位寄存器。编程时，DPTR 既可以按 16 位寄存器使用，也可以按两个 8 位寄存器分开使用，即：

- DPH：DPTR 高位字节。
- DPL：DPTR 低位字节。

DPTR 通常在访问外部数据存储器时作地址指针使用，由于外部数据存储器的寻址范围为 64KB，故把 DPTR 设计为 16 位。

6）堆栈指针（Stack Pointer，SP）。

堆栈是一个特殊的存储区，用来暂存数据和地址，它是按“先进后出”的原则存取数据的。堆栈有两种操作：进栈和出栈。

MCS-51 单片机由于堆栈设在内部 RAM 中，因此 SP 是一个 8 位寄存器。系统复位后，SP 的内容为 07H，使得堆栈实际上从 08H 单元开始。但 08H～1FH 单元分别属于工作寄存器 1～3 区，如程序中要用到这些区，则最好把 SP 值改为 1FH 或更大的值。一般地，堆栈最好在内部 RAM 的 30H～7FH 单元中开辟。SP 的内容一经确定，堆栈的位置也就跟着确定下来，由于 SP 可初始化为不同值，因此堆栈位置是浮动的。

此处只集中讲述了 6 个专用寄存器，其余的专用寄存器（如 TCON、TMOD、IE、IP、SCON、

PCON、SBUF 等）将在后面陆续介绍。

（3）专用寄存器中的字节寻址和位地址。

MCS-51 系列单片机有 21 个可寻址的专用寄存器，其中有 11 个专用寄存器是可以位寻址的。各寄存器的字节地址及位地址如表 1.1.6 所示。

表 1.1.6 MCS-51 专用寄存器地址表

SFR	MSB			位地址/位定义			LSB	字节地址
B	F7	F6	F5	F4	F3	F2	F1	F0	F0H
ACC	E7	E6	E5	E4	E3	E2	E1	E0	E0H
PSW	D7	D6	D5	D4	D3	D2	D1	D0	D0H
	CY	AC	F0	RS1	RS0	OV	F1	P	
IP	BF	BE	BD	BC	BB	BA	B9	B8	B8H
	/	/	/	PS	PT1	PX1	PT0	PX0	
P3	B7	B6	B5	B4	B3	B2	B1	B0	B0H
	P3.7	P3.6	P3.5	P3.4	P3.3	P3.2	P3.1	P3.0	
IE	AF	AE	AD	AC	AB	AA	A9	A8	A8H
	EA	/	/	ES	ET1	EX1	ET0	EX0	
P2	A7	A6	A5	A4	A3	A2	A1	A0	A0H
	P2.7	P2.6	P2.5	P2.4	P2.3	P2.2	P2.1	P2.0	
SBUF									（99H）
SCON	9F	9E	9D	9C	9B	9A	99	98	98H
	SM0	SM1	SM2	REN	TB8	RB8	TI	RI	
P1	97	96	95	94	93	92	91	90	90H
	P1.7	P1.6	P1.5	P1.4	P1.3	P1.2	P1.1	P1.0	
TH1									（8DH）
TII0									（8CH）
TL1									（8BH）
TL0									（8AH）
TMOD	GAT	C/T	M1	M0	GAT	C/T	M1	M0	（89H）
TCON	8F	8E	8D	8C	8B	8A	89	88	88H
	TF1	TR1	TF0	TR0	IE1	IT1	IE0	IT0	
PCON	SMOD	/	/	/	GF1	GF0	PDWN	IDLE	（87H）
DPH									（83H）
DPL									（82H）
SP									（81H）
P0	87	86	85	84	83	82	81	80	80H
	P0.7	P0.6	P0.5	P0.4	P0.3	P0.2	P0.1	P0.0	

对专用寄存器的字节寻址问题作如下几点说明：

- 21 个可字节寻址的专用寄存器是不连续地分散在内部 RAM 的高 128 单元之中，尽管还余有许多空闲地址，但用户并不能使用。
- 程序计数器 PC 不占据 RAM 单元，它在物理上是独立的，因此是不可寻址的寄存器。
- 对专用寄存器只能使用直接寻址方式，书写时既可使用寄存器符号，也可使用寄存器单元地址。
- 表中凡字节地址不带括号的寄存器都是可进行位寻址的寄存器，而带括号的是不可位寻址的寄存器。全部专用寄存器可寻址的位共 83 位，这些位都具有专门的定义和用途。这样加上位寻址区的 128 位，在 MCS-51 的内部 RAM 中共有 128+83=211 个可寻址位。

3. MCS-51 内部程序存储器

MCS-51 的程序存储器用于存放编好的程序和表格常数。8051 片内有 4KB 的 ROM。MCS-51 的片外最多能扩展 64KB 程序存储器，片内外的 ROM 是统一编址的。当 $\overline{EA}$ 端保持高电平，8051 的程序计数器 PC 在 0000H～0FFFH 地址范围内（即前 4KB 地址）是执行片内 ROM 中的程序，当 PC 在 1000H～FFFFH 地址范围时，自动执行片外程序存储器中的程序；当 $\overline{EA}$ 端保持低电平时，只能寻址外部程序存储器，片外存储器可以从 0000H 开始编址。

MCS-51 的程序存储器中有些单元具有特殊功能，使用时应予以注意。

其中一组特殊单元是 0000H～0002H。系统复位后，（PC）=0000H，单片机从 0000H 单元开始取指令执行程序。如果程序不从 0000H 单元开始，应在这三个单元中存放一条无条件转移指令，以便直接转去执行指定的程序。

还有一组特殊单元 0003H～002AH，共 40 个单元，这 40 个单元被均匀地分为 5 段，作为 5 个中断源的中断地址区。

- 0003H～000AH：外部中断 0 中断地址区。
- 000BH～0012H：定时器/计数器 0 中断地址区。
- 0013H～001AH：外部中断 1 中断地址区。
- 001BH～0022H：定时器/计数器 1 中断地址区。
- 0023H～002AH：串行中断地址区。

中断响应后，按中断种类自动转到各中断区的首地址去执行程序。因此在中断地址区中理应存放中断服务程序。但通常情况下，8 个单元难以存下一个完整的中断服务程序，因此通常也是从中断地址区首地址开始存放一条无条件转移指令，以便中断响应后通过中断地址区再转到中断服务程序的实际入口地址区。

三、并行输入/输出口电路结构

单片机芯片内还有一项主要内容就是并行 I/O 口。MCS-51 共有 4 个 8 位的并行 I/O 口，分别记作 P0、P1、P2、P3。每个口都包含一个锁存器、一个输出驱动器和输入缓冲器。实际上它们已被归入专用寄存器之列，并且具有字节寻址和位寻址功能。

在访问片外扩展存储器时，低 8 位地址和数据由 P0 口分时传送，高 8 位地址由 P2 口传送。在无片外扩展存储器的系统中，这 4 个口的每一位均可作为双向的 I/O 端口使用。

MCS-51 单片机的 4 个 I/O 口都是 8 位双向口，这些口在结构和特性上是基本相同的，但又各具特点，下面具体介绍。

1. P0 口

P0 口的口线逻辑电路如图 1.1.6 所示。

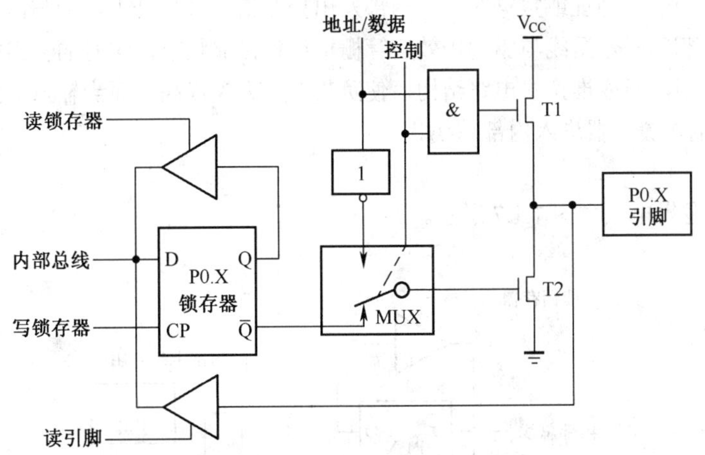

图 1.1.6　P0 口某位结构

由图可见，电路中包含有 1 个数据输出锁存器、2 个三态数据输入缓冲器、1 个数据输出驱动电路和 1 个输出控制电路。当对 P0 口进行写操作时，由锁存器和驱动电路构成数据输出通路。由于通路中已有输出锁存器，因此数据输出时可以与外设直接连接，而不需要再加数据锁存电路。

考虑到 P0 口既可以作为通用的 I/O 口进行数据的输入输出，也可以作为单片机系统的地址/数据线使用。为此在 P0 口的电路中有一个多路转接电路 MUX。在控制信号的作用下，多路转接电路可以分别接通锁存器输出或地址/数据线。当作为通用的 I/O 口使用时，内部的控制信号为低电平，封锁与门将输出驱动电路的上拉场效应管（FET）截止，同时使多路转接电路 MUX 接通锁存器 Q 端的输出通路。

当 P0 口作为输出口使用时，内部的写脉冲加在 D 触发器的 CP 端，数据写入锁存器，并向端口引脚输出。

当 P0 口作为输入口使用时，应区分读引脚和读端口两种情况。为此在口电路中有两个用于读入驱动的三态缓冲器。所谓读引脚就是读芯片引脚的数据，这时使用下方的数据缓冲器，由“读引脚”信号把缓冲器打开，把端口引脚上的数据从缓冲器通过内部总线读进来。使用传送指令（MOV）进行读口操作都是属于这种情况。

而读端口是指通过上面的缓冲器读锁存器 Q 端的状态。在端口已处于输出状态的情况下，本来 Q 端与引脚的信号是一致的，这样安排的目的是为了适应对口进行“读－修改－写”操作指令的需要。例如“ANL P0,A”就属于这类指令，执行时先读入 P0 口锁存器中的数据，然后与 A 的内容进行逻辑与，再把结果送回 P0 口。对于这类“读－修改－写”指令，不直接读引脚而读锁存器是为了避免可能出现的错误。因为在端口已处于输出状态的情况下，如果端口的负载恰是一个晶体管的基极，导通了的 PN 结会把端口引脚的高电平拉低，这样直接引脚就会把本来的 1 误读为 0。但若从锁存器 Q 端读，就能避免这样的错误，得到正确的数据。

但是要注意，当 P0 口进行一般的 I/O 输出时，由于输出电路是漏极开路电路，必须外接上拉电阻才能有高电平输出；当 P0 口进行一般的 I/O 输入时，必须先向电路中的锁存器写入 1，使 FET

截止，以避免锁存器为 0 状态时对引脚读入的干扰。

在实际应用中，P0 口绝大多数情况下都是作为单片机系统的地址/数据线使用，这要比作一般 I/O 口应用简单。当输出地址或数据时，由内部发出控制信号，打开上面的与门，并使多路转接电路 MUX 处于内部地址/数据线与驱动场效应管栅极反相接通状态，这时的输出驱动电路由于上下两个 FET 处于反相，形成推拉式电路结构，使负载能力大为提高，而当输入数据时，数据信号则直接从引脚通过输入缓冲器进入内部总线。

2. P1 口

P1 口的口线逻辑电路如图 1.1.7 所示。

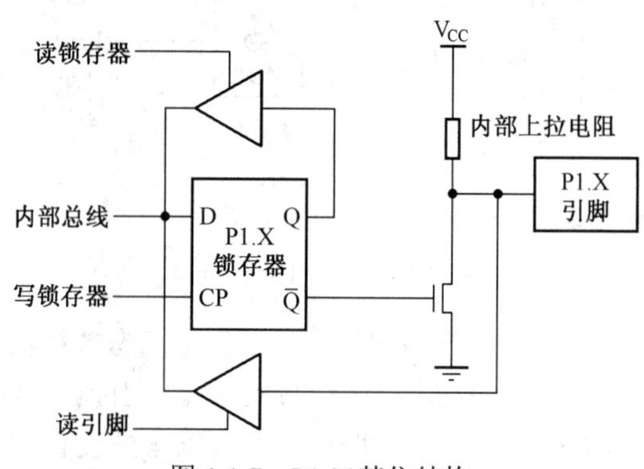

图 1.1.7　P1 口某位结构

因为 P1 口通常是作为通用 I/O 口使用的，所以在电路结构上与 P0 口有一些不同之处。首先它不再需要多路转接电路 MUX；其次电路的内部有上拉电阻，与场效应管共同组成输出驱动电路。

为此 P1 口作为输出口使用时，已能向外提供推拉电流负载，无需再外接上拉电阻。当 P1 口作为输入口使用时，同样也需要先向其锁存器写 1，使输出驱动电路的 FET 截止。

3. P2 口

P2 口的口线逻辑电路如图 1.1.8 所示。

P2 口电路中比 P1 口多了一个多路转接电路 MUX，这又正好与 P0 口一样。P2 口可以作为通用 I/O 口使用。这时多路转接开关倒向锁存器 Q 端。但通常应用情况下，P2 口是作为高位地址线使用，此时多路转接开关应倒向相反方向。

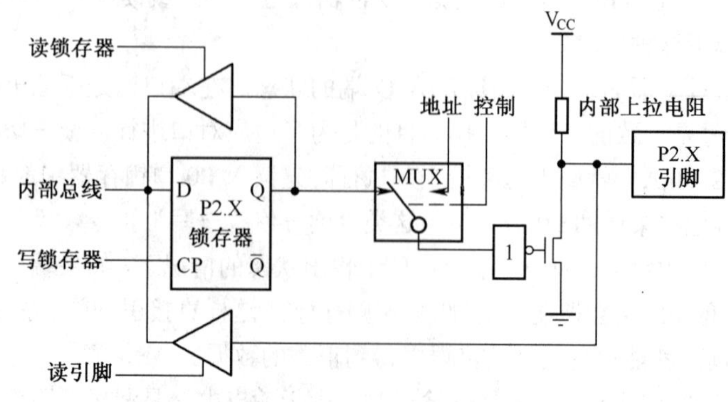

图 1.1.8　P2 口某位结构图

4. P3 口

P3 口的口线逻辑电路如图 1.1.9 所示。

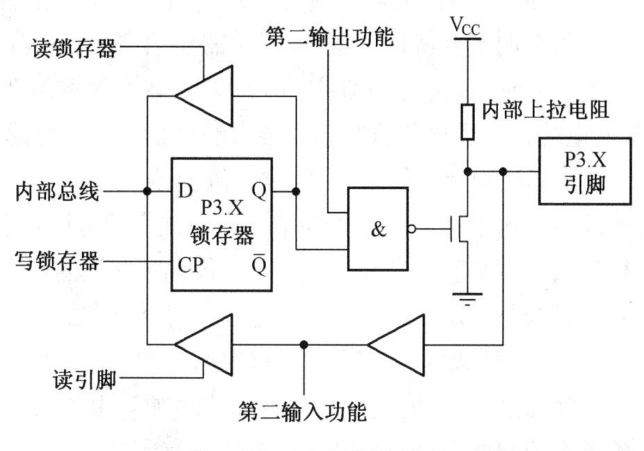

图 1.1.9　P3 口某位结构

P3 口的特点在于为适应引脚信号第二功能的需要，增加了第二功能控制逻辑。由于第二功能信号有输入和输出两类，因此分两种情况说明。

对于第二功能为输出的信号引脚，当作为 I/O 使用时，第二功能信号引线应保持高电平，与非门开通，以维持从锁存器到输出端数据输出通路的畅通。当输出第二功能信号时，该位的锁存器应置 1，使与非门对第二功能信号的输出是畅通的，从而实现第二功能信号的输出。

对于第二功能为输入的信号引脚，在口线的输入通路上增加了一个缓冲器，输入的第二功能信号就从这个缓冲器的输出端取得。而作为 I/O 使用的数据输入，仍取自三态缓冲器的输出端。不管是作为输入口使用还是第二功能信号输入，输出电路中的锁存器输出和第二功能输出信号线都应保持高电平。

四、复位电路

单片机复位是使 CPU 和系统中的其他功能部件都处在一个确定的初始状态，并从这个状态开始工作，例如复位后 PC=0000H，使单片机从第一个单元取指令。无论是在单片机刚开始接上电源时，还是断电后或者发生故障后都要复位。所以我们必须弄清楚 MCS-51 型单片机复位的条件、复位电路和复位后的状态。

单片机复位的条件是：必须使 RST 引脚（9）加上持续 2 个机器周期（即 24 个振荡周期）的高电平。例如，若时钟频率为 12MHz，每机器周期为 1μs，则只需 2μs 以上时间的高电平。在 RST 引脚出现高电平后的第二个机器周期执行复位。单片机常见的复位电路如图 1.1.10 所示。

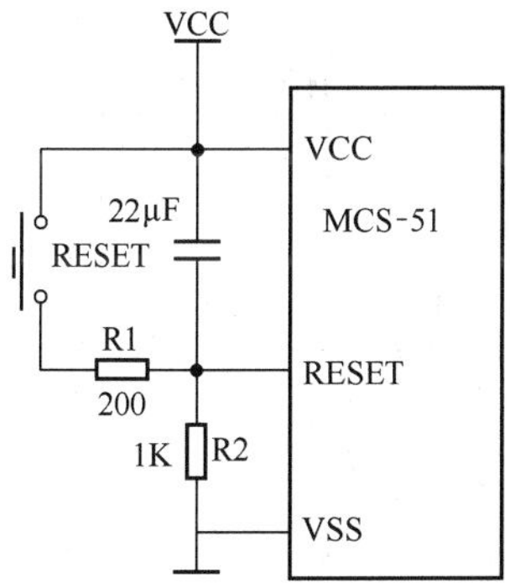

图 1.1.10 所示为按键复位电路。该电路除具有上电复位功能外，若要复位，只需按图中的 RESET 键，此时电源 VCC 经电阻 R1、R2 分压在 RST 端产生一个复位高电平。

图 1.1.10　单片机常见的复位电路

五、单片机的工作过程

单片机自动完成赋予它的任务的过程，也就是单片机执行程序的过程，即一条条执行指令的过程。所谓指令就是把要求单片机执行的各种操作用命令的形式写下来，这是由设计人员赋予它的指令系统所决定的，一条指令对应着一种基本操作；单片机所能执行的全部指令就是该单片机的指令系统，不同种类的单片机，其指令系统也不同。为使单片机能自动完成某一特定任务，必须把要解决的问题编成一系列指令（这些指令必须是选定单片机能识别和执行的指令），这一系列指令的集合就称为程序，程序需要预先存放在具有存储功能的部件——存储器中。存储器由许多存储单元（最小的存储单位）组成，就像楼房由许多房间组成一样，指令就存放在这些单元里，单元里的指令取出并执行就像楼房的每个房间被分配到了唯一一个房间号一样，每一个存储单元也必须被分配到唯一的地址号，该地址号称为存储单元的地址，这样只要知道了存储单元的地址，就可以找到这个存储单元，其中存储的指令就可以被取出，然后再被执行。

程序通常是顺序执行的，所以程序中的指令也是一条条顺序存放的，单片机在执行程序时要能把这些指令一条条取出并加以执行，必须有一个部件能追踪指令所在的地址，这一部件就是程序计数器 PC（包含在 CPU 中），在开始执行程序时，给 PC 赋以程序中第一条指令所在的地址，然后取得每一条要执行的命令，PC 之中的内容就会自动增加，增加量由本条指令的长度决定，可能是 1、2 或 3，以指向下一条指令的起始地址，保证指令顺序执行。

单片机上电或复位时，PC 自动清零，即装入地址 0000H，这就保证了单片机上电或复位后程序从 0000H 地址开始执行。

项目分析

一、硬件电路分析

发光二极管控制电路如图 1.1.11 所示，R0 为限流电阻，D0 为发光二极管。根据硬件电路图可知，当 P1.0 引脚输出高电平时，发光二极管灭；当 P1.0 引脚输出低电平时，发光二极管亮。

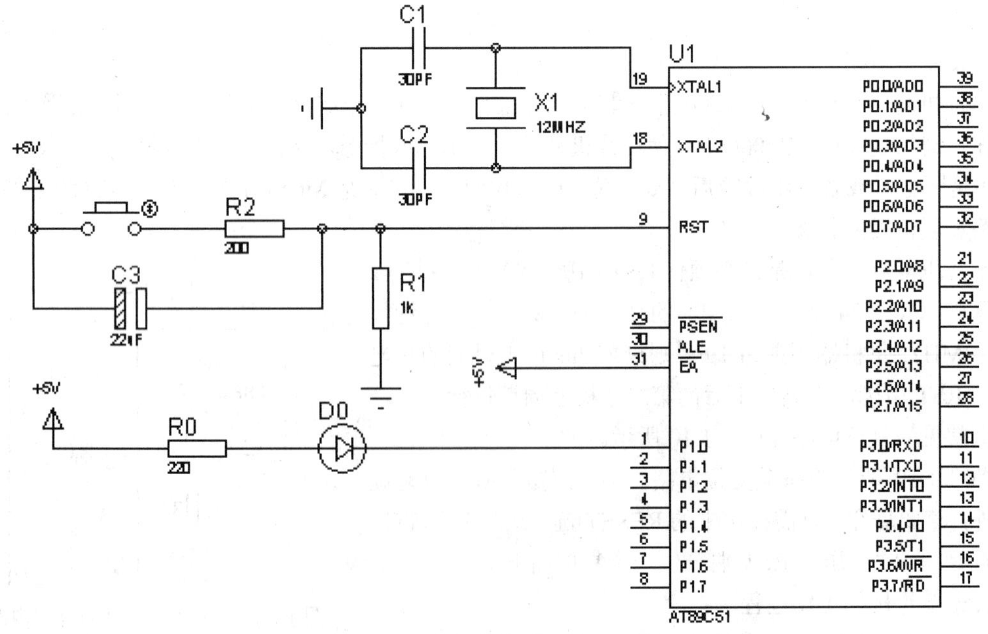

图 1.1.11　发光二极管控制电路

二、软件设计

（1）程序流程图，如图 1.1.12 所示。

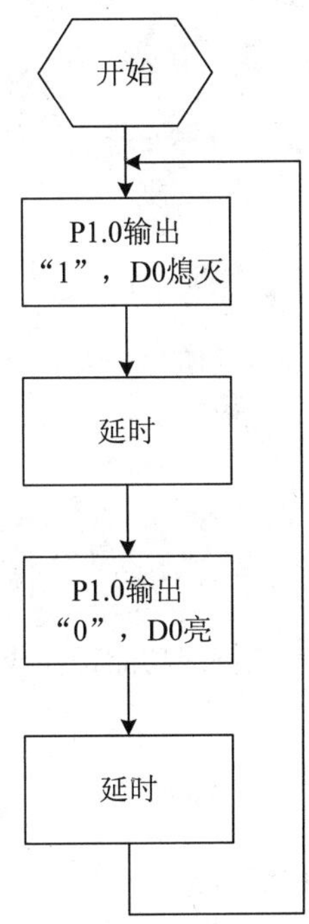

图 1.1.12 程序流程图

（2）软件设计。

1）汇编程序。

```
ORG 0000H
START:
SETB P1.0                ;P1.0 口置高电平
LCALL DELAY              ;调用延时子程序
CLR P1.0                 ;P1.0 口置低电平
LCALL DELAY
LJMP START               ;程序跳转到标号为 START 的地方继续执行
DELAY: MOV R5,#20        ;延时子程序 D1: MOV R6,#20
D1: MOV R6,#20
D2: MOV R7,#250
DJNZ R7,$
DJNZ R6,D2
DJNZ R5,D1
RET                      ;子程序返回
END
```

2）C 程序。

```
#include  <reg51.h>
sbit P1_0=P1^0;          //定义 P1_0 为 P1 口的第 1 位，以便进行位操作
void  delay ();
void  main()
```

```
{
    while(1)
    {
        P1_0=1;                  // P1.0 口置高电平
        delay ();
        P1_0=0;                  // P1.0 口置低电平
        delay ();
    }
}
void delay ()                    //延时子程序
{
    unsigned char i,j,k;
    for(i=0;i<10;i++)
    {
        for(j=0;j<10;j++)
          for(k=0;k<10;k++);
    }
}
```

C 语言中，可以通过关键字 sbit 来定义特殊功能寄存器中的可寻址位，定义 P1 口的第 0 位可采用语句“sbit P1_0=P1^0;”。

项目实施

（1）按照图 1.1.11 在 Proteus 中连接好电路。

（2）在 keil c 中编写程序，生成 hex 文件。

（3）将生成的 hex 文件加载到单片机芯片中。

（4）在 proteus 中仿真，观察结果。

元件清单如表 1.1.7 所示。

表 1.1.7　元件清单

元件名称	Proteus 中的名称
单片机芯片	AT89C51
晶振	CRYSTAL
电容	CAP
电解电容	CAP-ELEC
发光二极管	LED-RED
电阻	RES
按键	BUTTON

练习题

1．什么是中断？设置中断有何意义？

2．8051 是几位单片机？几 KB 的 ROM？多少个 RAM 单元？

3．8051 单片机有多少个引脚？电源和地分别对应哪个引脚？

4．简述：

（1）8051 $\overline{EA}$ 引脚的功能。

（2）8051RST 引脚的功能。

（3）XTAL1 和 XTAL2 引脚的功能。

5．简述 P3.0～P3.7 引脚的第二功能。

6．8051 单片机 RAM 单元的地址范围、位寻址单元的地址范围、用户 RAM 区的地址范围各是多少？

7．简述 PC 计数器的功能。

8．PSW 是什么？请简述 PSW 中各位的含义。

9．堆栈按什么原则存取数据？SP 是什么？系统复位后 SP 的内容是多少？

10．51 单片机 ROM 最大能扩展到多少 KB？单片机复位后 PC 中的值是多少？

11．RST 引脚复位的条件是什么？

项目二

中断

任务 1　流水灯状态控制（一）

任务目标

- 理解中断的基本概念。
- 掌握 TCON 中 IE1、IE0、IT1、IT0 相关位的含义，能够按照要求进行设置。
- 理解中断控制寄存器、中断优先级寄存器相关位的含义，能够按照要求进行设置。
- 理解中断处理过程，掌握如何编写中断服务程序。

任务要求

通过外部按键改变流水灯的状态，未按键之前，8 个发光二极管依次点亮；按键之后，相邻的两个发光二极管依次点亮，相邻的发光二极管点亮 6 次，又恢复到原来的状态。

相关知识点

一、中断概述

1. 什么叫中断

举例：某同学正在教室写作业，忽然被人叫出去，回来后，继续写作业。引入计算机中断的概念。CPU 暂时中止其正在执行的程序，转去执行请求中断的那个外设或事件的服务程序，等处理完毕后再返回执行原来中止的程序，叫做中断。其运行过程如图 1.2.1 所示。

2. 为什么要设置中断

（1）提高 CPU 工作效率。

（2）具有实时处理功能。

在实时控制中，现场的各种参数、信息均随时间和现场而变化。这些外界变量可根据要求随时向 CPU 发出中断申请，请求 CPU 及时处理中断请求。如中断条件满足，CPU 马上就会响应，进行相应的处理，从而实现实时处理。

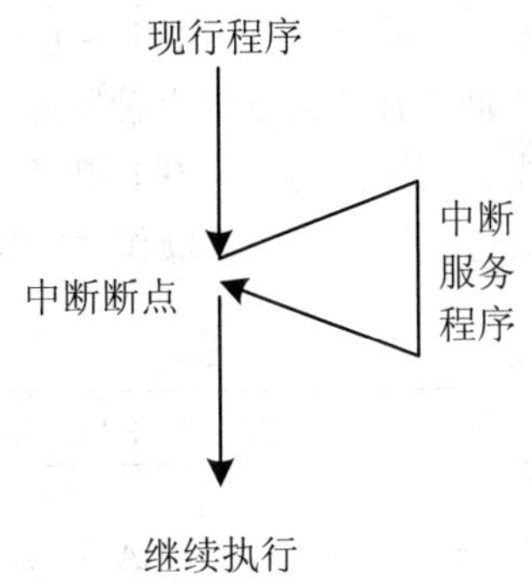

图 1.2.1　中断示意图

（3）具有故障处理功能。

针对难以预料的情况或故障，如掉电、存储出错、运算溢出等，可通过中断系统由故障源向 CPU 发出中断请求，再由 CPU 转到相应的故障处理程序进行处理。

（4）实现分时操作。

中断可以解决快速的 CPU 与慢速的外设之间的矛盾，使 CPU 和外设同时工作。CPU 在启动外设工作后继续执行主程序，同时外设也在工作。每当外设做完一件事就发出中断申请，请求 CPU 中断它正在执行的程序，转去执行中断服务程序（一般情况是处理输入/输出数据），中断处理完之后，CPU 恢复执行主程序，外设也继续工作。这样，CPU 可启动多个外设同时工作，大大提高了 CPU 的效率。

二、中断源

中断源是指能发出中断请求，引起中断的装置或事件，51 单片机有以下 5 个中断源：

- INT0：外部中断 0，中断请求信号由 P3.2 输入。
- INT1：外部中断 1，中断请求信号由 P3.3 输入。
- T0：定时/计数器 0 溢出中断，对外部脉冲计数由 P3.4 输入。
- T1：定时/计数器 1 溢出中断，对外部脉冲计数由 P3.5 输入。
- 串行中断：包括串行接收中断 RI 和串行发送中断 TI。

三、中断有关寄存器

1. 中断请求控制寄存器（TCON）

INT0、INT1、T0、T1 中断请求标志放在 TCON 中，串行中断请求标志放在 SCON 中。TCON 的结构、位名称、位地址和功能如下：

TCON	D7	D6	D5	D4	D3	D2	D1	D0
位名称	TF1	TR1	TF0	TR0	IE1	IT1	IE0	IT0

- TF1（TCON.7）：定时器 1 的溢出中断标志。T1 被启动计数后，从初值做加 1 计数，计满溢出后由硬件置位 TF1，同时向 CPU 发出中断请求，此标志一直保持到 CPU 响应中断后才由硬件自动清零。也可由软件查询该标志，并由软件清零。
- TF0（TCON.5）：定时器 0 溢出中断标志。其操作功能与 TF1 相同。
- IE1（TCON.3）：中断标志。IE1 = 1，外部中断 1 向 CPU 申请中断。

- IT1（TCON.2）：中断触发方式控制位。当 IT1 = 0 时，外部中断 1 控制为低电平触发方式；当 IT1 = 1 时，外部中断 1 控制为下降沿触发方式。
- IE0（TCON.1）：中断标志。其操作功能与 IE1 相同。
- IT0（TCON.0）：中断触发方式控制位。其操作功能与 IT1 相同。

2. 中断允许寄存器

IE	EA			ES	ET1	EX1	ET0	EX0

- EA（总控制位）：EA 为 1，开放所有中断；EA 为 0，禁止所有中断。
- ES（串口控制位）：ES 为 1，允许串口中断；ES 为 0，禁止串口中断。
- ET1（T1 中断控制位）：ET1 为 1，允许 T1 中断；ET1 为 0，禁止 T1 中断。
- EX1（/INT1 控制位）：EX1 为 1，允许外部中断 1 中断；EX1 为 0，禁止外部中断 1 中断。
- ET0（T0 中断控制位）：ET0 为 1，允许 T0 中断；ET0 为 0，禁止 T0 中断。
- EX0（/INT0 控制位）：EX0 为 1，允许外部中断 0 中断；EX0 为 0，禁止外部中断 0 中断。

注意：允许串口中断，EA=1 且 ES=1。

3. 中断优先级寄存器

为什么要有中断优先级？CPU 同一时间只能响应一个中断请求。若同时来了两个或两个以上的中断请求，就必须有先有后。为此将 5 个中断源分成高级、低级两个级别，高级优先，由 IP 控制。

IP				PS	PT1	PX1	PT0	PX0

- PS：串行口优先级控制位。
- PT1：定时器 1 优先级控制位。
- PX1：外部中断 1 优先级控制位。
- PT0：定时器 0 优先级控制位。
- PX0：外部中断 0 优先级控制位。

以上各位与 IE 的低 5 位相对应，为 1 时为高优先级，为 0 时为低优先级。相应的数据位置为 1，该中断就被设为高优先级中断；置为 0，该中断被设为低级别的中断，高级别中断的中断请求比低级别中断优先被单片机处理。初始化编程时，由软件确定。

例如，SETB PT0、SETB IP1、CLR PX0 等。

当 51 单片机 5 个中断的优先级相同时，5 个中断源默认的优先顺序如图 1.2.2 所示。

中断源	中断级别
外部中断 0	最高
T0 溢出中断	↓
外部中断 1	
T1 溢出中断	
串行口中断	最低

图 1.2.2　中断源默认的优先顺序

中断优先原则可概括为以下四句话：

- 低级不打断高级。
- 高级不睬低级。
- 同级不能打断。
- 同级、同时中断，事先约定。

四、中断处理过程

中断处理过程大致可分为4步：中断请求、中断响应、中断服务、中断返回，如图1.2.3所示。

1. 中断请求

中断源发出中断请求信号，相应的中断请求标志位（中断请求控制寄存器TCON中）置1。假如外部中断1发出中断请求，IE1置为1。

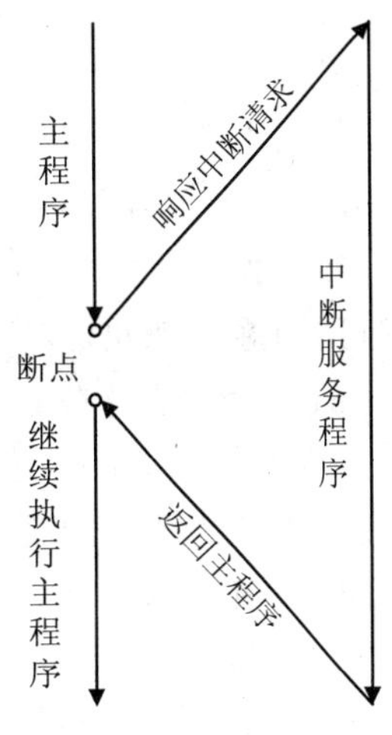

图1.2.3　中断处理过程

2. 中断响应

CPU查询（检测）到某中断标志为1，在满足中断响应条件下响应中断。中断响应的主要内容就是由单片机自动地中断正在执行的程序，跳到该中断源对应的中断入口地址处执行放在那里的程序。

（1）中断响应条件。

- 该中断已经“开中”（总阀和分阀已经打开，IE中设置）。
- CPU此时没有响应同级或更高级的中断。
- 当前正处于所执行指令的最后一个机器周期。
- 正在执行的指令不是RETI或访问IE、IP的指令，否则必须再另外执行一条指令后才能响应。

（2）中断响应操作。

CPU响应中断后进行以下操作：

- 保护断点地址。将旧PC（代表被打断程序的中断点）的内容压栈。
- 撤除该中断源的中断请求标志。中断请求标志位置0。
- 关闭同级中断。
- 将相应中断的入口地址送入PC。

80C51的5个中断入口地址：

- INT0：0003H。
- T0：000BH。
- INT1：0013H。
- T1：001BH。
- 串行口：0023H。

3. 执行中断服务程序

中断服务程序应包含以下几部分：

（1）保护现场。

知道程序原来是在何处被打断的，各有关寄存器被打断时的内容是什么，就必须在转入执行中断服务程序前将这些内容和状态进行备份，即保护现场。

（2）执行中断服务程序主体，完成相应操作。

中断服务程序就是执行中断处理的具体内容。

（3）恢复现场。

中断服务程序执行完后，继续执行原先的程序，就需要把保存的现场内容从堆栈中弹出，恢复寄存器和存储单元的原有内容。

4. 中断返回

在中断服务程序最后必须安排一条中断返回指令 RETI，当 CPU 执行 RETI 指令后，自动完成下列操作：

（1）恢复断点地址。

（2）开放同级中断，以便允许同级中断源请求中断。

五、8051 C 语言中断程序的写法

当 8051 产生了中断工作后，会跳到某一固定的地址去执行中断服务程序，而中断服务程序的地址可以由程序来决定。

C51 编译器支持在 C 语言源程序中直接编写 8051 单片机的中断服务函数程序，从而降低了采用汇编语言编写中断服务程序的繁琐程度。为了在 C 语言源程序中直接编写中断服务函数，C51 编译器对函数的定义进行了扩展，增加了一个扩展关键字 interrupt。关键字 interrupt 是函数定义时的一个选项，加上这个选项即可将一个函数定义成中断服务函数。定义中断服务函数的一般形式为：

函数类型　函数名(形式参数表)[interrupt n][using m]

关键字 interrupt 后面的 n 是中断号，n 的取值范围为 0～31。编译器从 8n+3 处产生中断向量，具体的中断号 n 和中断向量取决于不同的 8051 系列单片机芯片。8051 单片机的常用中断源和中断向量如表 1.2.1 所示。

表 1.2.1　常用中断源和中断向量

n	中断源	中断向量 8n+3
0	外部中断 0	0003H
1	定时器 0	000BH
2	外部中断 1	0013H
3	定时器 1	001BH
4	串口	0023H

8051 系列单片机可以在内部 RAM 中使用 4 个不同的工作寄存器组，每个寄存器组中包含 8 个工作寄存器（R0～R7）。C51 编译器扩展了一个关键字 using，专门用来选择 8051 单片机中不同的工作寄存器组。using 后面的 m 是一个 0～3 的常整数，分别选中 4 个不同的工作寄存器组。在定义一个函数时 using 是一个选项，如果不用该选项，则由编译器选择一个寄存器组作绝对寄存器组访问。需要注意的是，关键字 using 和 interrupt 的后面都不允许跟一个带运算符的表达式。

关键字 using 对函数目标代码的影响为：在函数的入口处将当前工作寄存器组保护到堆栈中；指定的工作寄存器内容不会改变；函数返回之前将被保护的工作寄存器组从堆栈中恢复。

使用关键字 using 在函数中确定一个工作寄存器组时必须十分小心，要保证任何寄存器组的切换都只在仔细控制的区域内发生，如果不能做到这一点将产生不正确的函数结果。另外还要注意，带 using 属性的函数原则上不能返回 bit 类型的值。并且关键字 using 不允许用于外部函数。

关键字 interrupt 也不允许用于外部函数，它对中断函数目标代码的影响为：在进入中断函数时，特殊功能寄存器 ACC、B、DPH、DPL、PSW 将被保存入栈；如果不使用寄存器组切换，则将中断函数中所用到的全部工作寄存器都入栈；函数返回之前，所有寄存器内容出栈；中断函数由 8051 单片机指令 RETI 结束。

项目分析

一、硬件电路分析

硬件电路图如图 1.2.4 所示。

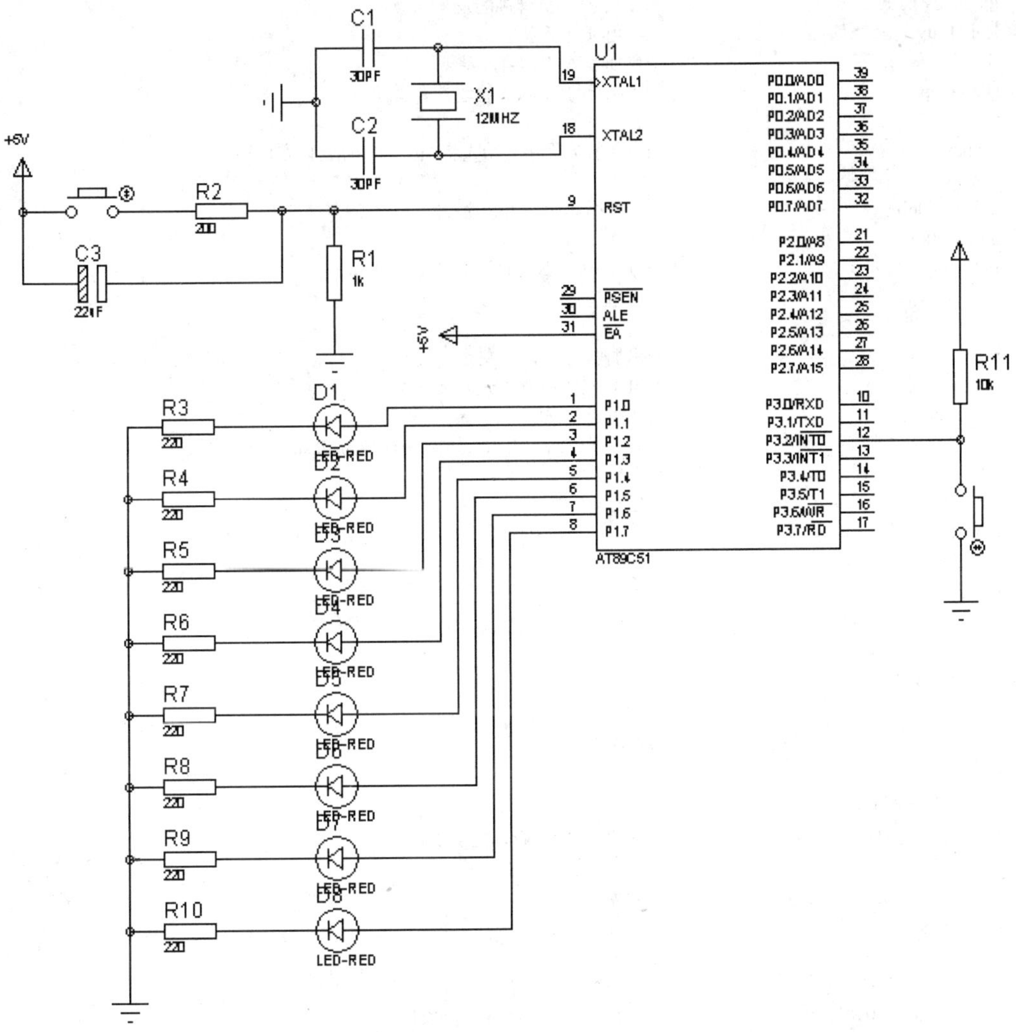

图 1.2.4　流水灯状态控制电路（一）

（1）流水灯电路。R3～R10 为限流电阻，D1～D8 为发光二极管，当 P1 口相应的引脚输出高电平时，对应的发光二极管亮；当 P1 口相应的引脚输出低电平时，对应的发光二极管灭。

（2）按键电路。当控制键未按下时，P3.2 引脚保持高电平；当控制键按下时，产生了从高到低的跳变，这样就产生一次外部中断请求。此电路设计中采用下降沿来提出中断的请求。

二、软件设计

（1）汇编程序。

```
org 0000h
ljmp main                     ;跳过 5 个中断源的入口地址
org 0003h                     ;外部中断 0 入口地址
LJMP I0                       ;I0 为中断服务程序的标号
org 0030h
main:setb it0                 ;设置外部中断 0 采用下降沿信号触发
setb ea                       ;打开中断允许总开关
setb ex0                      ;允许外部中断 0 请求中断
mov a,#01h
loop:mov p1,a                 ;点亮 P1.0 引脚接的发光二极管
lcall dealy                   ;调用延时子程序
rl a                          ;累加器 A 中内容左移一次
sjmp loop                     ;跳到标号为 loop 的地方去执行

I0: push acc                  ;中断服务程序开始先将相应的寄存器内容压栈
push p1
mov r1,#06h                   ;设置循环次数为 6 次
mov a,#03h
flash:mov p1,a                ;点亮 P1 口最低两位发光二极管
lcall dealy                   ;调用延时程序
mov a,p1
rl a                          ;累加器 A 中内容左移一次
mov p1,#00h                   ;P1 口接的所有发光二极管灭
lcall dealy                   ;调用延时程序
djnz r1,flash                 ;循环次数没到 6 次，就跳到标号为 flash 的地方去执行程序
reti                          ;中断返回
dealy:mov r2,#02              ;延时 0.5 秒
loop1:mov r3,#250
loop2:mov r4,#250
loop3:nop
nop
djnz r4,loop3
djnz r3,loop2
djnz r2,loop1
ret                           ;子程序返回
end
```

（2）C 程序。

```
#include<reg51.h>             //定义 8051 寄存器的头文件
#define LED P1                //定义 LED 为 P1
void delay(int);              //声明延时函数
void main()
  {
      IE=0x081;               //开中断，EA 和 EX0 置 1
      TCON=0x01;              //外部中断 0 采用脉冲触发
      LED=0x00;               //灯全灭
      while(1)
```

```
        {
            int i;
            LED=0x01;
            for(i=0;i<7;i++)
                {
                    delay(200);                 //调用延时子程序
                    LED=(LED<<1);               //左移一位
                }
            }
    }
void    inter0(void) interrupt 0                //外部中断 0 子程序，中断号为 0
{
    int i;
    LED=0x03;
    for(i=0;i<5;i++)
        {
            delay(200);
            LED=(LED<<1);
        }
}
void delay(int x)
{
    int i,j;
    for(i=0;i<x;i++)
        for(j=0;j<120;j++);
}
```

项目实施

（1）按照图 1.2.4 在 Proteus 中连接好电路。

（2）在 keil c 中编写程序，生成 hex 文件。

（3）将生成的 hex 文件加载到单片机芯片中。

（4）在 Proteus 中仿真，观察结果。

元件清单如表 1.2.2 所示。

表 1.2.2　元件清单

元件名称	Proteus 中的名称
单片机芯片	AT89C51
晶振	CRYSTAL
电容	CAP
发光二极管	LED-RED
电解电容	CAP-ELEC
电阻	RES
按键	BUTTON

任务 2　流水灯状态控制（二）

任务目标

- 理解中断优先级寄存器相关位的含义，能够根据要求进行高低优先级的设置。
- 理解中断处理过程，掌握如何编写多个中断服务程序。

任务要求

通过外部按键改变流水灯的状态，未按键之前，8 个发光二极管同时交替亮灭；按了接在 P3.2 引脚上的开关后，相邻的两个发光二极管从低位依次点亮，相邻的发光二极管点亮 6 次，又恢复到原来的状态；按了接在 P3.3 引脚上的开关后，相邻的两个发光二极管从高位依次点亮，相邻的发光二极管点亮 6 次，又恢复到原来的状态。

项目分析

一、硬件电路分析

硬件电路图如图 1.2.5 所示。

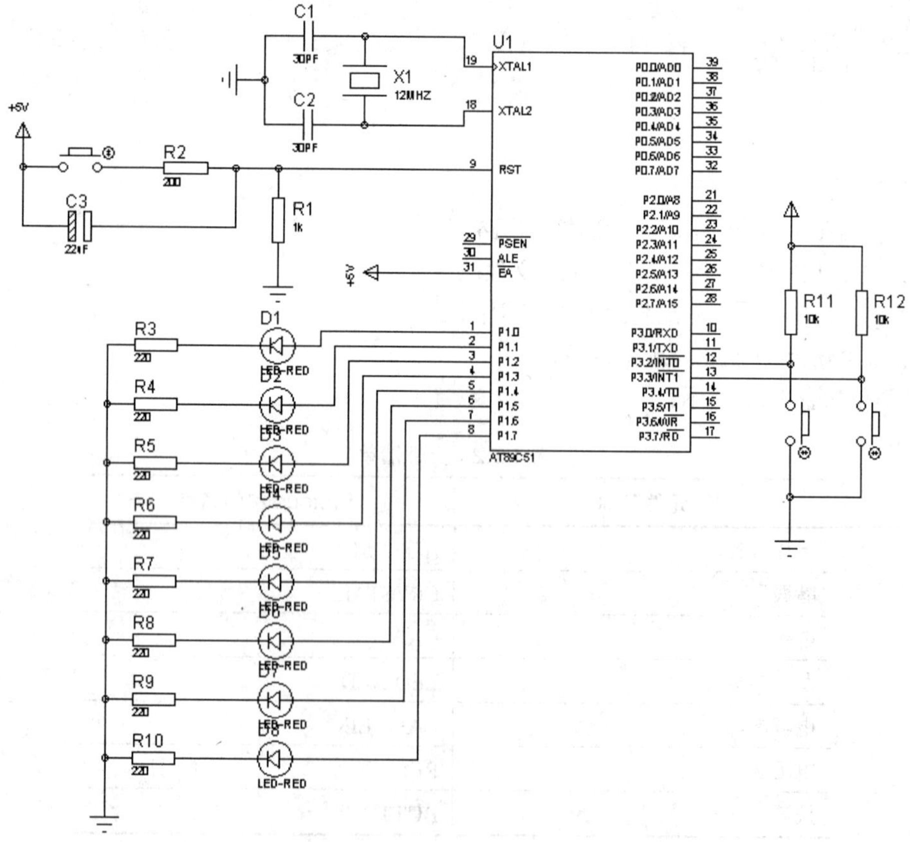

图 1.2.5　流水灯状态控制电路（二）

（1）流水灯电路：R3～R10 为限流电阻，D1～D8 为发光二极管，当 P1 口相应的引脚输出高电平时，对应的发光二极管亮；当 P1 口相应的引脚输出低电平时，对应的发光二极管灭。

（2）按键电路：当控制键未按下时，P3.2、P3.3 引脚保持高电平；当其中一个控制键按下时，产生了从高到低的跳变，这样就产生一次外部中断请求。此电路设计中采用下降沿来提出中断请求。

（3）P3.2、P3.3 引脚都接有控制键，两个键都没有按下，8 个发光二极管交替亮灭；接在 P3.2 引脚上的按键按下，状态被改变，相邻的发光二极管从低位到高位依次亮 6 次；当 P3.2 引脚上的按键按下后，接在 P3.3 引脚上的按键按下，状态又发生了改变。这里涉及到中断的优先级，根据硬件电路可知，使用了外部中断 0 和外部中断 1，而且根据实际情况可以确定外部中断 1 比外部中断 0 的优先级高，设计程序时需要把外部中断 1 设置成高优先级，外部中断 0 设置成低优先级，设置方法是将 IP 寄存器中的 PX1 设置为 1，这样外部中断 1 就设置成高优先级，其他的四位设置为 0，那么其他的 4 个中断都变为低优先级。

二、软件设计

（1）汇编程序。

```
ORG 0000h
LJMP main
ORG 0003h                    ;中断 0 入口地址
LJMP inter0
ORG 0013h                    ;中断 1 入口地址
LJMP inter1
ORG 0030h
main:SETB it0                ;外部中断 0 采用脉冲触发
SETB it1                     ;外部中断 1 采用脉冲触发
SETB ea                      ;打开中断允许总开关
SETB ex0                     ;打开外部中断 0 允许开关
SETB ex1                     ;打开外部中断 1 允许开关
MOV IP,#04H                  ;外部中断 1 设置为高优先级
loop:MOV p1,#0FFH
LCALL dealy
MOV p1,#00H
LCALL dealy
LJMP loop
inter0:                      ;外部中断 0 服务程序
PUSH p1
PUSH acc
MOV r1,#06h                  ;循环 6 次
MOV a,#03h
flash:MOV p1,a
LCALL dealy                  ;调用延时子程序
MOV a,p1
RL a                         ;累加器中的数左移一位
MOV p1,#00h
LCALL dealy
DJNZ r1,flash
RETI                         ;中断返回
inter1:                      ;外部中断 1 服务程序
PUSH p1
PUSH acc
MOV r1,#06h
```

```
MOV a,#0c0h
flash1:MOV p1,a
LCALL dealy
MOV a,p1
RR a                                          ;累加器中的数右移一位
MOV p1,#00h
LCALL dealy
DJNZ r1,flash1
RETI
dealy:MOV r2,#02                              ;累加器中的数右移一位
loop1:MOV r3,#250
loop2:MOV r4,#250
loop3:NOP
NOP
DJNZ r4,loop3
DJNZ r3,loop2
DJNZ r2,loop1
RET
END
```

（2）C 程序。

```
#include<reg51.h>                          //定义 8051 寄存器的头文件
#define LED P1
void delay(int);                           //声明延时函数
void main()
  {
      IE=0x085;                            //总开关打开，外部中断 0 和中断 1 开关也打开
      TCON=0x05;                           //外部中断 0 和中断 1 采用脉冲触发
      IP=0x04;                             //外部中断 0 低优先级，中断 1 高优先级
      while(1)
      {

         LED=0x0ff;                        //发光二极管全亮
         delay(200);                       //调用延时子程序
         LED=0x00;                         //发光二极管全灭
         delay(200);
      }
  }
  void   inter0(void) interrupt 0          //外部中断 0 子程序，中断号为 0
 {
       int i;
       LED=0x03;                           //低两位发光二极管亮
       for(i=0;i<5;i++)
             {
                delay(200);
                LED=(LED<<1);
             }


  }
  void   inter1(void) interrupt 2          //外部中断 1 子程序，中断号为 2
 {
       int i;
       LED=0xc0;                           //高两位发光二极管亮
       for(i=0;i<5;i++)
```

```
        {
          delay(200);
          LED=(LED>>1);
        }


}

void delay(int x)                              //延时子程序
{
    int i,j;
    for(i=0;i<x;i++)
      for(j=0;j<255;j++);
}
```

项目实施

（1）按照图 1.2.5 在 Proteus 中连接好电路。

（2）在 keil c 中编写程序，生成 hex 文件。

（3）将生成的 hex 文件加载到单片机芯片中。

（4）在 Proteus 中仿真，观察结果。

元件清单如表 1.2.3 所示。

表 1.2.3　元件清单

元件名称	Proteus 中的名称
单片机芯片	AT89C51
晶振	CRYSTAL
电容	CAP
发光二极管	LED-RED
电解电容	CAP-ELEC
电阻	RES
按键	BUTTON

练习题

1．根据单片机的内部结构图简述 51 单片机由哪几部分组成。

2．8051 单片机有几个中断？分别是哪几个？

3．简述 TCON 寄存器中各标志位的含义。

4．简述中断允许寄存器 IE 中各位的含义，并解释 EA 和其他标志位的关系。

5．简述中断优先级寄存器 IP 中各个标志位的含义。

6．8051 单片机中各中断源的优先级是相同的，那么当 5 个中断源同时请求中断时，这 5 个中断源的默认优先级次序是什么？

7．简述中断处理的过程。

8．设计一电路，在 P3.2 引脚接一按键，用 P1 口控制 8 个发光二极管，没有键按下时，8 个发光二极管全灭，当按下接在 P3.2 引脚上的按键时，8 个发光二极管闪烁 6 次，亮灭时间是 1 秒。

项目三

定时/计数器

任务1　控制单个发光二极管亮灭循环交替

任务目标

- 理解 80C51 定时/计数器工作原理。
- 掌握 80C51 定时/计数器控制寄存器的名称及设置。
- 掌握定时/计数器工作方式。
- 掌握根据不同的工作方式设置定时/计数器的方法。

任务要求

通过控制接在 P1.0 引脚上的发光二极管，让发光二极管实现亮一秒灭一秒的循环显示，发光二极管延时一秒是通过定时器定时来实现的。

相关知识点

一、80C51 定时/计数器

定时/计数器是单片机系统中一个重要的部件，其工作方式灵活、编程简单、使用方便，可用来实现定时控制、延时、频率测量、脉宽测量、信号发生、信号检测等。此外，定时/计数器还可作为串行通信中的波特率发生器。80C51 定时/计数器的逻辑结构图如图 1.3.1 所示。

1. 定时/计数器概述

（1）80C51 单片机内部有两个定时/计数器 T0 和 T1，其核心是计数器，基本功能是加 1。

（2）对外部事件脉冲（下降沿）计数，是计数器；对片内机器周期脉冲计数，是定时器。

（3）计数器由 2 个 8 位计数器组成。

（4）定时时间和计数值可以编程设定，方法是在计数器内设置一个初值，然后加 1，计满后溢出。调整计数器初值，可调整从初值到计满溢出的数值，即调整了定时时间和计数值。

（5）定时/计数器作为计数器时，外部事件脉冲必须从规定的引脚输入，且外部脉冲的最高频率不能超过时钟频率的 1/24。

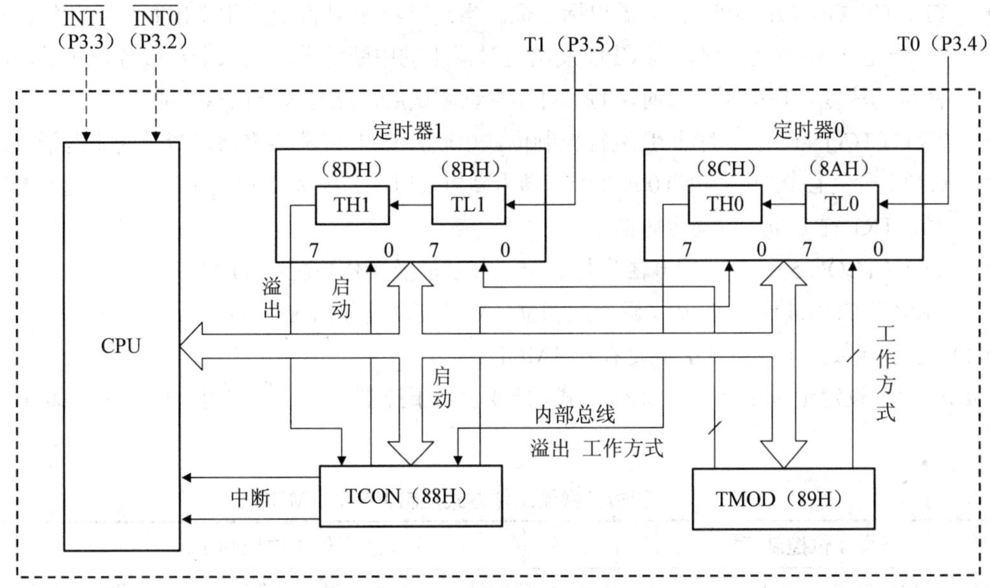

图 1.3.1　80C51 定时/计数器逻辑结构图

2. 定时/计数器的工作原理

（1）在作定时器使用时，输入的计数脉冲是由晶体振荡器的输出经 12 分频后得到的，所以定时器也可以看作对机器周期计数的计数器。其计数速率为晶体振荡频率的 1/12。即如果晶振频率为 12 MHz，则定时器每接收一个输入脉冲的时间为 1μs。

（2）当它用作计数器时，对接到相应的外部引脚 T0（P3.4）或 T1（P3.5）上的外部事件计数。在这种情况下，当检测到输入引脚上的电平由高跳变到低时，计数器就加 1。

计数器在每个机器周期采样外部输入，当采样值在这个机器周期为高，在下一个机器周期为低时，则计数器加 1。

因此计数器需要两个机器周期来识别一个从高到低的跳变，故最高计数速率为晶振的 1/24。

不管是定时还是计数工作方式，定时器在运行时不占用 CPU 的时间，除非产生溢出才可能中止 CPU 的当前操作。

可见，定时/计数器是单片机内部效率高且工作灵活的部件。

这里要强调一点，MCS-51 系列单片机的定时/计数器采用的是加 1 计数方式，即单片机内部的计数器从初值开始一直加 1，直到产生溢出为止。

3. 定时/计数器的控制寄存器

（1）定时/计数器控制寄存器 TCON，如图 1.3.1 所示。

表 1.3.1　定时/计数器控制寄存器 TCON

TCON	T1 中断标志	T1 运行标志	T0 中断标志	T0 运行标志	INT1 中断标志	INT1 触发方式	INT0 中断标志	INT0 触发方式
位名称	TF1	TR1	TF0	TR0	IE1	IT1	IE0	IT0
位地址	8FH	8EH	8DH	8CH	8BH	8AH	89H	88H

- TF1（TCON.7）：定时器 1 溢出标志位。当定时器 1 计满数产生溢出时，由硬件自动置 TF1=1。在中断允许时，向 CPU 发出定时器 1 的中断请求，进入中断服务程序后，由硬件自动清零。在中断屏蔽时，TF1 可作查询测试用，此时只能由软件清零。
- TR1（TCON.6）：定时器 1 运行控制位。由软件置 1 或清零来启动或关闭定时器 1。当 GATE=1，且 P3 口的/INT0 或/INT1 脚为高电平时，TR1 置 1 启动定时器 1；当 GATE=0 时，TR1 置 1 即可启动定时器 1。
- TF0（TCON.5）：定时器 0 溢出标志位。其功能及操作情况同 TF1。
- TR0（TCON.4）：定时器 0 运行控制位。其功能及操作情况同 TR1。

（2）定时/计数器工作方式控制寄存器 TMOD。

TMOD 用于设定定时/计数器的工作方式，低 4 位用于控制 T0，高 4 位用于控制 T1，如表 1.3.2 所示。

表 1.3.2 定时/计数器工作方式控制寄存器 TMOD

高 4 位控制 T1				低 4 位控制 T0			
门控位	计数/定时方式选择	工作方式选择		门控位	计数/定时方式选择	工作方式选择	
GATE	C/T	M1	M0	GATE	C/T	M1	M0

M1M0：工作方式选择位，如表 1.3.3 所示。

表 1.3.3 工作方式及其功能

M1 M0	工作方式	功能
0 0	方式 0	13 位计数器
0 1	方式 1	16 位计数器
1 0	方式 2	两个 8 位计数器，初值自动装入
1 1	方式 3	两个 8 位计数器，仅适用于 T0

C/T：计数/定时方式选择位。C/T=1，计数工作方式，对外部事件脉冲计数，用作计数器；C/T=0，定时工作方式，对片内机周脉冲计数，用作定时器。

GATE：门控位。GATE=0，运行只受 TCON 中运行控制位 TR0/TR1 的控制；GATE=1，运行同时受 TR0/TR1 和外中断输入信号的双重控制。只有当 INT0/INT1=1 且 TR0/TR1=1 时，T0/T1 才能运行。

TMOD 字节地址为 89H，不能位操作，设置 TMOD 需要用字节操作指令。

二、定时/计数器工作方式

1. 工作方式 0

当 M1M0 设置为 00 时，定时/计数器选定为方式 0 工作。在这种方式下，计数器由 THx 中的 8 位和 TLx 中的低 5 位组成长度为 13 位的计数器。TLx 中的高 3 位未用。

它的计数范围为 0～8191（2^{13}=8192）。这主要是与 MCS-48 系列单片机保持一致，满足兼容性。

当 GATE=0 时，只要 TCON 中的 TRx 为 1，TLx 和 THx 组成的 13 位计数器就开始计数。

当 GATE=1 时，不仅要 TCON 中的 TRx 为 1，还要/INTx 引脚为 1 才能使计数器开始计数。

当 13 位计数器加到全 1 以后，再加 1 就产生溢出。这时，置 TCON 的 TFx 位为 1，同时把计数器变为全 0。若要定时/计数器继续按方式 0 工作，则应按要求重赋初始值。

2. 工作方式 1

方式 1 和方式 0 的工作相同，唯一的差别是 THx 和 TLx 组成一个 16 位计数器。它的计数范围为 0～65535（2^{16}=65536）。

3. 工作方式 2

方式 2 把 TLx 配置成一个可以自动装载计数初值（计数初值自动恢复）的 8 位计数器，THx 作为赋值寄存器。

THx 由软件设置初值。当 TLx 产生溢出时，CPU 一方面使溢出标志 TFx 置 1，同时把 THx 中的 8 位数据重新装入 TLx 中。

方式 2 常用于精确定时控制和产生串行通信用的波特率，优点是定时初值可自动恢复，缺点是定时位数较少（最多只能定时 256 个周期）。

4. 工作方式 3

方式 3 只适用于定时计数器 T0。T1 不能工作在方式 3，若将定时计数器 T1 定义成方式 3，T1 将停止工作。

方式 3 使 MCS-51 具有 3 个定时/计数器。当 T0 定义为方式 3 时，将使 TL0 和 TH0 分成两个相互独立的 8 位计数器。TL0 可用作计数器也可用作计时器，TH0 只用作定时器。这是由于 TL0 利用了 T0 本身的一些控制位，它的操作与方式 0 和方式 1 类似，可用于计数也可用于计时。而 TH0 被规定为只用作定时器功能，对机器周期计数，并借用了 T1 的控制位 TR1 和 TF1。

在这种情况下 TH0 占用了 T1 的中断。此时 T1 还可以设置为方式 0～2 中的任意一种，用于任何不需要中断控制的场合，或用作串行口的波特率发生器。

通常，当 T1 用作串行口波特率发生器时，才将 T0 定义为方式 3，以增加一个 8 位计数器。

三、定时/计数器的初值计算

由于计数器是加 1 计数并在溢出时产生中断请求，因此不能直接将计数值直接置入计数器，而应送计数值的补码。

设计数器最大计数值为 M，则不同的工作方式，最大计数值 M 不同。

方式 0：M=2^{13}=8192

方式 1：M=2^{16}=65536

方式 2、3：M=2^{8}=256

置入计数初值 X 的计算公式如下：

计数器方式：X=M-计数值

定时器方式：(M-X)×T=定时值

故 X=M-定时值/T。

其中 T 为计数周期，是单片机时钟的 12 分频，即单片机机器周期。当晶振为 6 MHz 时，T=2μs，当晶振为 12 MHz 时，T=1μs。

四、定时/计数器的初始化

由于定时/计数器是可编程的，因此在定时或计数之前要用程序进行初始化，初始化一般有以下几个步骤：

（1）确定工作方式：对方式寄存器 TMOD 赋值。

（2）预置定时或计数初值：直接将初值写入 TH0、TL0 或 TH1、TL1 中。

（3）根据需要对中断允许寄存器有关位赋值，以开放或禁止定时/计数器中断。

（4）启动定时/计数器，使 TCON 中的 TR1 或 TR0 置 1，计数器即按确定的工作方式和初值开始计数或定时。

项目分析

一、硬件电路分析

硬件电路图如图 1.3.2 所示。

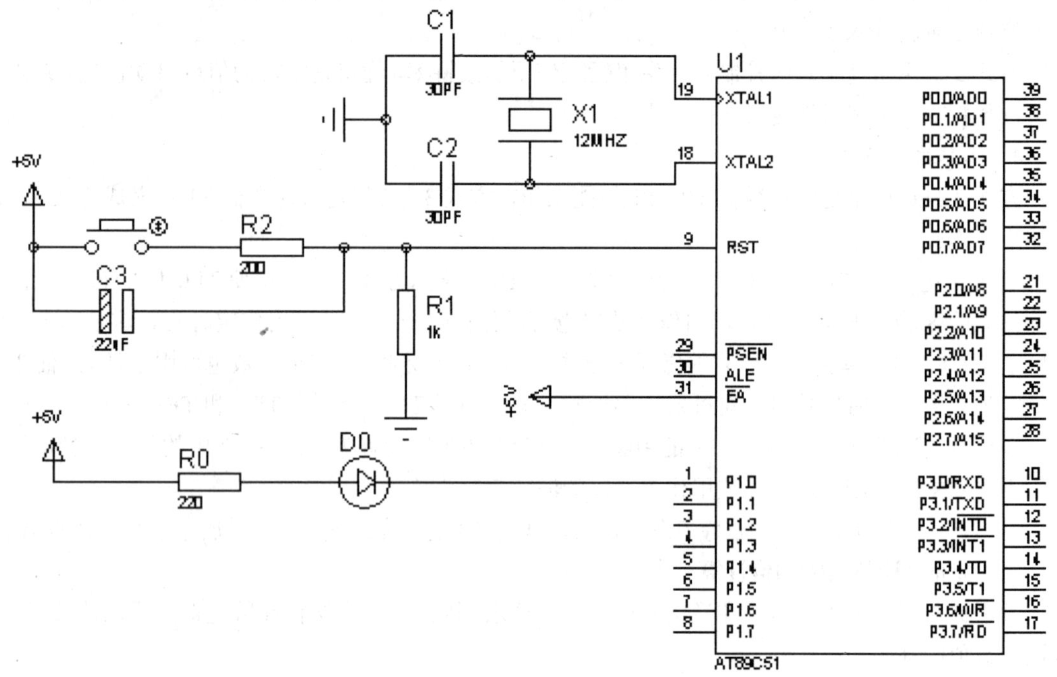

图 1.3.2　单个发光二极管亮灭循环控制电路

发光二极管控制电路：如图 1.3.2 所示，R0 为限流电阻，D0 为发光二极管，根据硬件电路图可知，当 P1.0 引脚输出高电平时，发光二极管灭；当 P1.0 引脚输出低电平时，发光二极管亮，亮灭时间均为 1 秒。

二、软件设计

1. 程序流程图

程序流程图如图 1.3.3 所示。

2. 软件设计

假如晶振采用 6MHz，则机器周期 T=2μs，采用定时器 T0，定时器采用方式 1。

（1）计算计数器初值。

当机器周期 T=2μs 时，定时器工作在方式 1，定时的范围为 1～65536T（131072μs），最大的定时时间是 131072μs，而定时 1 秒需要 1000000μs，所以定时器溢出一次，达不到 1 秒的定时，因此需要定时器溢出多次来实现 1 秒的定时。

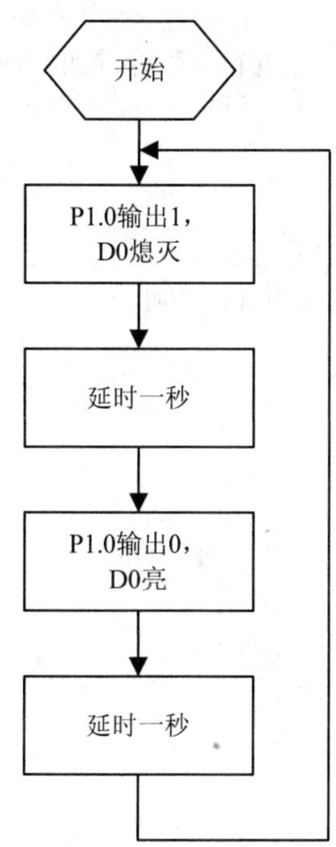

图 1.3.3　程序流程图

接下来需要确定定时器溢出一次定时多长时间，因为定时器最大的定时时间为 131072μs，因此可以设定定时器一次定时是 100000μs，定时器溢出 10 次，这样就实现了 1 秒的定时。

定时器定时的时间确定之后，再确定定时器的初值该取多少，可以依据前面的计算公式来计算初值：

$$X=M-定时值/T$$

$$X=65536-100000/2=15536$$

15536 转换成十六进制是 3CB0H。

（2）定时器初始化。

设置 TMOD=01H，定时器 T0 工作在方式 1 下。

装入计数初值，TH0=3CH，TL0=B0H。

注意：*定时器工作在方式 1 时，每次溢出后，必须重新赋初值，否则定时器将从 0 开始计数。*

1）查询方式。

①汇编程序。

```
ORG     0000H
MOV     TMOD,#01H                ;定时器 0 工作在定时方式，采用方式 1
MOV     TH0,#3CH                 ;定时器 0 送初值
MOV     TL0,#0B0H
MOV     R1,#10                   ;设置循环次数
SETB    TR0                      ;启动定时器 0
LP1:    JBC     TF0, LP2         ;判断定时器 0 溢出否，溢出则标志位清零
        SJMP    LP1              ;定时器 0 没有溢出，继续等待溢出
LP2:    MOV     TH0,#3CH         ;溢出，则定时器 0 重新赋计数初值
      MOV     TL0,#0B0H
      DJNZ    R1,LP1             ;判读定时器 0 是否溢出 10 次
```

```
        MOV   R1,#10
        CPL   P1.0                    ;溢出 10 次后，P1.0 引脚状态取反
        AJMP  LP1                     ;跳到 LP1 标号处继续执行
        END
```

②C 程序。

```
#include <reg51.h>
sbit P1_0= P1^0;                      //位定义
void delay(void);                     //延时函数声明
void main()
{
   TMOD=0x01;                         //定时器 0 工作在方式 1，采用定时方式
   while(1)
   {
      P1_0=0;
      delay();                        //调用延时子程序
      P1_0=1;
      delay();
   }
}
/*  延时 1 秒子程序  */
void delay()
{
  unsigned char i;
   for(i=0;i<10;i++)                  //定时器溢出 10 次
   {
      TH0=0x3c;                       //定时器 0 赋初值
      TL0=0x0B0;
      TR0=1;                          //启动定时器 0
      while(!TF0);                    //等待定时器 0 溢出
      TF0=0;                          //定时器 0 溢出，标志位清零
   }
}
```

2）中断方式。

①汇编程序。

```
ORG 0000H
SJMP MAIN
ORG 000BH                             ;定时器 0 中断入口地址
SJMP INTER0
MAIN: MOV TMOD,#01H                   ;定时器 0 工作在定时方式，采用方式 1
      MOV TH0,#3CH                    ;定时器 0 送初值
      MOV TL0,#0B0H
      SETB EA                         ;打开中断允许总开关
      SETB ET0                        ;打开中断允许分开关
      MOV R1,#10
      SETB TR0                        ;启动定时器 0
LOOP: SJMP LOOP                       ;等待定时器 0 中断
INTER0: MOV TH0,#3CH                  ;定时器 0 赋初值
        MOV TL0,#0B0H
        DJNZ R1,EXIT
        MOV R1,#10
        CPL P1.0                      ;定时 1 秒到，P1.0 引脚取反
EXIT:   RETI                          ;中断返回
        END
```

②C 程序。

```
#include <reg51.h>
sbit P1_0= P1^0;                        //位定义
void delay(void);                       //延时函数声明
int t0_count=0;                         //定时器 0 溢出次数初值设置为 0
void main()
{
   TMOD=0x01;                           //定时器 0 工作在定时方式，采用方式 1
   EA=1;                                //打开总开关
   ET0=1;                               //打开分开关
   TH0=0x3c;                            //定时器 0 赋初值
   TL0=0x0B0;
   TR0=1;                               //启动定时器 0
   P1_0=0;
   while(1);                            //等待定时器 0 中断
}
/*  定时器 0 中断服务程序  */
void timer0(void) interrupt 1           //定时器 0 中断号为 1
{
   TH0=0x3c;                            //定时器 0 赋初值
   TL0=0x0B0;
   t0_count++;
   if(t0_count==10)                     //判断定时器 0 溢出是否为 10 次
   {
     t0_count=0;
     P1_0=~P1_0;                        //P1.0 引脚状态取反
   }
}
```

注意：C 语言中定义中断服务程序函数的一般形式为：

函数类型　函数名(形式参数表)[interrupt n][using m]

关键字 interrupt 后面的 n 是中断号，n 的取值范围为 0～31。编译器从 8n+3 处产生中断向量，具体的中断号 n 和中断向量取决于不同的 8051 系列单片机芯片。8051 单片机的常用中断源和中断向量如表 1.3.4 所示。

表 1.3.4　常用中断源和中断向量

n	中断源	中断向量 8n+3
0	外部中断 0	0003H
1	定时器 0	000BH
2	外部中断 1	0013H
3	定时器 1	001BH
4	串口	0023H

项目实施

（1）按照图 1.3.2 在 Proteus 中连接好电路。

（2）在 keil c 中编写程序，生成 hex 文件。

（3）将生成的 hex 文件加载到单片机芯片中。

（4）在 Proteus 中仿真，观察结果。

元件清单如表 1.3.5 所示。

表 1.3.5　元件清单

元件名称	Proteus 中的名称
单片机芯片	AT89C51
晶振	CRYSTAL
电容	CAP
发光二极管	LED-RED
电解电容	CAP-ELEC
电阻	RES
按键	SWITCH

任务 2　单片机工作在方式 2 产生脉冲方波信号

任务目标

- 掌握定时计数器工作方式 2 的工作原理。
- 了解 Proteus 中虚拟示波器的使用。

任务要求

通过 P1.0 引脚输出方波脉冲信号，周期为 400μs，然后再通过接在 P1.0 引脚上的虚拟示波器观察输出的方波信号。

相关知识点

定时器工作方式 2

方式 2 把 TLx 配置成一个可以自动装载计数初值（计数初值自动恢复）的 8 位计数器，THx 作为赋值寄存器，仅用 TL0 计数，最大计数值为 2^8= 256，计满溢出后，一方面使溢出标志 TFx= 1；另一方面，把 THx 中的 8 位数据重新装入 TLx 中。

方式 2 常用于精确定时控制和产生串行通信用的波特率。优点是定时初值可自动恢复，缺点是定时位数较少（最多只能定时 256 个周期）。

注意：定时器工作在方式 2 时，THx 和 TLx 中的值是一样的；定时器工作在方式 2 时不需要赋初值，而方式 1 需要赋初值，这是两种工作方式的区别。

项目分析

一、硬件电路分析

硬件电路图如图 1.3.4 所示。

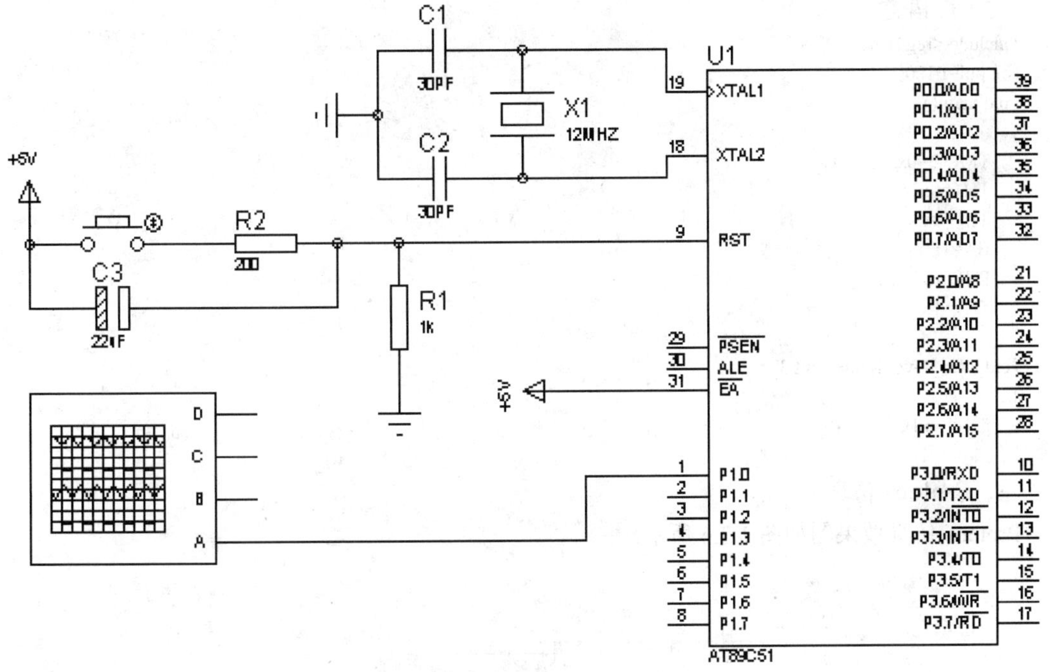

图 1.3.4 输出脉冲方波信号电路图

如图 1.3.4 所示，在单片机 P1.0 引脚上接一虚拟示波器，接在虚拟示波器的 A 通道上，控制单片机 P1.0 引脚，让 P1.0 引脚输出高电平，持续时间为 200μs；再让 P1.0 引脚输出低电平，持续时间为 200μs，就这样周而复始，则从虚拟示波器中就可以看到 P1.0 引脚输出的波形图。

二、软件设计

1. 程序流程图

程序流程图如图 1.3.5 所示。

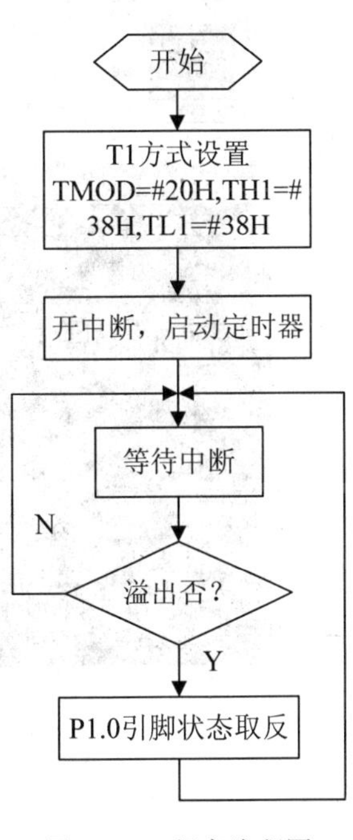

图 1.3.5 程序流程图

2. 软件设计

（1）汇编语言。

```
        ORG     0000H               ;复位地址
        LJMP    MAIN                ;转主程序
        ORG     001BH               ;T1 中断入口地址
        LJMP    ITER1               ;转 T1 中断服务程序
        ORG     0100H               ;主程序首地址
MAIN:   MOV     TMOD,#20H           ;置 T1 定时器方式 2
        MOV     TL1,#38H            ;置定时初值
        MOV     TH1,#38H            ;置定时初值备份
        SETB    EA                  ;打开总开关
        SETB    ET1                 ;打开分开关
        SETB    TR1                 ;T1 运行
        SJMP    $                   ;等待 T1 中断
ITER1:  CPL     P1.0                ;输出波形取反首地址
        RETI                        ;中断返回
        END
```

（2）C 语言。

```
#include <reg51.h>
sbit pul=P1^0;
void main()
{
    TMOD=0x20;
    TH1=0x38;
    TL1=0x38;
    EA=1;
    ET1=1;
    TR1=1;
}
void inter_1(void) interrupt 3
{
    pul=!(pul);
}
```

三、Proteus 仿真

Proteus 仿真效果图如图 1.3.6 所示。

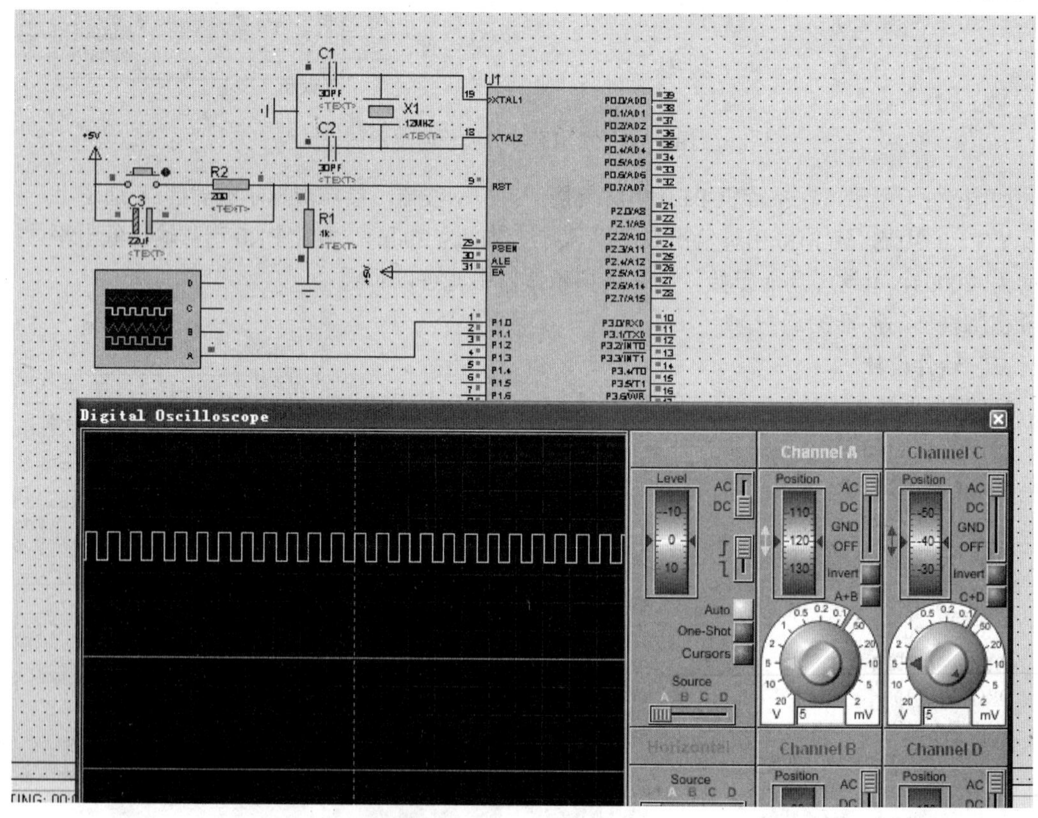

图 1.3.6 Proteus 仿真效果图

项目实施

（1）按照图 1.3.4 在 Proteus 中连接好电路。

（2）在 keil c 中编写程序，生成 hex 文件。

（3）将生成的 hex 文件加载到单片机芯片中。

（4）在 Proteus 中仿真，观察结果。

元件清单如表 1.3.6 所示。

表 1.3.6　元件清单

元件名称	Proteus 中的名称
单片机芯片	AT89C51
晶振	CRYSTAL
电容	CAP
电解电容	CAP-ELEC
电阻	RES
按键	BUTTON
虚拟示波器	OSCILLOSCOPE

任务 3　单片机外部脉冲计数

任务目标

- 掌握单片机定时计数器工作在计数状态的程序设计方法。
- 掌握定时计数器工作在计数状态的工作原理。
- 掌握单片机定时计数器工作在计数状态对外加计数脉冲计数的硬件设计方法。

任务要求

通过接在 P3.5 引脚上的按键，按键按 5 次后，接在 P1 口的 8 个发光二极管闪烁 8 次。

相关知识点

一、计数方式工作原理

1. TMOD 控制字设置

TMOD 高 4 位和低 4 位中都有一位控制位 C/T，将相应的定时/计数器设置为计数器时，只需要将 C/T 置为 1。

2. 工作原理

定时计数器工作在定时方式下，定时计数器脉冲来自系统振荡频率的 12 分频，系统晶振的频率确定，计数脉冲的频率就确定，而且脉冲来自于系统内部，因此定时器来一个脉冲做一次加 1 操作，这个脉冲的周期是固定的，通常是对机器周期来计数；定时计数器工作在计数方式下，计数的脉冲来自于系统外部，周期的大小不固定。

定时计数器工作于计数方式下，通过 P3 口的 P3.4、P3.5 引脚输入外部的计数脉冲，P3.4 作为 T0 计数器的外部计数脉冲输入引脚，P3.5 作为 T1 计数器的外部计数输入引脚。

外部脉冲的下降沿触发计数，就是说当产生一次从高到低的跳变就计数一次。需要注意的是，由于检测到从 1 到 0 的跳变需要两个机器周期，所以外部计数脉冲周期要比相应的两个机器周期大，例如，假如单片机采用 6MHz 的晶振，一个机器周期的大小是 2μs，那么输入的计数脉冲的周期应该至少是 4 个 μs，这样才可以检测到从高到低的跳变。

项目分析

一、硬件电路分析

硬件电路图如图 1.3.7 所示。

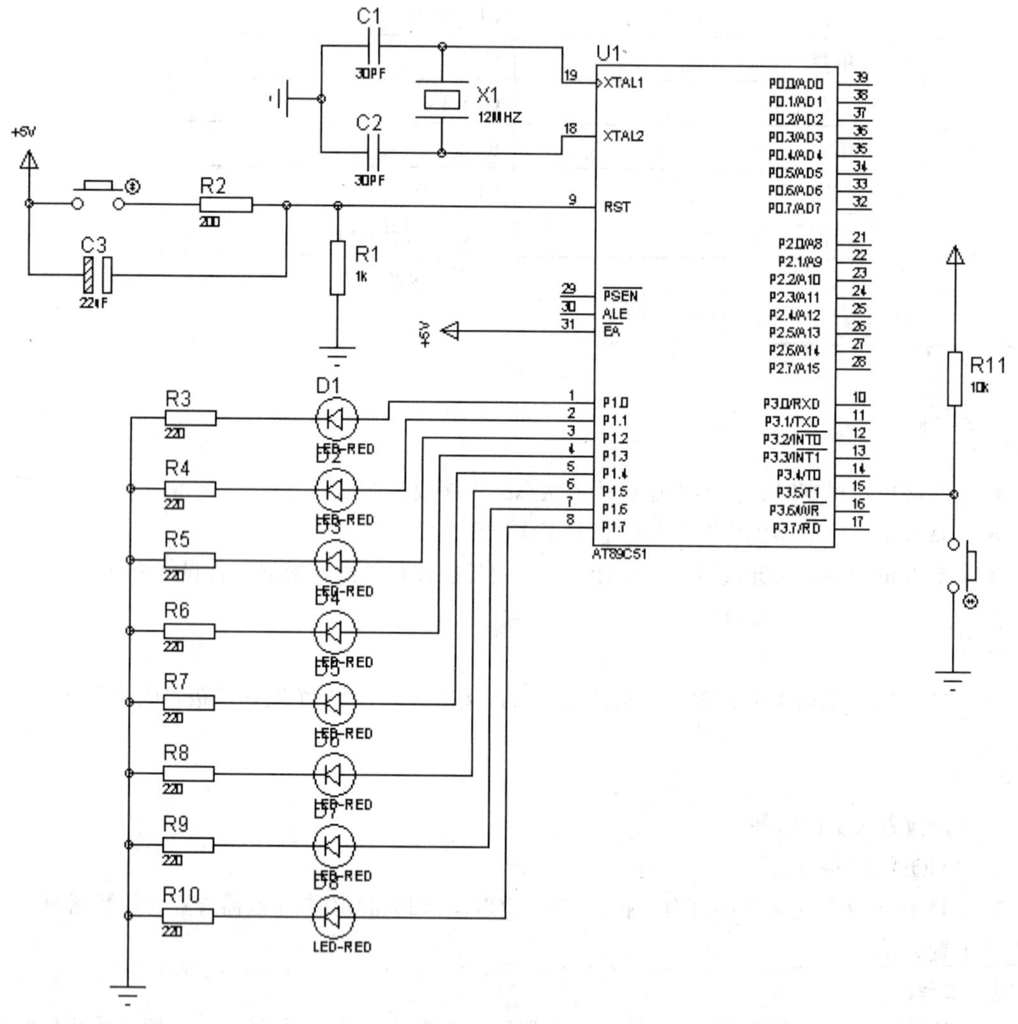

图 1.3.7　单片机外部脉冲计数电路图

（1）流水灯电路。R3～R10 为限流电阻，D1～D8 为发光二极管，当 P1 口相应的引脚输出高电平时，对应的发光二极管亮；当 P1 口相应的引脚输出低电平时，对应的发光二极管灭。

（2）按键电路。当按键未按下时，P3.5 引脚保持高电平；当控制键按下时，产生了从高到低的跳变，这样计数器 T1 就计数一次。

二、软件设计

（1）程序流程图，如图 1.3.8 所示。

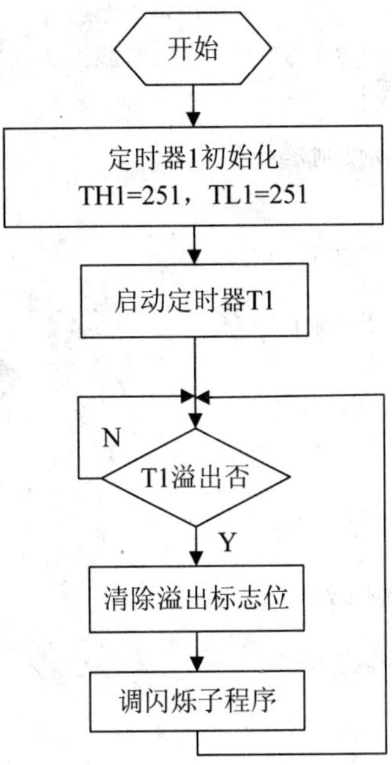

图 1.3.8　程序流程图

（2）软件设计。

1）汇编语言。

```
ORG 0000H
MOV TMOD,#60H                          ;定时器 1 工作在计数方式，采用方式 2
MOV TH1,#251                           ;定时器 1 送定时初值
MOV TL1,#251
SETB TR1                               ;启动定时器 1
LOOP1:    JB TF1,LOOP2                 ;判断定时器 1 溢出否
          SJMP LOOP1
LOOP2:    CLR TF1
          LCALL FLASH                  ;调用显示子程序
          LJMP LOOP1
FLASH:    MOV R6,#8                    ;设置循环 8 次
LOOP3:    MOV P1,#0FFH                 ;灯全亮
          LCALL DELAY                  ;调用延时子程序
          MOV P1,#0                    ;灯全灭
          LCALL DELAY
          DJNZ R6,LOOP3
          RET
DELAY:    MOV R1,#250                  ;延时子程序
LOOP4:    MOV R2,#250
LOOP5:    NOP
          DJNZ R2,LOOP5
          DJNZ R1,LOOP4
          RET
          END
```

2）C 语言。

```
#include <reg51.h>
#define led   P1
void delay(unsigned char x);
void flash();
void main()
```

```
{
    TMOD=0X60;                  //定时器 1 工作在计数方式，采用方式 2
    TL1=251;                    //定时器 1 送定时初值
    TH1=251;
    TR1=1;                      //启动定时器 1
    while(1)
    {
    while(!TF1);                //判断定时器 1 溢出否
    TF1=0;                      //溢出标志位清零
    flash();                    //调用闪烁子程序
    }
}
/* 闪烁子程序 */
void flash()
{

    unsigned char i;
    for(i=0;i<8;i++)            //循环 8 次
      {
          led=0x0ff;            //灯全亮
          delay(255);
          led=0x00;             //灯全灭
          delay(255);
      }
}
/* 延时子程序 */
void delay( unsigned char x )
{
    unsigned char j,k;
    for(j=0;j<x;j++)
        for(k=0;k<255;k++);
}
```

项目实施

（1）按照图 1.3.7 在 Proteus 中连接好电路。
（2）在 keil c 中编写程序，生成 hex 文件。
（3）将生成的 hex 文件加载到单片机芯片中。
（4）在 Proteus 中仿真，观察结果。
元件清单如表 1.3.7 所示。

表 1.3.7　元件清单

元件名称	Proteus 中的名称
单片机芯片	AT89C51
晶振	CRYSTAL
电容	CAP
发光二极管	LED-RED
电解电容	CAP-ELEC
电阻	RES
按键	BUTTON

任务4　单片机实现秒表功能

任务目标

- 掌握单片机实现秒表功能的方法。
- 了解数码管的基本结构和工作原理。
- 掌握单片机定时器的一些基本应用。

任务要求

单片机运行后，通过数码管循环显示00～59，实现简单秒表的计数功能。

相关知识点

数码管工作原理

数码管分为两种类型：共阳极数码管和共阴极数码管，具体的数码管工作原理在后面会详细讲解。对于共阳极数码管，公共端需要接高电平，要点亮某一段，对应的引脚设置为低电平；对于共阴极数码管，公共端需要接低电平，要点亮某一段，对应的引脚设置为高电平。

用到数码管时，会涉及到字型码，字型码就是要让数码管显示相应的数字，通过单片机相应的I/O口送出8位二进制数组合，通过这8位二进制数去控制数码管相应段的亮灭，达到显示不同数码的目的。共阳极数码管与共阴极数码管的字型码相反。

数码管一般分为7段数码管和8段数码管，7段数码管和8段数码管的区别是有没有点，如果带点，那么就是8段数码管。

项目分析

一、硬件电路分析

硬件电路图如图1.3.9所示。

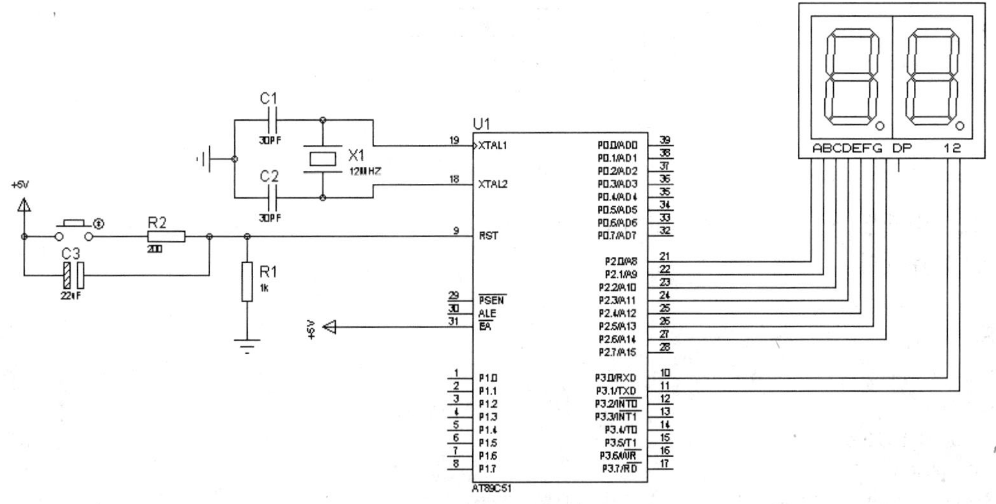

图1.3.9　单片机实现秒表功能电路图

如图 1.3.9 所示，数码管是两位一体的共阳极数码管，用左边一位显示十位数字，右边一位显示数字，左边一位的公共端连接到 P3.0 引脚上，右边一位的公共端连接到 P3.1 引脚上，要显示十位数字，需要将相应的字型码送到 P2 口，然后置 P3.0 引脚为高电平；要显示个位数字，需要将相应的字型码送到 P2 口，然后置 P3.1 引脚为高电平（注意，晶振采用 12MHz）。

二、软件设计

1. 程序流程图

（1）主程序流程图，如图 1.3.10 所示。

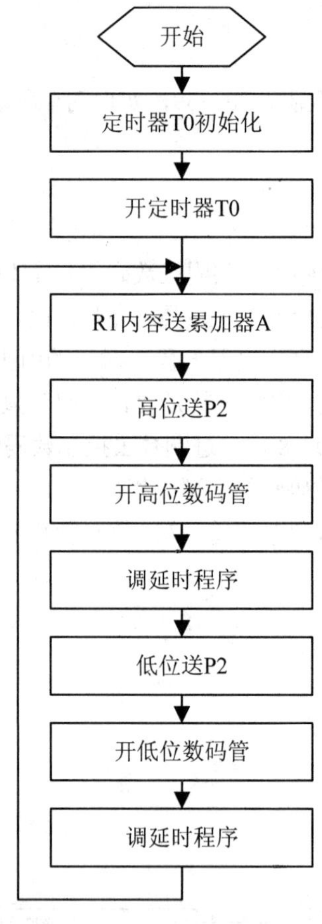

图 1.3.10　主程序流程图

（2）中断服务程序流程图，如图 1.3.11 所示。

2. 软件设计

（1）汇编语言。

```
ORG 0000H
LJMP MAIN
ORG 000BH                          ;定时器 0 中断入口地址
LJMP T0_INTER
ORG 0030H
MAIN:       MOV TMOD,#01H          ;定时器 0 工作在方式 1
            MOV TH0,#3CH           ;定时器 0 赋初值
```

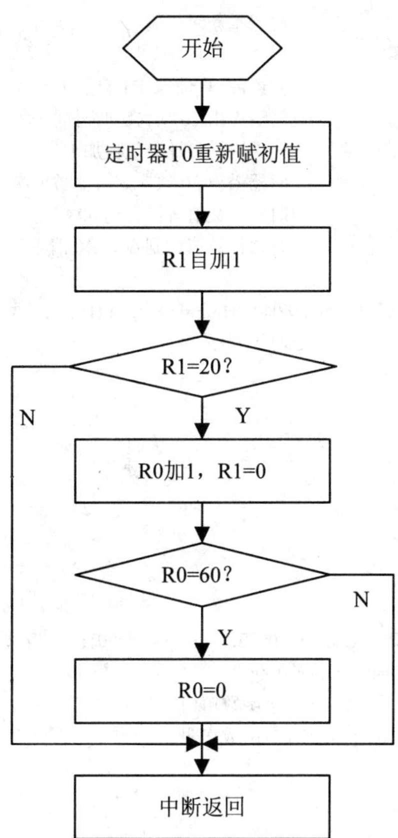

图 1.3.11　中断服务程序流程图

```
          MOV TL0,#0B0H
          MOV DPTR,#TAB            ;字型码表首地址送 DPTR
          MOV R0,#00H              ;R0 放置 60 秒计数的值
          MOV R1,#00H              ;R1 放置定时器 0 溢出的次数
          SETB EA                  ;打开总开关
          SETB ET0                 ;打开分开关
          SETB TR0                 ;启动定时器 0
DISPLAY:  MOV A,R0                 ;计数初值送累加器 A
          MOV B,#10
          DIV AB                   ;A 中放秒计数器的十位，B 中放秒计数器的个位
          MOVC A,@A+DPTR           ;十位字型码送累加器 A
          MOV P2,A
          SETB P3.0                ;让十位数码管亮
          LCALL DELAY              ;调用延时子程序
          CLR P3.0
          MOV A,B
          MOVC A,@A+DPTR           ;个位字型码送累加器 A
          MOV P2,A
          SETB P3.1
          LCALL DELAY
          CLR P3.1
          LJMP DISPLAY
```

```
T0_INTER:  MOV TH0,#3CH              ;定时器重新赋初值 A
           MOV TL0,#0B0H
           INC R1                    ;定时器溢出一次，R1 自加 1 一次
           CJNE R1,#20,LP            ;定时器溢出 20 次，定时时间一秒
           INC R0                    ;定时 1 次，秒计数值自加 1
           MOV R1,#0                 ;定时器溢出 20 次，定时器溢出次数清零
           CJNE R0,#60,LP            ;定时器计数值有没有到 60
           MOV R0,#0                 ;定时器计数值达到 60，R0 清零
LP:        RETI
TAB:       DB 0C0H,0F9H,0A4H,0B0H,99H,92H,82H,0F8H,80H,90H    ;字型码表
DELAY:     MOV R6,#20                ;延时子程序
LOOP1:     MOV R7,#200
           DJNZ R7,$
           DJNZ R6,LOOP1
           RET
           END
```

（2）C 语言。

```
#include <reg51.h>
#define uchar unsigned char
uchar tab[10]={0xC0,0xF9,0xA4,0xB0,0x99,0x92,0x82,0xF8,0x80,0x90};    //字型码表
uchar number=0,counter=0,number_1=0,number_0=0;
void display(void);                        //显示函数声明
void delay(void);                          //延时函数声明
main()
{
  TMOD=0x01;                               //定时器 0 工作在方式 1
  TL0=0xB0;                                //定时器 0 赋初值
  TH0=0x3C;
  EA=1;                                    //打开总开关
  ET0=1;                                   //打开分开关
  TR0=1;                                   //启动定时器 0
  while(1)
  {
     display();                            //调用显示子程序
  }
}
/*显示子程序*/
void display(void)
{
  P2=tab[number_1];                        //P2 口送十位显示数字
  P3=0x01;                                 //十位显示
  delay();
  P3=0x00;
  P2=tab[number_0];                        //P2 口送个位显示数字
  P3=0x02;                                 //个位显示
  delay();
  P3=0x00;
}
/*定时器 0 中断服务程序*/
void timer0() interrupt 1                  //定时器 0 中断号为 1
```

```
{
  ET0=0;
  TL0=0xB0;                          //定时器 0 重新赋初值
  TH0=0x3C;
  counter++;
  if(counter==20)                    //定时是否到 1 秒
  {
    counter=0;
    number++;
    if(number==60)                   //计数值是否到 60
    {
     number=0;
    }
    number_1=number/10;              // number_1 放秒计数器的十位
    number_0=number%10;              // number_0 放秒计数器的个位
  }
  ET0=1;
}
void delay(void)                     //延时子程序
{
  uchar data i;
  for(i=500;i>0;i--);
}
```

项目实施

（1）按照图 1.3.9 在 Proteus 中连接好电路。

（2）在 keil c 中编写程序，生成 hex 文件。

（3）将生成的 hex 文件加载到单片机芯片中。

（4）在 Proteus 中仿真，观察结果。

元件清单如表 1.3.8 所示。

表 1.3.8　元件清单

元件名称	Proteus 中的名称
单片机芯片	AT89C51
晶振	CRYSTAL
电容	CAP
发光二极管	LED-RED
电解电容	CAP-ELEC
电阻	RES
按键	BUTTON
两位一体共阳极数码管	7SEG-MPX2-CA-BLUE

练习题

1．定时器和计数器的区别在哪里？定时器 0 和定时器 1 分别是多少位的？

2．定时器作为计数器使用时，分别用单片机哪两个引脚来对外部事件计数？

3．简述定时/计数器控制寄存器 TCON 中各位的含义。

4．简述定时/计数器工作方式控制寄存器 TMOD 中各位的含义。

5．定时器工作在方式 0 是多少位计数？能计的最大数是多少？

6.定时器工作在方式 1 是多少位计数？能计的最大数是多少？方式 0 和方式 1 的区别在哪里？

7.定时器工作在方式 2 是多少位计数？能计的最大数是多少？方式 2 和方式 1 的区别在哪里？

8．控制 8 个发光二极管闪烁，要求亮 2 秒，灭 2 秒，用 T1 定时，采用中断或查询方式编程。

项目四

单片机串口通信

任务1　单片机间的双机通信

任务目标

- 理解通信原理的基本概念。
- 掌握51单片机串口通信的结构及工作方式。
- 通过对串口程序的调试，学会串口工作方式的使用。

任务要求

通过串口实现中断或查询接收与发送数据。

相关知识点

1. 计算机通信基础

随着多微机系统的广泛应用和计算机网络技术的普及，计算机的通信功能显得越来越重要。计算机通信是指计算机与外部设备或计算机与计算机之间的信息交换，可以分为两大类：并行通信和串行通信。

2. 并行通信与串行通信

终端与其他设备（如其他终端、计算机和外部设备）通过数据传输进行通信，数据传输可以通过两种方式进行，即并行通信和串行通信。

（1）并行通信。

在计算机和终端之间的数据传输通常是靠电缆或信道上的电流或电压变化实现的。如果一组数据的各数据位在多条线上同时被传送，这种传输被称为并行通信，如图1.4.1所示。

并行数据传送的特点是：各数据位同时传送，传送速度快、速率高，多用在实时、快速的场合。

并行传送的数据宽度可以是1～128位，甚至更宽，但是有多少数据位就需要多少根数据线，因此传送的成本高。在集成电路芯片的内部，同一插件板上各部件之间、同一机箱内各插件板之间的数据传送都是并行的。并行数据传送只适用于近距离的通信，通常小于30米。

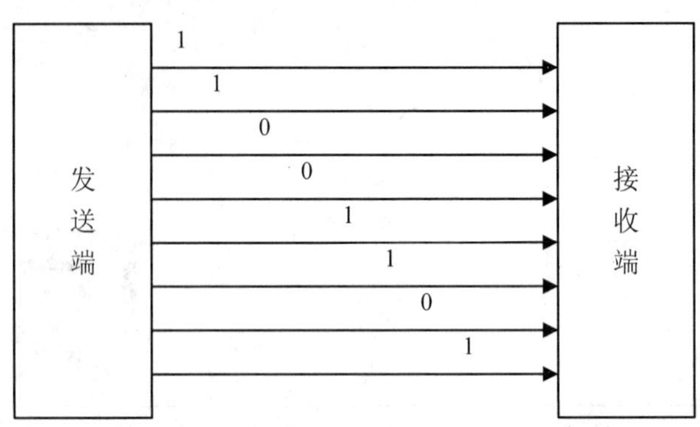

图 1.4.1　并行通信

（2）串行通信。

串行通信是指通信的发送方和接收方之间数据信息的传输是在单根数据线上，以每次一个二进制的 0、1 为最小单位逐位进行传输，如图 1.4.2 所示。

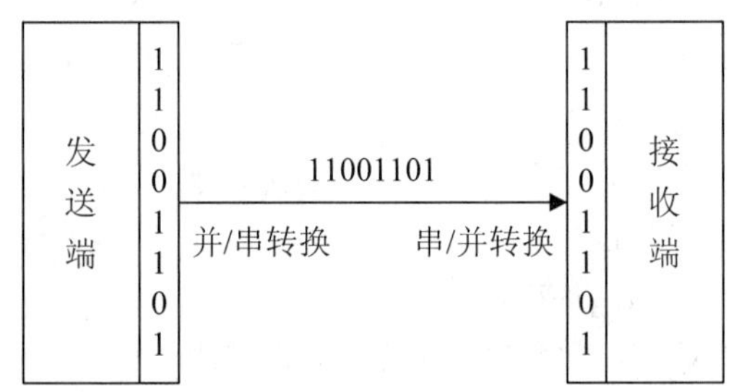

图 1.4.2　串行通信

串行数据传送的特点是：数据传送按位顺序进行，最少只需要一根传输线即可完成，节省传输线。与并行通信相比，串行通信还有较为显著的优点，即传输距离长，可以从几米到几千米。在长距离内串行数据传送速率会比并行数据传送速率快，串行通信的通信时钟频率容易提高，串行通信的抗干扰能力十分强，其信号间的互相干扰完全可以忽略。但是串行通信的传送速率比并行通信慢得多，若并行通信时间为 T，则串行通信时间为 NT。

串行通信双方进行数据传送时，根据同一时刻数据流的方向分为 3 种基本的数据传送方式：单工通信、半双工通信和全双工通信，三者的特点如下：

- 单工通信：通信双方之间只有一根数据传输信号线，信息传送只能在一个方向上进行。
- 半双工通信：通信双方之间也只有一根数据传输信号线，通过接收和发送转换开关，使得双方可以交替进行发送和接收，但两个方向的数据传送不能同时进行。
- 全双工通信：通信双方之间有两条数据传输信号线，可以在同一时刻进行两个方向的数据传送，此时通信系统的每一端都应该设置发送器和接收器。

对于串行通信，数据信息、控制信息要按位在一条线上依次传送，为了对数据和控制信息进行区分，收发双方要事先约定共同遵守的通信协议。通信协议约定的内容包括数据格式、同步方式、传输速率、校验方式等。依发送与接收设备时钟的配置情况，串行通信可以分为异步通信和同步通信。

3．异步通信

异步通信是指通信的发送与接收设备使用各自的时钟控制数据的发送和接收过程。为使双方的收发协调，要求发送和接收设备的时钟尽可能一致，特点是各自独立使用时钟，例如 USART、RS232、RS-485 等。

异步通信是以字符（构成的帧）为单位进行传输，字符与字符之间的间隙（时间间隔）任意，但每个字符中的各位是以固定的时间传送的，即字符之间是异步的（字符之间不一定有“位间隔”的整数倍的关系），但同一字符内的各位是同步的，如图 1.4.3（a）所示。

为了实现异步传输字符的同步，采用的办法是使传送的每一个字符都以起始位 0 开始，以停止位 1 结束。这样，传送的每一个字符都用起始位来进行收发双方的同步。停止位和间隙作为时钟频率偏差的缓冲，即使双方时钟频率略有偏差，总的数据流也不会因偏差的积累而导致数据错位。

异步通信的特点是不要求收发双方时钟的严格一致，实现容易，设备开销较小，但每个字符要附加 2～3 位用于起止位，各帧之间还有间隔，因此传输效率不高。

字符帧也称数据帧，由起始位、数据位、奇偶校验位和停止位 4 部分组成。

4. 同步通信

同步通信是一种连续串行传送数据的通信方式，一次通信只传送一帧信息。这里的信息帧与异步通信中的字符帧不同，通常含有若干个数据字符。特点是拥有共同的时钟线，常见的有 IIC、SPI 等，如图 1.4.3（b）所示。

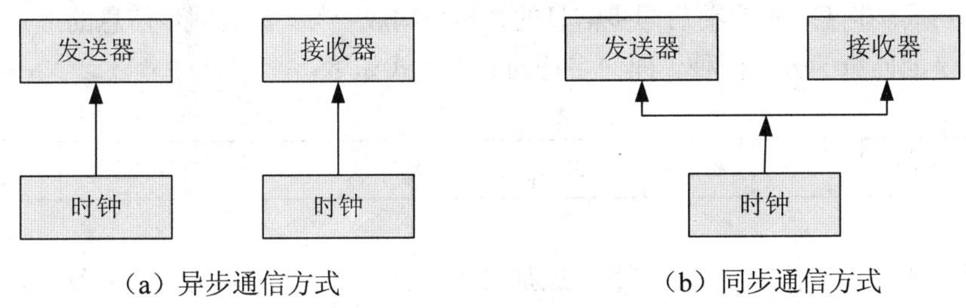

（a）异步通信方式　　（b）同步通信方式

图 1.4.3　异步通信方式和同步通信方式

同步通信格式中，发送器和接收器由同一个时钟源控制。在异步通信中，每传输一帧字符都必须加上起始位和停止位，占用了传输时间，在要求传送数据量较大的场合，速度就慢得多。为了克服这一缺点，同步传输方式去掉了这些起始位和停止位，只在传输数据块时先送出一个同步头（字符）标志即可，如图 1.4.4 所示。

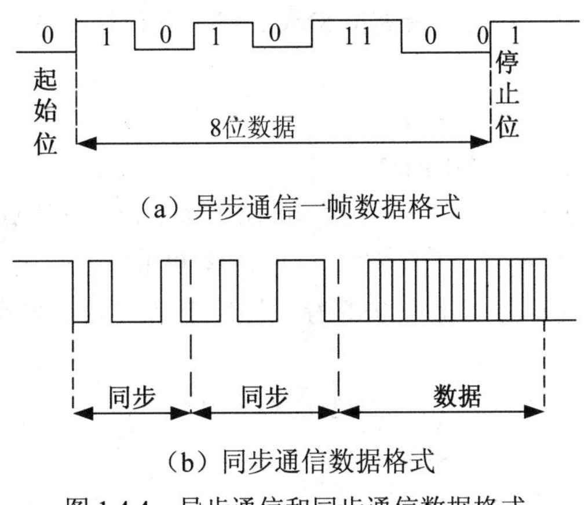

（a）异步通信一帧数据格式

（b）同步通信数据格式

图 1.4.4　异步通信和同步通信数据格式

发送方对接收方的同步可以通过两种方法实现，即外同步和自同步，如图 1.4.5 所示。

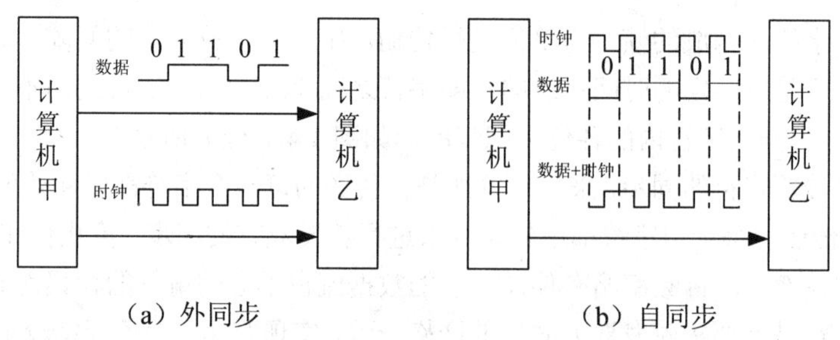

（a）外同步　　（b）自同步

图 1.4.5　外同步和自同步

（1）外同步：在发送方和接收方之间提供单独的时钟线路，发送方在每个比特周期都向接收方发送一个同步脉冲。接收方根据这些同步脉冲来完成接收过程。由于长距离传输时，同步信号会发生失真，所以外同步方法仅适用于短距离的传输。

（2）自同步：利用特殊的编码（如曼彻斯特编码）让数据信号携带时钟（同步）信号。

在比特级获得同步后，还要知道数据块的起始和结束。为此，可以在数据块的头部和尾部加上前同步信息和后同步信息。加有前后同步信息的数据块构成一帧。前后同步信息的形式依数据块是面向字符的还是面向位的分成两种。面向字符的同步格式如下：

SYN	SYN	SOH	标题	STX	数据块	ETB/ ETX	块校验

同步传输方式比异步传输方式速度快，这是它的优势。但同步传输方式也有缺点，即它必须要用一个时钟来协调收发器的工作，所以它的设备也较复杂。

5. 波特率的含义及计算

波特率为每秒钟传送二进制数码的位数，也称比特数，单位为 b/s（位/秒）。波特率用于表示数据传输的速度。

（1）方式 0 的波特率，固定为晶振频率的十二分之一。

（2）方式 2 的波特率，取决于 PCON 寄存器的 SMOD 位。

PCON 是一个特殊的寄存器，除了最高位 SMOD 外，其他位都是虚设的。

计算方法如下：

SMOD=0 时，波特率为晶振频率的 1/64。

SMOD=1 时，波特率为晶振频率的 1/32。

（3）方式 1 与方式 3 的波特率，都由定时器的溢出率决定，其计算公式为：

$$波特率=(2^{SMOD}/32)\times(定时器\ T1\ 的溢出率)$$

通常情况下，我们使用定时器的工作方式 2，即波特率发生器，自动重载计数常数。

溢出的周期为：

$$T=(256-X)\times 12/f_{osc}$$

溢出率为溢出周期的倒数，即 $T_1=1/T$。

所以：

$$波特率=\frac{2^{SMOD}}{32}\times\frac{f_{osc}}{12\times(256-X)}$$

式中，SMOD 是所选的方式，f_{osc} 是晶振频率，X 是初始值。

常用波特率的初值如表 1.4.1 所示。

表 1.4.1 常用波特率初值表

波特率（b/s）	晶振（MHz）	初值		误差（%）	晶振（MHz）	初值		误差（12MHz 晶振）（%）	
		(SMOD=0)	(SMOD=1)			(SMOD=0)	(SMOD=1)	(SMOD=0)	(SMOD=1)
300	11.0592	0xA0	0X40	0	12	0X98	0X30	0.16	0.16
600	11.0592	0XD0	0XA0	0	12	0XCC	0X98	0.16	0.16
1200	11.0592	0XE8	0XD0	0	12	0XE6	0XCC	0.16	0.16
1800	11.0592	0XF0	0XE0	0	12	0XEF	0XDD	2.12	-0.79
2400	11.0592	0XF4	0XE8	0	12	0XF3	0XE6	0.16	0.16
3600	11.0592	0XF8	0XF0	0	12	0XF7	0XEF	-3.55	2.12
4800	11.0592	0XFA	0XF4	0	12	0XF9	0XF3	-6.99	0.16
7200	11.0592	0XFC	0XF8	0	12	0XFC	0XF7	8.51	-3.55
9600	11.0592	0XFD	0XFA	0	12	0XFD	0XF9	8.51	-6.99
14400	11.0592	0XFE	0XFC	0	12	0XFE	0XFC	8.51	8.51
19200	11.0592	——	0XFD	0	12	——	0XFD	——	8.51
28800	11.0592	0XFF	0XFE	0	12	0XFF	0XFE	8.51	8.51

6. 接口标准

在数据通信、计算机网络以及分布式工业控制系统中，经常采用串行通信来交换数据和信息。1969 年，美国电子工业协会（EIA）公布了 RS-232C 作为串行通信接口的电气标准，该标准定义了数据终端设备（DTE）和数据通信设备（DCE）间按位串行传输的接口信息，合理安排了接口的电气信号和机械要求，在世界范围内得到了广泛的应用。

但它采用的是单端驱动非差分接收电路，因而存在着传输距离不太远（最大传输距离为 15m）和传送速率不太高（最大位速率为 20kb/s）的问题，远距离串行通信必须使用 Modem，但用 Modem 不经济，因而需要制定新的串行通信接口标准。

下面介绍几种常见的串行通信接口。

1977 年 EIA 制定了 RS-449，它除了保留与 RS-232C 兼容的特点外，还在提高传输速率、增加传输距离及改进电气特性等方面作了很大努力，并增加了 10 个控制信号。与 RS-449 同时推出的还有 RS-422 和 RS-423，它们是 RS-449 的标准子集。

RS-422 标准规定采用平衡驱动差分接收电路，提高了数据传输速率（最大位速率为 10Mb/s），增加了传输距离（最大传输距离为 1200m）。

RS-423 标准规定采用单端驱动差分接收电路，其电气性能与 RS-232C 几乎相同，并设计成可连接 RS-232C 和 RS-422。它一端可与 RS-422 连接，另一端则可与 RS-232C 连接，提供了一种从旧技术到新技术过渡的手段，同时又提高了位速率（最大为 300kb/s）和传输距离（最大为 600m）。

串行通信由于接线少、成本低以及协议简单等特点，在数据采集和控制系统中得到了广泛的应用。

7. 串行口的结构

（1）串行口的基本组成。

串行口主要由发送数据缓冲器、发送控制器、输出控制门、接收数据缓冲器、接收控制器、输入移位寄存器、波特率发生器 T1 等组成，如图 1.4.6 所示。

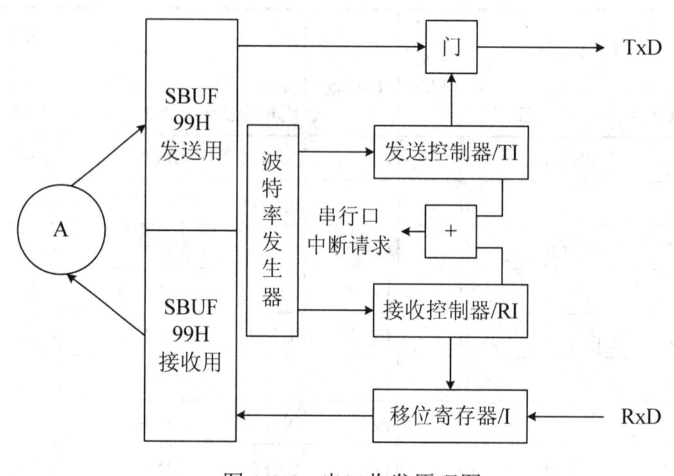

图 1.4.6　串口收发原理图

（2）串行口数据缓冲器 SBUF。

串行口中有两个缓冲寄存器 SBUF：一个是发送寄存器，一个是接收寄存器，在物理结构上是完全独立的。它们都是字节寻址的寄存器，字节地址均为 99H。这个重叠的地址靠读/写指令区分：串行发送时，CPU 向 SBUF 写入数据，此时 99H 表示发送 SBUF；串行接收时，CPU 从 SBUF 读出数据，此时 99H 表示接收 SBUF。

（3）SCON 控制寄存器。

SCON（Serial Control Register）串行口控制寄存器是一个可寻址的专用寄存器，用于串行数据的通信控制，单元地址是 98H，结构格式如表 1.4.2 所示。

表 1.4.2　SCON 寄存器结构

	D7	D6	D5	D4	D3	D2	D1	D0
SCON	SM0	SM1	SM2	REN	TB8	RB8	TI	RI
98H	9FH	9EH	9DH	9CH	9BH	9AH	99H	98H

1）SM0、SM1：串行口工作方式控制位。其 SM0、SM1 由软件置位或清零，用于选择串行口的 4 种工作方式。

2）SM2：多机通信控制位。多机通信是工作于方式 2 和方式 3，即 SM2 位主要用于方式 2 和方式 3。接收状态时，当串行口工作于方式 2 或方式 3，以及 SM2=1，只有当接收到第 9 位数据（RB8）为 1 时，才把接收到的前 8 位数据送入 SBUF，且置位 RI 发出中断申请，否则会将接收到的数据放弃。当 SM2=0 时，则不管第 9 位数据是 0 还是 1，都会将数据送入 SBUF，并发出中断申请。工作于方式 0 时，SM2 必须为 0。

3）REN：允许接收位。REN 用于控制数据接收的允许和禁止，REN=1 时，允许接收，REN=0 时，禁止接收。

4）TB8：发送接收数据位 8。在方式 2 和方式 3 中，TB8 是要发送的，即第 9 位数据位。在多机通信中同样也要传输这一位，并且它代表传输的是地址还是数据，TB8=0 时为数据，TB8=1 时为地址。

5）RB8：接收数据位 8。在方式 2 和方式 3 中，RB8 存放接收到的第 9 位数据，用以识别接收到的数据特征。

6）TI：发送中断标志位，可寻址标志位。方式 0 时，发送完第 8 位数据后由硬件置位，其他方式下，在发送或停止位之前由硬件置位，因此，TI=1 表示帧发送结束，TI 可由软件清零。

7）RI：接收中断标志位，可寻址标志位。接收完第 8 位数据后，该位由硬件置位，在其他工作方式下，该位由硬件置位，RI=1 表示帧接收完成。

在串口中断处理时，TI、RI 都需要软件清零，硬件置位后不可能自动清零，此外，在进行缓冲区操作时需要 ES=0，以防止中断出现。

（4）电源及波特率选择寄存器 PCON。

PCON 主要是为 CHMOS 型单片机的电源控制而设置的专用寄存器，单元地址是 87H，不可以位寻址，结构如表 1.4.3 所示。

表 1.4.3 PCON 寄存器结构

D_7	D_6	D_5	D_4	D_3	D_2	D_1	D_0
SMOD	—	—	—	GF1	GF0	PD	IDL

在 CHMOS 型单片机中，除 SMOD 位外，其他位均为虚设的，SMOD 是串行口波特率倍增位，当 SMOD=1 时，串行口波特率加倍。系统复位默认为 SMOD=0。

其他各位用于电源管理，在此不再赘述。

8. 串行口的工作方式

串行口分 4 种工作方式，由 SCON 中的 SM0、SM1 二位选择决定。

（1）方式 0。

1）特点。

- 用作串行口扩展，具有固定的波特率，为 $f_{osc}/12$。
- 同步发送/接收，由 TxD 提供移位脉冲，RxD 用作数据输入/输出通道。
- 发送/接收 8 位数据，低位在先。

2）发送操作。

当执行一条“MOV SBUF,A”指令时，启动发送操作，由 TxD 输出移位脉冲，由 RxD 串行发送 SBUF 中的数据。发送完 8 位数据后自动置 TI=1，请求中断。要继续发送时，TI 必须由指令清零。

3）接收操作。

在 RI=0 条件下，置 REN=1，启动一帧数据的接收，由 TxD 输出移位脉冲，由 RxD 接收串行数据到 A 中。接收完一帧自动置位 RI，请求中断。想继续接收时，要用指令清零 RI。

（2）方式 1。

1）特点。

- 8 位 UART 接口。
- 帧结构为 10 位，包括起始位（为 0）、8 位数据位、1 位停止位。
- 波特率由指令设定，由 TI 的溢出率决定。

2）发送操作。

当执行一条“MOV SBUF,A”指令时，启动发送操作，A 中的数据从 TxD 端实现异步发送。发送完一帧数据后自动置 TI=1，请求中断。要继续发送时，TI 必须由指令清零。

3）接收操作。

当置 REN=1 时，串行口采样 RxD，当采样到 1 至 0 的跳变时，确认串行数据帧的起始位，开始接收一帧数据，直到停止位到来时，把停止位送入 RB8 中。置位 RI 请求中断。CPU 取走数据后用指令清零 RI。

（3）方式 2 和方式 3。

方式 2 和方式 3 具有多机通信功能，这两种方式除了波特率不同以外，其余完全相同。

1）特点。

- 9 位 UART 接口。
- 帧结构为 11 位，包括起始位（为 0）、8 位数据位、1 位可编程位 TB8/RB8 和停止位（为 1）。
- 波特率在方式 2 时为固定值 $f_{osc}/32$ 或 $f_{osc}/64$，由 SMOD 位决定，当 SMOD=1 时，波特率为 $f_{osc}/32$；当 SMOD=0 时，波特率为 $f_{osc}/64$。方式 3 的溢出率由 T1 的溢出率决定。

2）发送操作。

发送数据之前，由指令设置 TB8（如作为奇偶校验位或地址/数据位），将要发送的数据由 A 写入 SBUF 中启动发送操作。在发送中，内部逻辑会把 TB8 装入发送移位寄存器的第 9 位位置，然后发送一帧完整的数据，发送完毕后置位 TI。TI 必须由指令清零。

3）接收操作。

当置位 SEN 位且 RI=0 时，启动接收操作，帧结构上的第 9 位送入 RB8 中，对所接收的数据视 SM2 和 RB8 的状态决定是否会使 RI 置位。

当 SM2=0 时，RB8 不论什么状态 RI 都置 1，串行口都接收数据。

当 SM2=1 时，为多机通信方式，接收到的 RB8 为地址/数据标识位。

当 RB8=1 时，接收的信息为地址帧，此时置位 RI，串行口接收发送来的数据。

当 RB8=0 时，接收的信息为数据帧，若 SM2=1 时，RI 不会置位，此数据丢弃；若 SM2=0，则 SBUF 接收发送来的数据。

项目分析

甲乙两机采用了相同的电路，它们既是发送机也是接收机。甲机的 RxD 引脚接乙机的 TxD 引脚，乙机的 RxD 引脚接到甲机的 TxD 引脚，实现交叉连接。甲乙两机的 LED 都并行地接到了单片机的 P1 口。两个按键分别接到了单片机的 P2.1 接口，当按下甲机的按键时，甲机向乙机发送十六进制数据，乙机在收到数据后，将数据在 8 个 LED 中显示出来。当按下乙机的按键时乙机向甲机发送十六进制数据，甲机在收到数据后，将数据在 8 个 LED 中显示出来。

1. 硬件电路分析

在 Proteus 8.0 Professional 仿真软件中按图 1.4.7 所示设计出硬件仿真原理图，硬件电路原理图包括两个 AT89C51 单片机、两个按键、晶振（采用 11.0592MHz）、16 个 LED 灯等部分和一个上拉电阻。

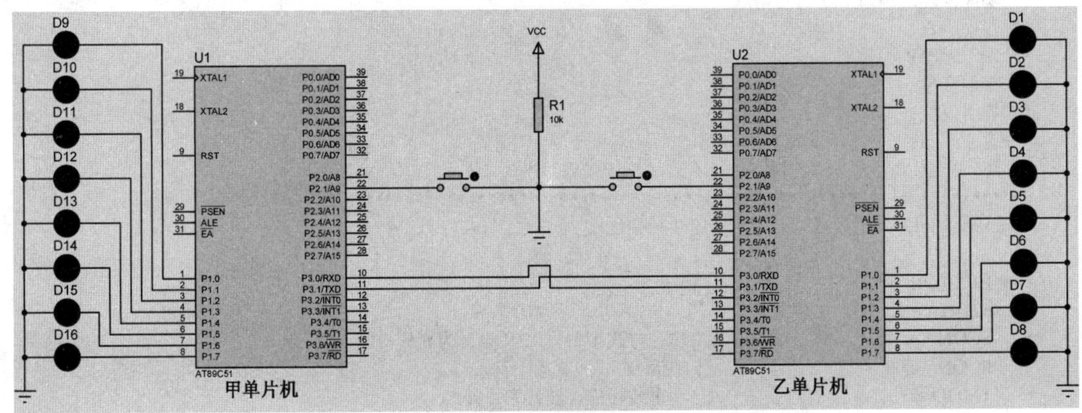

图 1.4.7　串口通信硬件原理图

2. 程序功能

通过按键实现输出信息，并在另一个单片机上显示接收到的数据信息。

3. 程序设计

```
/*
实验名称：RS232 通信实验
功      能：根据接收到的数据控制 LED 灯亮灭
晶      振：11.0592MHz
MCU 类型：STC89C51RC
作      者：卢厚财
创建 日期：13-10-20
*/
#include <reg51.h>
#define uchar unsigned char
#define uint unsigned int
sbit p21=P2^1;              //按键端口
uint j,f;
uchar dat[]={0xff,0x00,0x18,0x3c,0x7e,0xff,0x7e,0x3c,0x18,0x00};      //发送控制 LED 的十六进制的数
/*************************************************************************
** 函数名称：void delay(uint x)
** 功能描述：软件延时
** 输      入：uint x
** 输      出：
** 全局变量：
** 调用模块：
** 说      明：延时约 1ms
** 注      意：
*************************************************************************/
void delay(uint x)
{
    uint k;
    while(x--)
```

```
        {
            for(k=120;k>0;k--);
        }
}
/*****************************************************************************
** 函数名称：void serial_init()
** 功能描述：串口中断初始化
** 输      入：
** 输      出：
** 全局变量：
** 调用模块：
** 说      明：
** 注      意：
*****************************************************************************/
void serial_init()                          //中断初始化
{
    P1=0x00;
    p21=1;
    SCON=0x50;                              //工作在方式 1 下，REN 设置为允许接收
    PCON=0x00;                              //不加倍
    TMOD=0x20;                              //自动重装初值，波特率：9600
    TH1=0xfd;
    TL1=0xfd;
    TR1=1;                                  //开启定时器
    EA=1;                                   //开启总中断
    ES=1;                                   //开启串口中断
}
/*****************************************************************************
** 函数名称：void serial_inte() interrupt 4
** 功能描述：串口中断函数
** 输      入：
** 输      出：
** 全局变量：
** 调用模块：
** 说      明：
** 注      意：
*****************************************************************************/
void serial_inte() interrupt 4
{
    ES=0;
       if(TI==0)                            //只让接收中断执行以下内容
     {
         RI=0;
         P1=SBUF;
     }
     ES=1;
}
/*****************************************************************************
** 函数名称：void main(void)
** 功能描述：主函数
** 输      入：
** 输      出：
** 全局变量：
** 调用模块：
** 说      明：
** 注      意：
*****************************************************************************/
```

```
void main(void)
{
    uint i,t;
    P1=0xff;
    serial_init();                  //串口初始化
    while(1)
    {
        for(i=0;i<9;)
        {
            t=p21;
            delay(1);               //延时去抖动
            if(p21==t&&p21==0)      //再次判断是否按下
            {
                while(!p21);        //判断是否弹起
                SBUF=dat[i];
                while(!TI);         //判断是否发送完成
                TI=0;
                i++;
                delay(100);         //使 LED 灯能点亮至让人看见
            }
        }
    }
}
```

项目实施

1. 准备工作

计算机一台，keil c 2.0 或 wave 6000 软件编程环境，Proteus 8.0 Professional 仿真软件。

2. 操作步骤

（1）按照第四部分软件设计中的代码在 keil c 或 wave 6000 中编写调试程序，并生成 hex 文件。按照图 1.4.7 在 Proteus 8.0 Professional 仿真软件中连接设计好的电路，鼠标在单片机上方双击，弹出如图 1.4.8 所示的“仿真环境元件配置”对话框，在其中的 Program File 栏导入在 keil c 2.0 或 wave 6000 软件编程环境编译好的后缀为 hex 的文件，在 Clock Frequency 文本框内设置好晶振频率为 11.0592MHz，其他项不变。

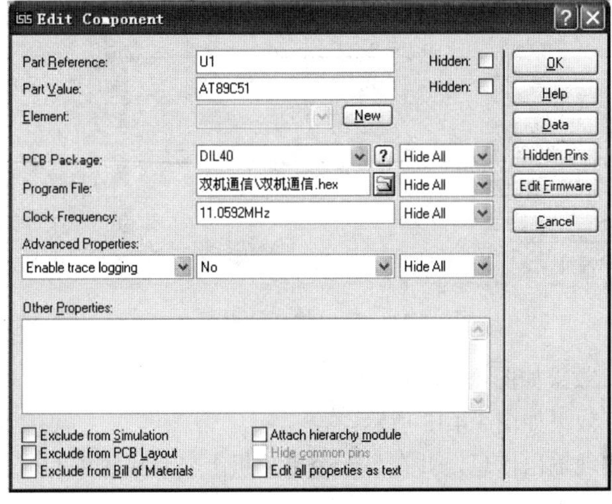

图 1.4.8 仿真环境元件配置

（2）单击仿真软件的左下角方向向右的箭头（如图 1.4.9 所示），即开始运行仿真。

图 1.4.9　仿真开始

（3）在 Proteus 8.0 Professional 仿真软件中运行，观察结果如图 1.4.10 至图 1.4.13 所示。

当按一下甲机的按键时，甲机发送数据 0xff 给乙机，乙机接收数据后控制数码管的亮灭。再按两次，甲机发送数据 0x18 给乙机。效果如下：

按一下甲机按键，效果如图 1.4.10 所示，乙单片机控制的 8 个 LED 灯全亮。

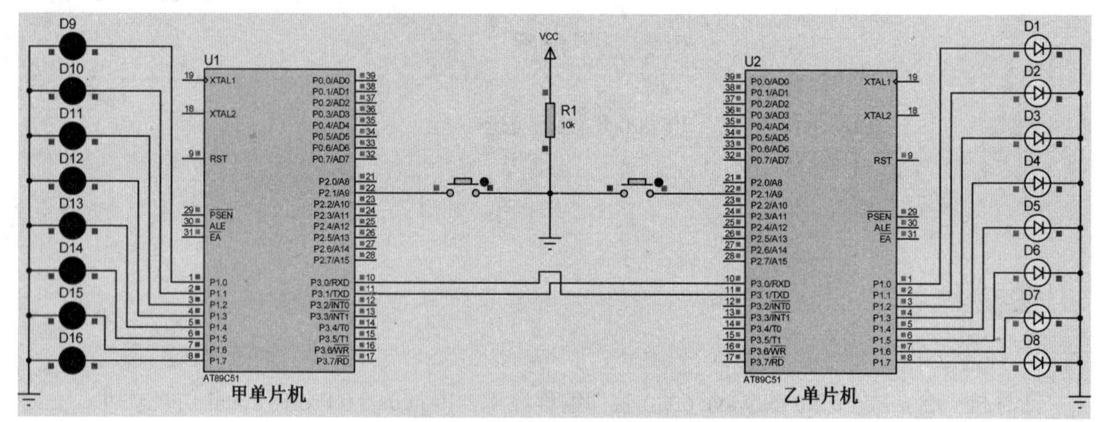

图 1.4.10　串口仿真效果图（一）

按三下甲机按键，效果如图 1.4.11 所示。

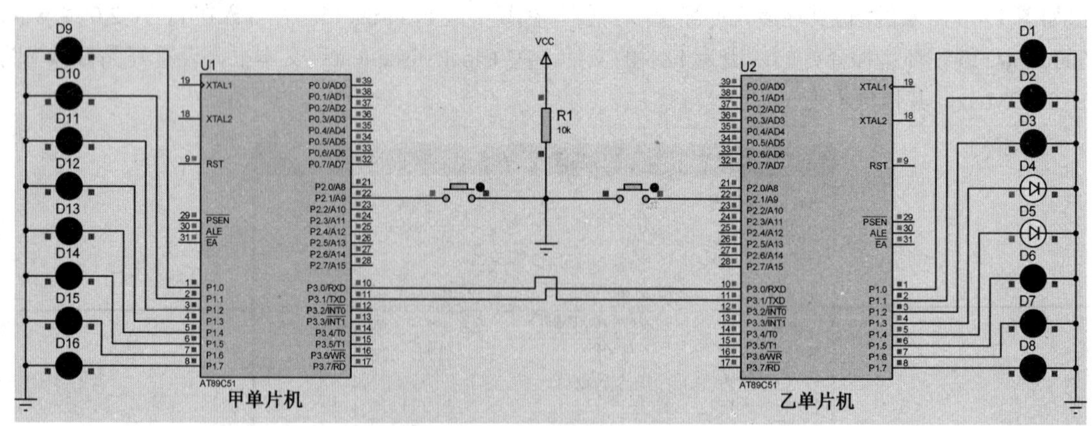

图 1.4.11　串口仿真效果图（二）

按一下乙机按键，效果如图 1.4.12 所示。

按三下乙机按键，效果如图 1.4.13 所示。

通过单片机发送实现输出信息，并在另一个单片机上显示接收到的信息。

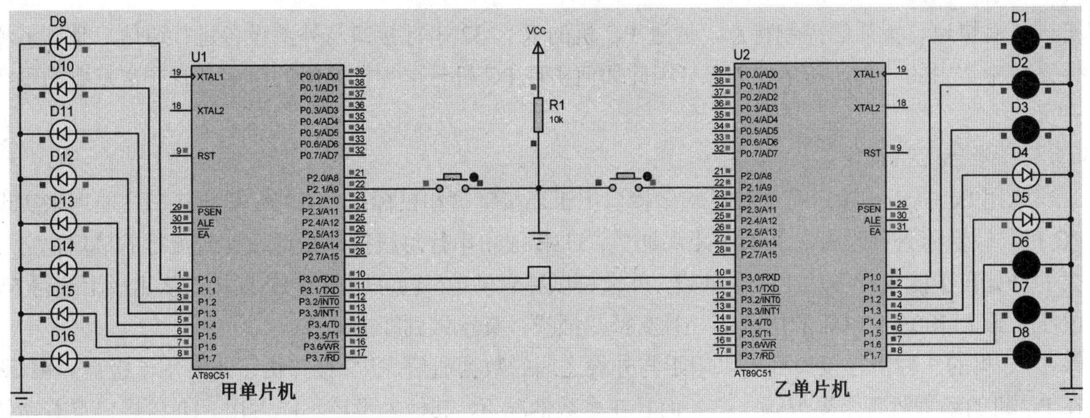

图 1.4.12　串口仿真效果图（三）

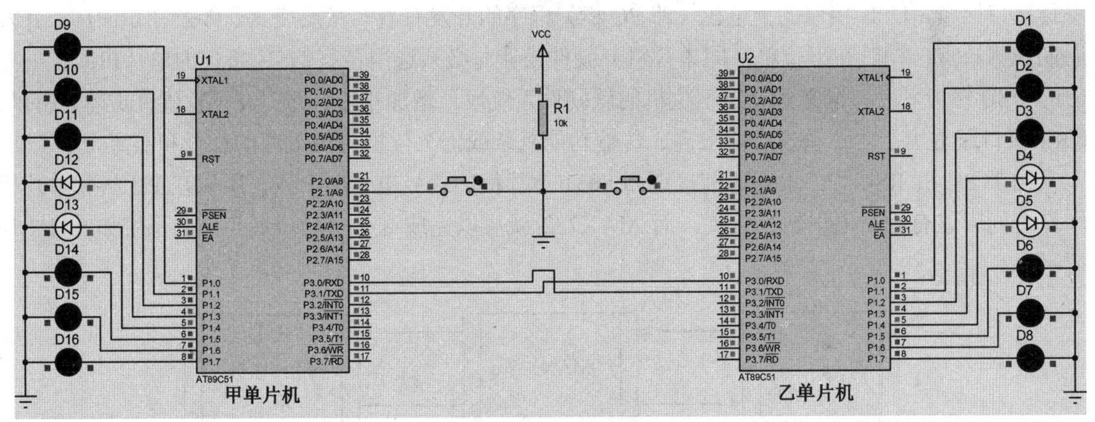

图 1.4.13　串口仿真效果图（四）

任务 2　单片机与 PC 机的串口通信

任务目标

- 理解单片机和计算机的通信原理。
- 实现单片机和计算机的互相通信。

任务要求

本任务主要实现单片机向计算机发送数据，同时实现接收计算机传送过来的数据并把接收到的数据回传给计算机。

相关知识点

1. 单片机与 PC 机的串口通信

随着计算机技术尤其是单片微型机技术的发展，人们已越来越多地采用单片机来对一些工业控制系统中如温度、流量和压力等参数进行检测和控制。PC 机具有强大的监控和管理功能，而单片机则具有快速、灵活的控制特点，通过 PC 机的 RS-232 串行接口与外部设备进行通信，是许多测控系统中常用的一种通信解决方案。因此如何实现 PC 机与单片机之间的通信具有非常重要的现实意义。

2. 串行通信接口

常用 PC 机串行接口有 3 种：PS/2 接口用于连接键盘和鼠标；RS-232C 串行接口一般用来实现 PC 机与较低速外部设备之间的远距离通信；USB 通用串行总线接口是现在比较流行的接口，它最大的好处在于能支持多达 127 个外设，外设可以独立供电，也可以通过 USB 接口从主板上获得 5V 电压、最大 500mA 电流的电源，并且支持热插拔，真正做到即插即用。

PC 机的 3 种串行接口都可以用于与外设之间的数据通信，PS/2 接口由于是专用于键盘和鼠标，在 PC 机的编程处理上要麻烦一些，而且在多数情况下，其他外设还不能占用。USB 接口有着功能强大、传输速度高、连接外设数量多、可向外设提供电源等特点，其应用越来越广，但是与 RS-232C 串行接口比较，USB 接口的上位机（即 PC 机）程序的开发有着开发难度大、涉及知识面广、开发周期长等缺点，同时在下位机（即单片机）硬件设计时必须选用带有 USB 接口的单片机或扩展专门的 USB 接口芯片，这必然会给下位机的软硬件系统设计增加难度，并提高了软硬件成本。所以，USB 接口通常用于对传输速度要求高、传输功能复杂或需上位机提供电源的外设和装置上。

由于 PC 机 RS-232C 串行通信接口和 8051 单片机的信号电平不一致，所以在 PC 机和单片机串口之间应该有一个电平转换装置，而 MAX232 就可以完成这一功能，最简单的系统如图 1.4.14 所示。

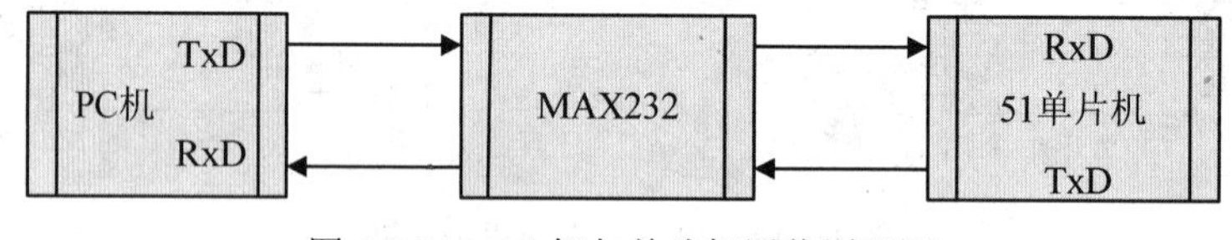

图 1.4.14　PC 机与单片机通信原理图

项目分析

本项目主要实现单片机与计算机之间的串口通信。项目实现采用北京威尔远东科技有限公司生产的 51 单片机实验系统 Ver3.0 版本，电路供电 7～35V，单片机采用 STC89C51RC 单片机。实现单片机每隔 1s 向计算机发送数据 0x55，接收计算机传送过来的数据并把接收到的数据回传给计算机。

1. 硬件电路设计

硬件电路图如图 1.4.15 所示，包括复位电路、51 单片机部分、LED 灯显示部分、串口转换部分、电源部分，其中串口转换部分是直接通过 DB9 接入计算机，如果计算机没有串口，需要用 USB 转串口线（常用的有 HL-340 和 FT232）输入直流电压 7～35V。材料清单如表 1.4.4 所示。

2. 程序设计

串口通信模块的程序设计包括两方面，一方面是以 80C51 单片机为核心的通信程序，另一方面是 PC 机的通信程序。现约定其通信设置如下：串口通信波特率为 9600kb/s；帧格式为 8 位数据位，1 位停止位；奇偶校验位为第 9 位，表示为 TB8；通信可以有中断传送方式和查询方式；在此采用中断方式系统查找中断标志位，利用中断方式进行发送和接收通信；联络方式为 51 单片机主动联络 PC 机，启动单片机后，单片机发送数据 0x56 给计算机，然后每隔 1s 向计算机发送数据 0x55；

同时实现接收计算机传递过来的数据并把接收到的数据回传给计算机，同时 8 位 LED 灯显示接收到的数据；PC 机采用 COM1 通信。

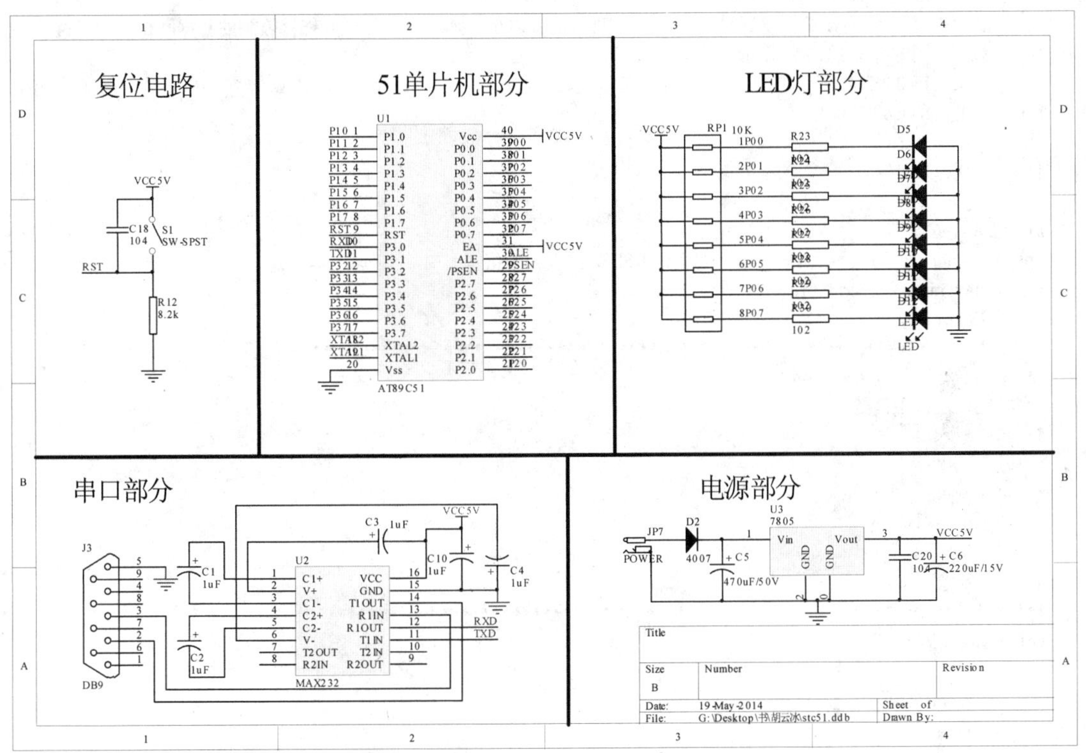

图 1.4.15　串口通信硬件电路图

表 1.4.4　材料清单

元件类型	元件型号	元件标识	封装类型	数量
电容	1μF	C1，C2，C3，C4，C10	0805	5
电容	470μF/50V	C5	DIP20	1
电容	220μF/15V	C6	0805	1
电容	104	C18，C20	0805	2
二极管	4007	D2	1N4007	1
LED 灯	LED	D5，D6，D7，D8，D9，D10，D11，D12	LED	8
串口接头	DB9	J3	DB9RA/F	1
电源接头	POWER	JP7	DC12V	1
电阻	8.2k	R12	0805	1
电阻	102	R23，R24，R25，R26，R27，R28，R29，R30	0805	8
电阻	10k	RP1	DIP-16	1
按键	SW-SPST	S1	KEEY_POWER	1
51 单片机	AT89C51	U1	DIP40_51_BIG	1
串口转换芯片	MAX232	U2	MAX232	1
电源芯片	7805	U3	78m05	1

C 语言版程序如下：

```
/*
实验 名称：RS232 通信实验
功     能：每隔 1s 向计算机发送数据 0x55；实现接收计算机传递过来的数据并把接收到的数据回传给计算机，
          同时 8 位 LED 灯显示接收到的数据。
晶     振：11.0592MHz
MCU 类型：STC89C51RC
作     者：胡云冰
创建 日期：13-10-20
*/
#include <reg51.h>
unsigned char rec_data;                         //RS232 接收到的值
void Delay_ms(unsigned int t);
void rs232(void);
/**************************************************************************
** 函数名称：void main(void)
** 功能描述：主函数
** 输     入：
** 输     出：
** 全局变量：
** 调用模块：
** 说     明：
** 注     意：
**************************************************************************/
void main(void)
{
    Delay_ms(10);
    rec_data=0;
    SCON=0x50;                                  //设置串口工作于方式 1，允许接收
    TMOD=0x20;
    TH1=0xfd;                                   //设置波特率为 9600
    TL1=0xfd;
    TR1=1;                                      //启动定时器 1
    ES=1;                                       //允许串口中断
    EA=1;                                       //允许所有中断
    SBUF=0x56;                                  //发送启动信息 0x56，字符显示是 V，用于验证系统是否发生重启
    while(TI==0);
    TI=0;
    while(1)
    {
        SBUF=0x55;                              //发送运行信息 0x55，字符显示是 U
        while(TI==0);
        TI=0;
        P0=rec_data;
        Delay_ms(1000);
    }
}
/**************************************************************************
** 函数名称：rs232(void)
** 功能描述：串口中断函数，实现中断接收串口数据，然后回送接收到的数据
** 输     入：
** 输     出：
** 全局变量：
** 调用模块：
```

```
** 说      明：
** 注      意：
****************************************************************************/
void rs232(void) interrupt 4
{
    if(RI==1)
    {
        RI=0;
        rec_data=SBUF;                      //接收到的数据进行存储
        SBUF=rec_data;                      //回发接收到的数据
        while(TI==0);
        TI=0;
    }

}
/****************************************************************************
** 函数名称：Delay_1ms(unsigned int cnt)
** 功能描述：延时 1s 程序
** 输      入：
** 输      出：
** 全局变量：
** 调用模块：
** 说      明：cnt 为 1 时约延时 1ms
** 注      意：
****************************************************************************/
void Delay_ms(unsigned int cnt)             //Delay t ms for 11.0592MHz crystal
{
    unsigned char i;
    while(cnt--)
    {
        for(i=0;i<125;i++);
    }
}
```

汇编程序如下：

```
ORG    0000H
LJMP START_MAIN
ORG    0023H
AJMP INT_SER
;****************************************************************************
;** 函数名称：START_MAIN:
;** 功能描述：主函数，实现启动输出 0x56，运行定时发出 0x55，以及 LED 灯显示
;** 输      入：
;** 输      出：
;** 全局变量：
;** 调用模块：
;** 说      明：
;** 注      意：
;****************************************************************************
START_MAIN:
    LCALL DELAY
    MOV SCON,#50H;                          ;设置串口工作于方式 1，允许接收
    MOV TMOD,#20H;
    MOV TH1,#0FDH;                          ;设置波特率为 9600
    MOV TL1,#0FDH;
```

```
        SETB TR1
        SETB ES
        SETB EA
        MOV P0,#0F0H
        CLR    A
        MOV SBUF,#056H
        LCALL DELAY                         ;延时 1s
        JNB TI,$
        CLR TI
MAIN_LOOP:
        MOV P0,A
        MOV SBUF,#055H
        JNB TI,$
        CLR TI
        MOV P0,A
        LCALL DELAY                         ;延时 1s
        SJMP MAIN_LOOP
;*****************************************************************************
;** 函数名称：INT_SER
;** 功能描述：串口中断函数，实现中断接收串口数据，然后回送接收到的数据
;** 输      入：
;** 输      出：
;** 全局变量：
;** 调用模块：
;** 说      明：
;** 注      意：
;*****************************************************************************
INT_SER:
        JNB RI,INT_END
        CLR RI
SEND_DATA:
        MOV A,SBUF
        MOV SBUF,A
        JNB TI,$
        CLR TI
INT_END:
        RETI;
;*****************************************************************************
;** 函数名称：DELAY:
;** 功能描述：延时 1s 程序
;** 输      入：
;** 输      出：
;** 全局变量：
;** 调用模块：
;** 说      明：
;** 注      意：
;*****************************************************************************
DELAY: MOV R5,#20
        D1: MOV R6,#20
        D2: MOV R7,#248
            DJNZ R7,$
            DJNZ R6,D2
            DJNZ R5,D1
            RET
```

项目实施

1. 项目实施需要的设备

7～35V 直流电源或 USB 供电线、单片机实验系统 V3.0 或表 1.4.4 中的材料清单（单片机采用 STC89C51RC）、多功能板、恒温焊台、焊锡丝、导线、20MHz 以上的示波器、USB 转串口线（常用 HL-340 和 FT232）以及驱动程序、计算机一台、keil c 2.0 软件或 wave 6000、PZISP 自动下载软件（用于 STC 系列单片机程序烧写，也有其他用于烧写 STC 的单片机软件）和串口调试工具 sscom32.exe（用于串口调试，主要实现显示和收发串口数据）。

2. 设备使用方法

根据表 1.4.4 中的材料清单焊接电路，或者使用单片机实验系统 V3.0，链接 USB 转串口线给计算机，在设备管理器检查设备驱动，如果没有驱动应先安装驱动（如果使用台式机并且有串口接口，可不用 USB 转串口，直接使用串口线）。然后连接到单片机实验系统 V3.0，如图 1.4.16 所示，电源供电可采用计算机供电，直接用 USB 线连接到计算机 USB 接口。

图 1.4.16　单片机系统和 PC 机连接图

3. 操作步骤

（1）在计算机上安装 keil c 2.0 版本或 wave 6000 版本单片机软件开发环境。

（2）在 keil c 2.0 中编写和调试程序，并生成 hex 文件。

（3）在 STC 自动下载软件中单击“打丌程序文件”按钮，找到要烧写的 hex 文件，然后单击“下载程序”按钮，对 51 实验板进行重新上电，即可实现烧写，如图 1.4.18 所示。

（4）在威尔远东科技的 51 单片机试验系统中运行，观察结果如图 1.4.19 所示图中收到的数据为 56。

在计算机中调用串口调试工具，并在“串口号”下拉列表（串口号）中选择对应的串口。选择好后，单击右侧的“打开串口”单选按钮（打开串口）。如果串口号选择正确，此时“打开串口”前面的按钮变红，如果串口号不存在，则不会。此时需要对串口进行检测，确认 USB 转串口的串口号码。正确连接后选择波特率为 9600。其他不变，此时在串口调试窗口即可看到单片机定时上传的数据 0x55，在“字符串输入框”的文本框中输入要想发送的数据，然后单击“发送”按钮，在显示窗口内即可看到发出去的数据回传过来。

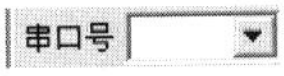

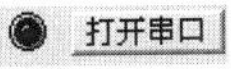

字符串输入框：　发送　Bad Request (Invalid Hostname)</h1>

W

图 1.4.17　字符串输入框

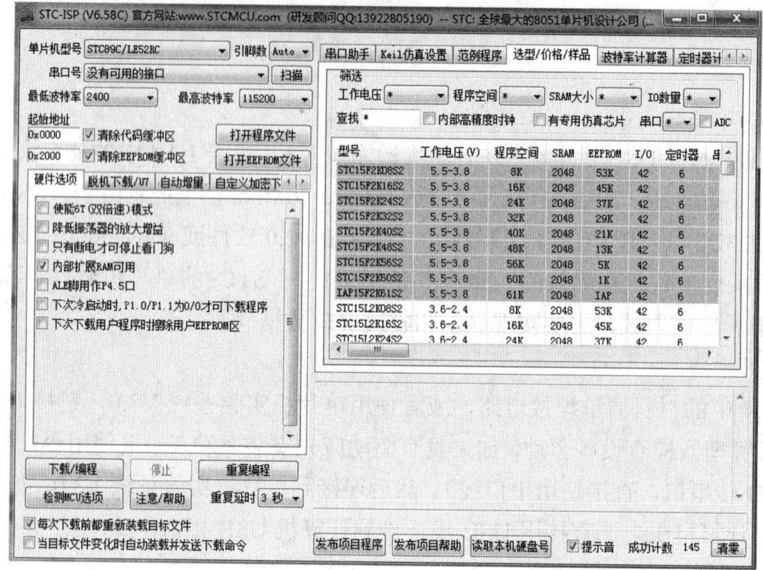

图 1.4.18　单片机下载程序软件环境

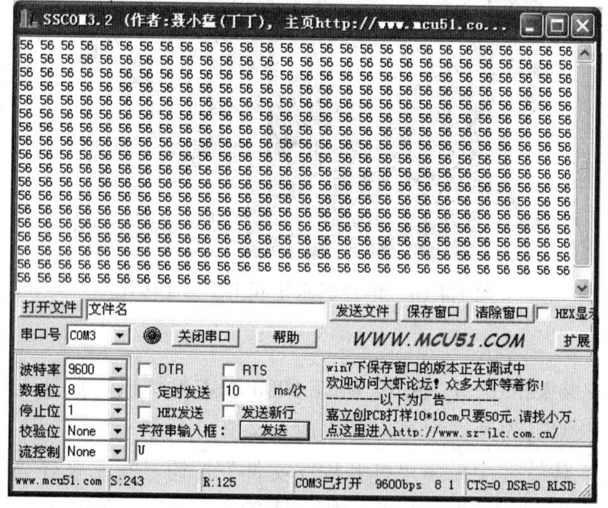

图 1.4.19　单片机与 PC 通信效果图

任务 3　IIC 串口通信

任务目标

- 理解单片机的 IIC 通信原理。
- 实现两个单片机之间利用 IIC 进行通信。

任务要求

本任务主要实现一个单片机通过 IIC 通信方式访问 24C02。

相关知识点

1. IIC 总线概述

IIC 总线是 PHLIPS 公司推出的一种串行总线，是具备多主机系统所需的包括总线裁决和高低速器件同步功能的高性能串行总线。IIC 总线只有两根双向信号线：一根是数据线 SDA，另一根是时钟线 SCL，如图 1.4.20 所示。

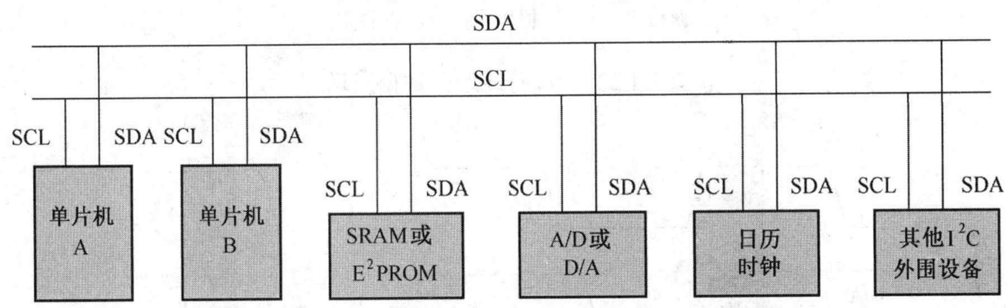

图 1.4.20　IIC 总线

IIC 总线通过上拉电阻接正电源。当总线空闲时，两根线均为高电平。连到总线上的任一器件输出的低电平都将使总线的信号变低，即各器件的 SDA 及 SCL 都是“线与”关系，如图 1.4.21 所示。

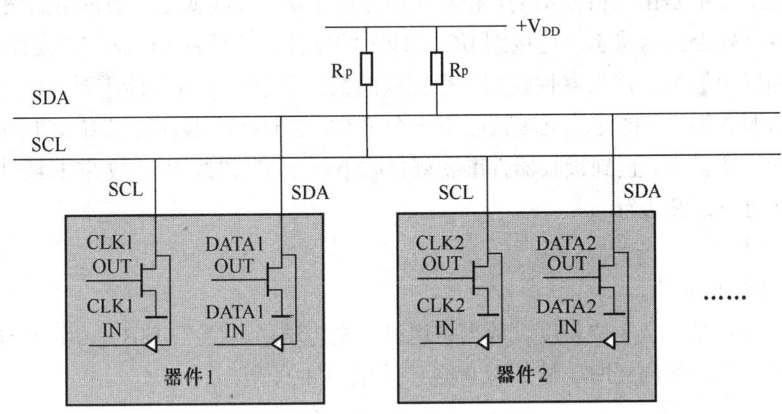

图 1.4.21　IIC 总线“线与”图

每个接到 IIC 总线上的器件都有唯一的地址。主机与其他器件间的数据传送可以是由主机发送数据到其他器件，这时主机即为发送器。由总线上接收数据的器件则为接收器。在多主机系统中，可能同时有几个主机企图启动总线传送数据。为了避免混乱，IIC 总线要通过总线仲裁，以决定由哪一台主机控制总线。

2. IIC 总线数据传送

（1）数据位的有效性规定。

IIC 总线进行数据传送时，时钟信号为高电平期间，数据线上的数据必须保持稳定，只有在时钟线上的信号为低电平期间，数据线上的高电平或低电平状态才允许变化，如图 1.4.22 所示。

（2）起始信号和终止信号。

SCL 线为高电平期间，SDA 线由高电平向低电平的变化表示起始信号；SCL 线为高电平期间，

SDA 线由低电平向高电平的变化表示终止信号，如图 1.4.23 所示。

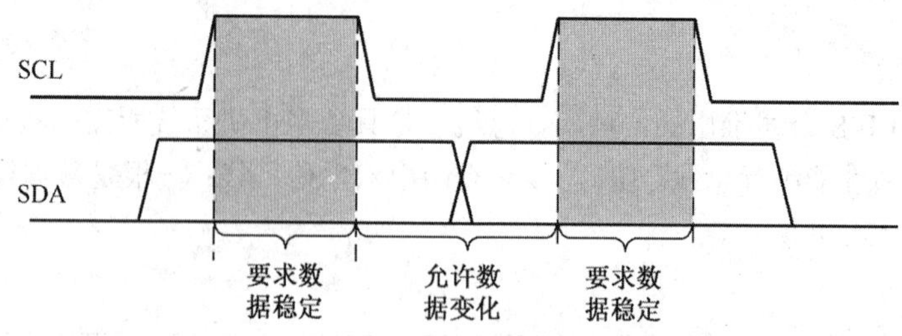

图 1.4.22　IIC 总线通信数据发送

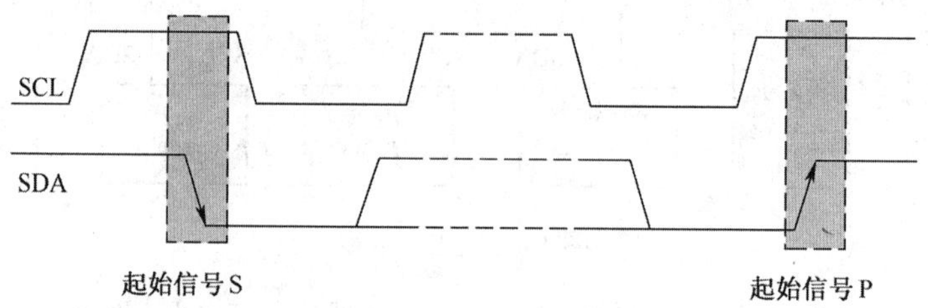

图 1.4.23　起始信号和终止信号

起始和终止信号都是由主机发出的，在起始信号产生后，总线就处于被占用的状态；在终止信号产生后，总线就处于空闲状态。连接到 IIC 总线上的器件，若具有 IIC 总线的硬件接口，则很容易检测到起始和终止信号。接收器件收到一个完整的数据字节后，有可能需要完成一些其他工作，如处理内部中断服务等，可能无法立刻接收下一个字节，这时接收器件可以将 SCL 线拉成低电平，从而使主机处于等待状态。直到接收器件准备好接收下一个字节时，再释放 SCL 线使之为高电平，从而使数据传送可以继续进行。

3．数据传送格式

（1）字节传送与应答。

每一个字节必须保证是 8 位长度。数据传送时，先传送最高位（MSB），每一个被传送的字节后面都必须跟随一位应答位（即一帧共有 9 位），如图 1.4.24 所示。

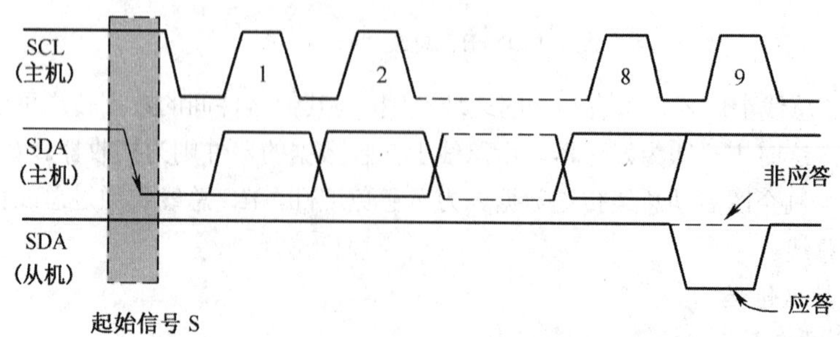

图 1.4.24　字节传送与应答

由于某种原因从机不对主机寻址信号应答时（如从机正在进行实时性的处理工作而无法接收总线上的数据），它必须将数据线置于高电平，而由主机产生一个终止信号以结束总线的数据传送；

如果从机对主机进行了应答，但在数据传送一段时间后无法继续接收更多的数据时，从机可以通过对无法接收的第一个数据字节的“非应答”通知主机，主机则应发出终止信号以结束数据的继续传送。

当主机接收数据时，它收到最后一个数据字节后，必须向从机发出一个结束传送的信号。这个信号是由对从机的“非应答”来实现的。然后，从机释放 SDA 线，以允许主机产生终止信号。

（2）数据帧率格式。

IIC 总线上传送的数据信号是广义的，既包括地址信号，又包括真正的数据信号。在起始信号后必须传送一个从机的地址（7 位），第 8 位是数据的传送方向位（R/T），用“0”表示主机发送数据（T），“1”表示主机接收数据（R）。每次数据传送总是由主机产生的终止信号结束。但是，若主机希望继续占用总线进行新的数据传送，则可以不产生终止信号，马上再次发出起始信号对另一从机进行寻址。

在总线的一次数据传送过程中，可以有以下几种组合方式：

1）主机向从机发送数据，数据的传送方向在整个传送过程中不变。

S	从机地址	0	A	数据	A	数据	A/$\bar{A}$	P

注意：有阴影部分表示数据由主机向从机传送，无阴影部分则表示数据由从机向主机传送。A 表示应答，$\bar{A}$ 表示非应答（高电平），S 表示起始信号，P 表示终止信号。

2）主机在第一个字节后，立即从从机读数据。

S	从机地址	1	A	数据	A	数据	$\bar{A}$	P

3）在传送过程中，当需要改变传送方向时，起始信号和从机地址都被重复产生一次，但两次读/写方向位正好反相。

S	从机地址	0	A	数据	A/$\bar{A}$	S	从机地址	1	A	数据	$\bar{A}$	P

4. 总线的寻址

IIC 总线有明确规定：采用 7 位寻址字节（寻址字节是起始信号后的第一个字节）。

注意：D7～D1 位组成从机的地址。D0 位是数据传送方向位，为 0 时表示主机向从机写数据，为 1 时表示主机由从机读数据。

主机发送地址时，总线上的每个从机都将这 7 位地址码和自己的地址比较，如果相同，则认为自己被主机寻址，根据 R/T 位将自己确认为发送器或者接收器。

从机的地址由固定部分和可编程部分组成。在一个系统中，可能希望接入多个相同的从机，从机地址中可以编程的部分决定了可接入总线该类器件的最大数目。如一个从机的 7 位寻址位有 4 位是固定位，3 位是可编程位，这时仅能寻址 8 个同样的器件，即可以有 8 个同样的器件接入到该 IIC 总线系统中。

如图 1.4.25 所示为单片机 IIC 串行总线数据传送模拟。

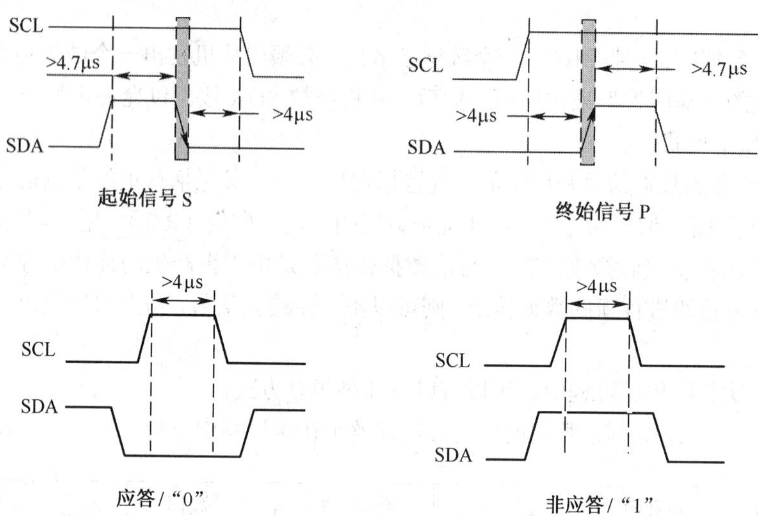

图 1.4.25　总线数据传送信号

项目分析

本项目主要实现单片机通过 IIC 通信方式访问 24C02。采用 Proteus 8.0 Professional 进行仿真实验，单片机采用 51 单片机。

1. 硬件电路设计

在 Proteus 8.0 Professional 仿真软件中按图 1.4.26 设计出仿真原理图，硬件电路包括一个 51 单片机和一个 LED 灯带，一个 24C02C 和一个 IIC 通信协议调试。

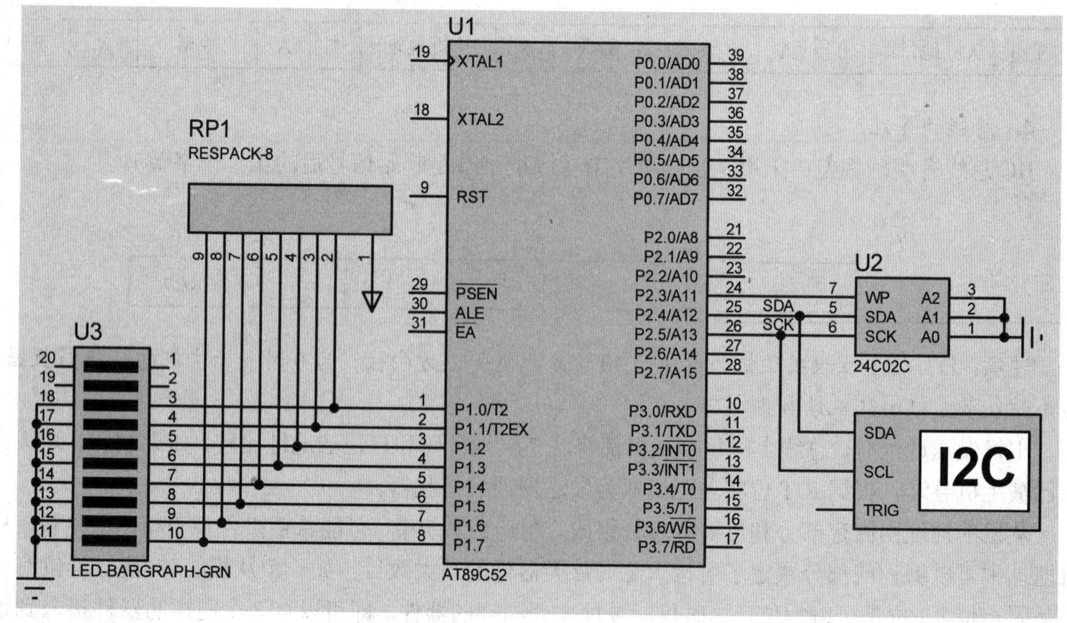

图 1.4.26　IIC 通信硬件原理电路图

2. 程序设计

IIC通信模块的程序设计主要包括系统启动后立即向24C02中写入从0到100的数据，然后每隔约1s从24C02中依次读取写入的数据，读完后系统等待。

```
/*
实验名称：IIC通信实验
功    能：单片机用IIC通信方式向24C02写入
晶    振：11.0592MHz
MCU类型：AT89C51
作    者：胡云冰
创建 日期：14-02-08
*/
#include<reg52.h>
#define W_cmd 0xa0                    //写指令，以A开头，后有地址，参见手册
#define R_cmd 0xa1                    //读指令，以A开头，后有地址
sbit SCL=P2^5;
sbit SDA=P2^4;
sbit WP=P2^3;
/**************************************************************************
** 函数名称：void delay(int x)
** 功能描述：软件延时
** 输    入：int x
** 输    出：无
** 全局变量：无
** 调用模块：无
** 说    明：无
** 注    意：无
**************************************************************************/
void delay(int x)
{
    int i,j;
    for(i=x;i>0;i--)
    for(j=110;j>0;j--);
}
/**************************************************************************
** 函数名称：void Delay24(void)
** 功能描述：用于通信中的软件延时
** 输    入：无
** 输    出：无
** 全局变量：无
** 调用模块：无
** 说    明：这个时间与器件和上拉电阻有很大关系，一般宜大不宜小
** 注    意：无
**************************************************************************/
void Delay24(void)
{
    unsigned char i;
        for(i=0;i<20;i++);
}
/**************************************************************************
** 函数名称：unsigned char ReadByte(void)
** 功能描述：时钟下降沿读取一位数据
** 输    入：无
** 输    出：j
** 全局变量：无
```

```
** 调用模块：无
** 说    明：无
** 注    意：无
*************************************************************************/
unsigned char ReadByte(void)
{
   unsigned char i,j;
   for(i=0;i<8;i++)                        //循环读 8 位
      {
        SDA=1;                             //置高，不影响后续读取，而且是必须的
        SCL=1;
        j<<=1;
        j|=(bit)SDA;                       //读 1 位
        SCL=0;
      }
    SDA=0;                                 //必须拉低
    return(j);
}
/*************************************************************************
** 函数名称：void SendByte(unsigned char SendDat)
** 功能描述：将一个字节送上总线
** 输    入：unsigned char SendDat
** 输    出：j
** 全局变量：无
** 调用模块：无
** 说    明：无
** 注    意：无
*************************************************************************/
void SendByte(unsigned char SendDat)
{
    unsigned char i,j;
    for(i=0;i<8;i++)                       //循环 8 次
    {
       j=SendDat;
       SDA=j&0x80;                         //送出 1 位
       Delay24();                          //必要的延时
       SCL=1;
       Delay24();                          //必要的延时
       SCL=0;
       SendDat<<=1;                        //为下一位做准备
    }
    SCL=1;                                 //必须拉高
    while(SDA==1);                         //等待应答
    SCL=0;                                 //为确保每写入一个字节前 SDA、SCL 必须拉低
    SDA=0;
}
/*************************************************************************
** 函数名称：void WriIIC(unsigned char Wcmd,add,dat)
** 功能描述：发送一个 8 位数
** 输    入：unsigned char Wcmd,add,dat
** 输    出：
** 全局变量：无
** 调用模块：SendByte()
** 说    明：Wcmd 是写命令，add 是地址，dat 是数据
** 注    意：无
```

```
******************************************************************************/
void WriIIC(unsigned char Wcmd,add,dat)
{
    SCL=1;
    SDA=1;
    SDA=0;                          //开始时，SDA 必须先于 SCL 拉低
    SCL=0;
    SendByte(Wcmd);                 //命令，每写入一个字节前 SDA、SCL 必须拉低
    SendByte(add);                  //地址
    SendByte(dat);                  //数据
    SCL=1;                          //在写结束时，SCL 必须先于 SDA 拉高
    SDA=1;
}
/******************************************************************************
** 函数名称：unsigned char ReadIIC(unsigned char Wcmd,add,Rcmd)
** 功能描述：读取一个 8 位数
** 输    入：unsigned char Wcmd,add,Rcmd
** 输    出：i
** 全局变量：无
** 调用模块：SendByte();ReadByte();
** 说    明：Wcmd 是写命令，add 是地址，Rcmd 是读命令
** 注    意：无
******************************************************************************/
 unsigned char ReadIIC(unsigned char Wcmd,add,Rcmd)
{
    unsigned char i;
    SDA=1;
    SCL=1;
    SDA=0;                          //开始
    SCL=0;
    SendByte(Wcmd);                 //命令
    SendByte(add);                  //选取存储区地址
    SDA=1;                          //注意这里与写结束时的不同，从写到读的转换时 SDA 必须先于 SCL 拉高
    SCL=1;
    SDA=0;
    SCL=0;
    SendByte(Rcmd);                 //读取
    i=ReadByte();
    SCL=1;
    SDA=1;
    return(i);
}
/******************************************************************************
** 函数名称：void main(void)
** 功能描述：主函数
** 输    入：无
** 输    出：无
** 全局变量：无
** 调用模块：WriIIC();ReadIIC();
** 说    明：Wcmd 是写命令，Rcmd 是读命令
** 注    意：无
******************************************************************************/
void main(void)
{
    unsigned char i,get;
```

```
        WP=0;                                   // 允许写
        for(i=0;i<100;i++)                      //向 0 到 100 的地址相应写入 0 到 100
        WriIIC(W_cmd,i,i);

        for(i=0;i<100;i++)                      //从地址 0 到 100 读取数据
        {
            get=ReadIIC(W_cmd,i,R_cmd);         //向 0x00 地址写入 0xa5
            P1=get;                             //读 0x00 地址数据送 P1
            delay(1000);
        }
        while(1);
}
```

项目实施

1. 准备工作

计算机一台，keil c 2.0 或 wave 6000 软件编程环境、Proteus 8.0 Professional 仿真软件。

在计算机上安装 keil c 2.0 版本或 wave 6000 版本单片机软件开发环境。

在 keil c 2.0 或 wave 6000 中编写和调试程序，并生成 hex 文件。

2. 操作步骤

（1）根据图 1.4.26 所示 IIC 通信硬件原理电路图设计好电路，在单片机上方双击，弹出如图 1.4.27 所示的对话框。在其中的 Program File 栏内导入在 keil c 2.0 或 wave 6000 软件编程环境编译好的后缀为 hex 文件，在 Clock Frequency 文本框内设置好晶振频率为 11.0592MHz，其他项不变。

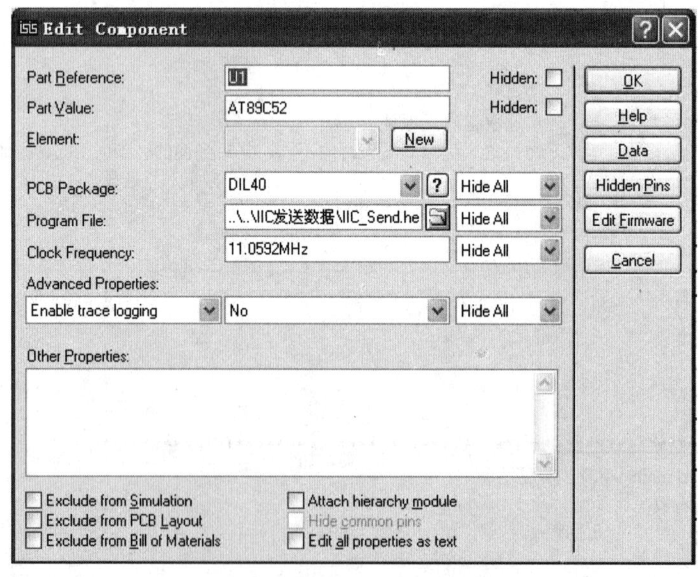

图 1.4.27　仿真环境配置

（2）单击仿真软件的左下角方向向右的箭头，即开始运行仿真，如图 1.4.28 所示。

图 1.4.28　仿真开始

（3）在 Proteus 8.0 Professional 仿真软件中运行，观察结果如图 1.4.29 所示。图中包含单片机访问 24C02 和控制 LED 灯带，以及右上角的 IIC 模拟协议分析。在图 1.4.30 中 LED 灯带显示当前读取到的数据为 0x0A，在图 1.4.31 所示的 IIC 通信仿真协议分析中也可以看到在最后一行读到的数据是 0x0A。

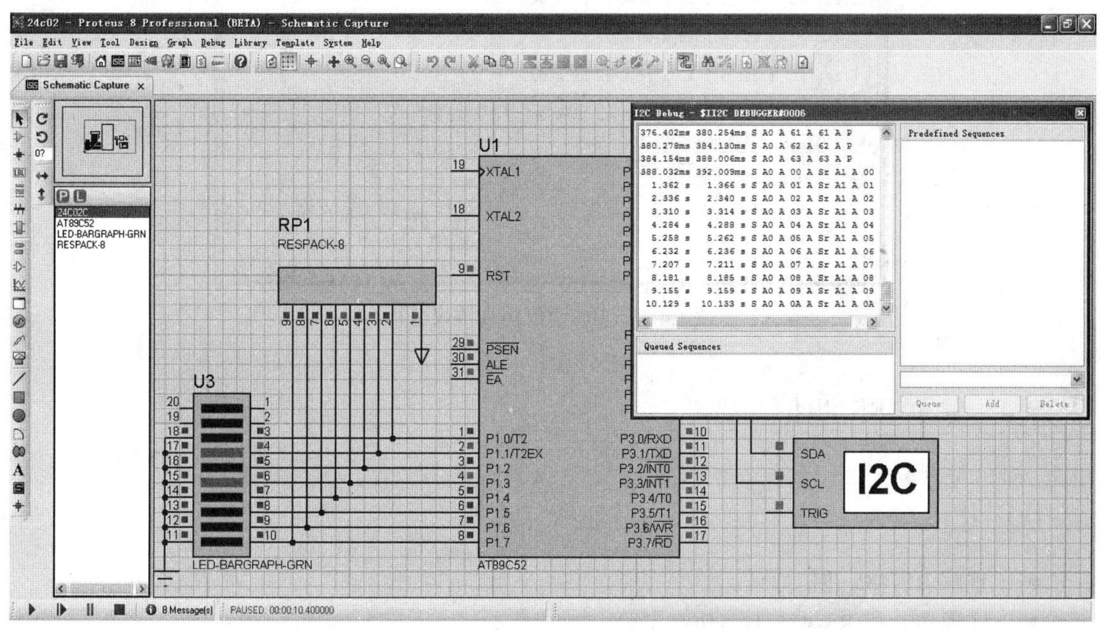

图 1.4.29　IIC 通信试验仿真整体效果图

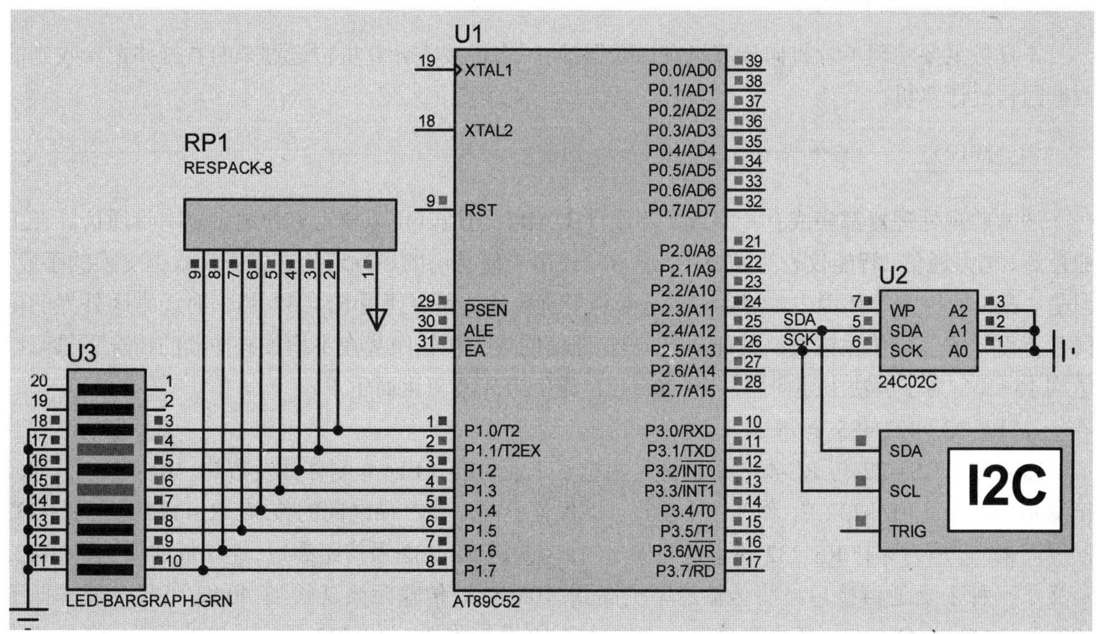

图 1.4.30　IIC 通信试验仿真

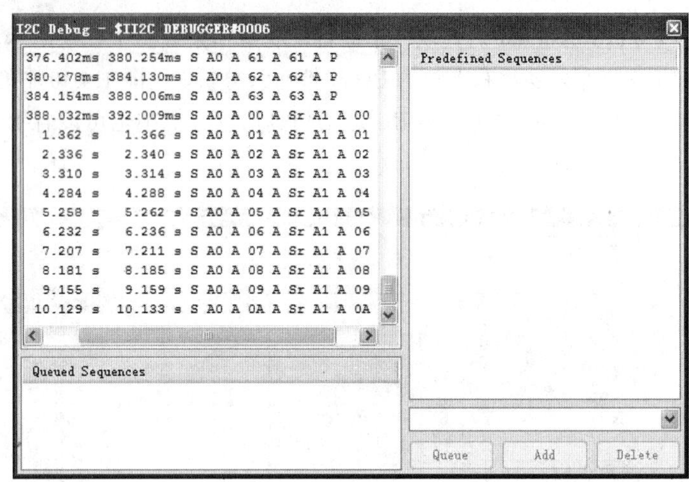

图 1.4.31　IIC 通信仿真协议分析

任务 4　RS-485 通信

任务目标

- 理解 RS-485 通信原理。
- 实现单片机 RS-485 通信仿真实验。

任务要求

本任务主要实现单片机向计算机发送数据；同时实现接收计算机传送过来的数据并把接收到的数据回传给计算机。

相关知识点

通常的微处理器都集成有一路或多路硬件 UART 通道，可以非常方便地实现串行通信。在工业控制、电力通信、智能仪表等领域中，也常常使用简便易用的串行通信方式作为数据交换的手段。但是，在工业控制等环境中，常会有电气噪声干扰传输线路，使用 RS-232 通信时经常因外界的电气干扰而导致信号传输错误；另外，RS-232 通信的最大传输距离在不增加缓冲器的情况下只可以达到 15 米。为了解决上述问题，RS-485/422 通信方式就应运而生了。

1. RS-232/422/485 标准

RS-232、RS-422 与 RS-485 最初都是由电子工业协会（EIA）制订并发布的。RS-232 在 1962 年发布，命名为 EIA-232-E，作为工业标准，以保证不同厂家产品之间的兼容。RS-422 是由 RS-232 发展而来，它是为弥补 RS-232 的不足而提出的。为改进 RS-232 通信距离短、速率低的缺点，RS-422 定义了一种平衡通信接口，将传输速率提高到 10Mb/s，传输距离延长到 4000 英尺（速率低于 100kb/s 时），并允许在一条平衡总线上连接最多 10 个接收器。RS-422 是一种单机发送、多机接收的单向、平衡传输规范，被命名为 TIA/EIA-422-A 标准。为扩展应用范围，EIA 又于 1983 年在 RS-422 基础上制定了 RS-485 标准，增加了多点、双向通信能力，即允许多个发送器连接到同一条总线上，同时增加了发送器的驱动能力和冲突保护特性，扩展了总线共模范围，后命名为 TIA/EIA-485-A 标准。由于 EIA 提出的建议标准都是以 RS 作为前缀，所以在通信工业领域，仍然习惯将上述标准以 RS 作前缀称谓。RS-232、RS-422 与 RS-485 标准只对接口的电气特性做出规定，而不涉及接插件、电缆或协议，在此基础上用户可以建立自己的高层通信协议。但由于 PC 上的串行数据通信是通过 UART 芯片（较老版本的 PC 采用 I8250 芯片或 Z8530 芯片）来处理的，其通信协议也规定了串行数据单元的格式(8-N-1 格式)：1 位逻辑 0 的起始位，6/7/8 位数据位，1 位可选择的奇(ODD)/偶（EVEN）校验位，1/2 位逻辑 1 的停止位。基于 PC 的 RS-232、RS-422 与 RS-485 标准均采用同样的通信协议。

表 1.4.5 列出了 RS-232、RS-422、RS-485 通信方式的区别。

表 1.4.5　RS-232、RS-422、RS-485 的区别

标准		RS-232	RS-422	RS-485
工作方式		单端	差分	差分
节点数		1 收、1 发	1 发、10 收	1 发、32 收
最大传输电缆长度		50 英尺	4000 英尺	4000 英尺
最大传输速率		20kb/s	10Mb/s	10Mb/s
最大驱动输出电压		±25V	-0.25～+6V	-7～+12V
发送器输出信号电平（负载最小值）	负载	±5V～±15V	±2.0V	±1.5V
发送器输出信号电平（空载最大值）	空载	±25V	±6V	±6V
发送器负载阻抗（Ω）		3～7k	100	54
摆率（最大值）		30V/μs	N/A	N/A
接收器输入电压范围		±15V	-10～+10V	-7～+12V
接收器输入门限		±3V	±200mV	±200mV
接收器输入电阻（Ω）		3～7k	4k（最小）	≥12k
发送器共模电压		-	-3～+3V	-1～+3V
接收器共模电压		-	-7～+7V	-7～+12V

2. RS-485 数据传输协议

此协议定义了一个控制器能认识使用的消息结构，而不管它们是经过何种网络进行通信的。它描述了一控制器请求访问其他设备的过程，如何回应来自其他设备的请求，以及怎样侦测错误并记录。它制定了消息域格局和内容的公共格式。

此协议决定了每个控制器需要知道它们的设备地址，识别按地址发来的消息，决定要产生何种行动。如果需要回应，控制器将生成反馈信息按本协议发出。

（1）RS-485 数据在网络上传输。

控制器通信使用主－从技术，即仅一设备（主设备）能初始化传输（查询），其他设备（从设备）根据主设备查询提供的数据作出相应反应。

主设备可单独和从设备通信，也可以广播方式和所有从设备通信。如果单独通信，从设备返回

一消息作为回应，如果是以广播方式查询的，则从设备不作任何回应。协议建立了主设备查询的格式：设备（或广播）地址、功能代码、所有要发送的数据、一错误检测域。

从设备回应消息也由协议构成，包括确认要行动的域、任何要返回的数据、和一错误检测域。如果在消息接收过程中发生一错误（无相应的功能码），或从设备不能执行其命令，从设备将建立一错误消息并把它作为回应发送出去。

（2）RS-485在对等类型网络上转输。

在对等网络上，控制器使用对等技术通信，故任何控制都能初始和其他控制器的通信。这样在单独的通信过程中，控制器既可作为主设备也可作为从设备。

在消息位，本协议仍提供了主－从原则，尽管网络通信方法是“对等”。如果一控制器发送一消息，它只是作为主设备，并期望从设备得到回应。同样，当控制器接收到一消息，它将建立一从设备回应格式并返回给发送的控制器。

（3）RS-485查询－回应周期。

1）RS-485查询。

查询消息中的功能代码告之被选中的从设备要执行何种功能。数据段包含了从设备要执行功能的任何附加信息。错误检测域为从设备提供了一种验证消息内容是否正确的方法。

2）RS-485回应。

如果从设备产生一正常的回应，在回应消息中的功能代码是在查询消息中的功能代码的回应。数据段包括了从设备收集的数据。如果有错误发生，功能代码将被修改以用于指出回应消息是错误的，同时数据段包含了描述此错误信息的代码。错误检测域允许主设备确认消息内容是否可用。

3. RS-485通信协议传输方式

控制器能设置传输模式为RS-485串行传输，通信参数为9600、n、8、1。在配置每个控制器时，在一个网络上的所有设备都必须选择相同的串口参数。格式如下：

地址 功能代码 数据数量 数据1……数据n CRC字节

每个字节的位

- 1个起始位。
- 8个数据位，最小的有效位先发送。
- 1个停止位。

错误检测域：CRC（循环冗余码校验）。

4. RS-485通信协议消息帧

（1）RS-485通信协议帧格式。

传输设备将消息转为有起点和终点的帧，这就允许接收的设备在消息起始处开始工作，读地址分配信息，判断哪一个设备被选中（广播方式则传给所有设备），判知何时信息已完成。错误消息也能侦测到并能返回结果。

消息发送至少要以10ms时间的停顿间隔开始。传输的第一个域是设备地址。网络设备不断侦测网络总线，包括停顿间隔时间内。当第一个域（地址域）接收到，每个设备都进行解码以判断是否是发往自己的。在最后一个传输字符之后，一个至少10ms时间的停顿标定了消息的结束。一个新的消息可在此停顿后开始。

整个消息帧必须作为一连续的流传输。如果在帧完成之前有超过5ms时间的停顿时间，接收设备将刷新不完整的消息并假定下一字节是一个新消息的地址域。同样地，如果一个新消息在小于

5ms 的时间内接着前个消息开始，接收的设备将认为它是前一消息的延续。这将导致一个错误，因为在最后的 CRC 域的值不可能是正确的。一典型的消息帧如下：

起始间隔 设备地址 功能代码 数据数量及数据 CRC 校验 结束

（2）RS-485 通信协议地址域。

消息帧的地址域包含一个 8 位字符。可能的从设备地址是 0～247（十进制）。单个设备的地址范围是 1～247。主设备通过将要联络的从设备的地址放入消息中的地址域来选通从设备。当从设备发送回应消息时，也把自己的地址放入回应的地址域中，以便主设备知道是哪一个设备作出回应。

地址 0 是用作广播地址，以使所有的从设备都能认识。

（3）RS-485 通信协议如何处理功能域。

消息帧中的功能代码域包含了一个 8 位字符。可能的代码范围是十进制的 1～255。当然，有些代码是适用于所有控制器，有些是应用于某种控制器，还有些保留以备后用。

当消息从主设备发往从设备时，功能代码域将告之从设备需要执行哪些行为。例如去读取当前检测参量的值或开关状态，读从设备的诊断状态，允许调入、记录、校验在从设备中的程序等。

当从设备回应时，它使用功能代码域来指示是正常回应（无误）还是有某种错误发生（称作异议回应）。对正常回应，从设备仅回应相应的功能代码。对异议回应，从设备返回一等同于正常代码的代码，但功能代码的最高位为逻辑 1。

例如：一从主设备发往从设备的消息要求读一组保持寄存器，将产生如下功能代码：

0 0 0 0 0 0 1 1 （十六进制 03H）

对正常回应，从设备仅回应同样的功能代码。对异议回应，它返回：

1 0 0 0 0 0 1 1 （十六进制 83H）

除功能代码因异议错误作了修改外，从设备将一独特的代码放到回应消息的数据域中，这能告诉主设备发生了什么错误。

主设备应对程序得到异议的回应后，典型的处理过程是重发消息，或者诊断发给从设备的消息并报告给操作员。

（4）RS-485 通信协议数据域。

从主设备发给从设备消息的数据域包含附加的信息：从设备用于进行执行由功能代码所定义的行为所必须的数据。

如果没有错误发生，从设备返回的数据域包含请求的数据。如果有错误发生，此域包含一异议代码，主设备应用程序可以用来判断采取下一步行动。

在某种消息中数据域可以是 0 长度。例如，主设备要求从设备回应通信事件记录，从设备回应不需任何附加的信息。

数据域最长为 70 字节。

（5）RS-485 通信协议错误检测域。

错误检测域包含一个 8 位字符。错误检测域的内容是通过对消息内容进行循环冗长检测方法得出的。CRC 域附加在消息的最后，故 CRC 字节是发送消息的最后一个字节。

5. RS-485 通信协议错误检测方法

（1）RS-485 通信协议超时检测。

用户要给主设备配置一预先定义的超时时间间隔，这个时间间隔要足够长，以使任何从设备都能作为正常反应。如果从设备检测到一传输错误，消息将不会被接收，也不会向主设备作出回应。

这样超时事件将触发主设备来处理错误。发往不存在的从设备的地址也会产生超时。

（2）RS-485 通信协议 CRC 检测。

CRC 域是一个字节，检测了整个消息的内容。它由传输设备计算后加入到消息中。接收设备重新计算收到消息的 CRC，并与接收到的 CRC 域中的值比较，如果两值不同，则有误，从设备对本消息不作回应。

通信网络只设有一个主机，所有通信都由它发起。网络可支持 254 个之多的远程从属控制器，但实际所支持的从机数要由所用通信设备决定。

项目分析

本项目主要实现单片机与单片机之间进行 485 通信，通过甲单片机的按键弹压实现乙单片机控制的 LED 灯明灭。

1. 硬件电路设计

在 Proteus 8.0 Professional 仿真软件中按图 1.4.32 设计出仿真原理图，硬件电路包括两个 51 单片机、8 个 LED 发光管、8 个按键、两个 MAX487 通信芯片。

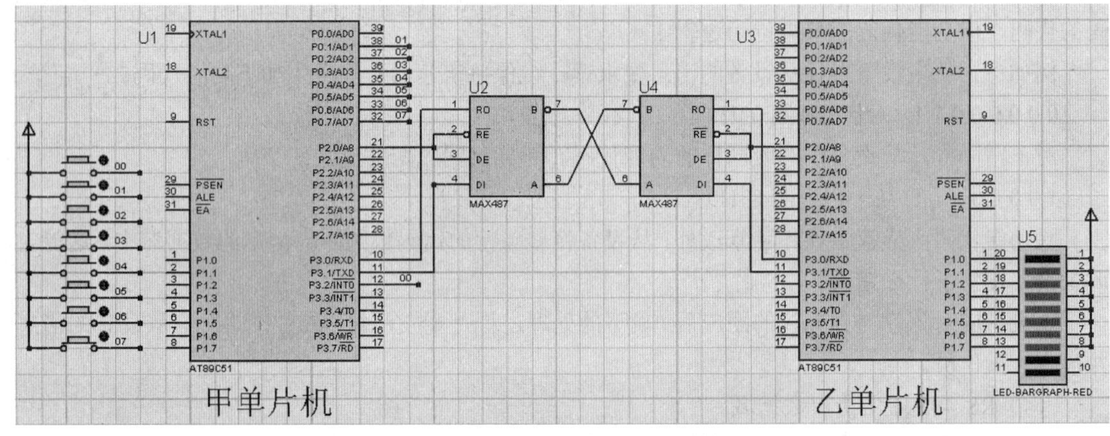

图 1.4.32　RS-485 通信仿真硬件电路原理图

2. 程序设计

（1）发送部分程序。

```
/*
实验 名称：RS-485 通信仿真实验数据发送部分程序
功    能：按下 8 个按键中的任意一个，单片机检测 P0 端口有无按键按下，把采集到的 P0 端口的按键情况以
          8 位数据发送出去
晶    振：11.0592MHz
MCU 类型：AT89C51
作    者：卢厚财
创建 日期：14-02-04
*/
#include <reg51.h>
#include <absacc.h>
#define uchar unsigned char
#define uint   unsigned int
```

```
/*************************************************************************
** 函数名称：void delay(uchar k)
** 功能描述：软件延时程序
** 输    入：uchar k
** 输    出：无
** 全局变量：无
** 调用模块：无
** 说    明：延时约 1ms
** 注    意：无
*************************************************************************/
void delay(uchar k)
    {
        uchar j;
        while((k--)!=0)
        {
            for(j=0;j<125;j++)
              {;}
        }
    }
/*************************************************************************
** 函数名称：void init(void)
** 功能描述：系统配置初始化
** 输    入：无
** 输    出：无
** 全局变量：无
** 调用模块：无
** 说    明：串口初始化
** 注    意：无
*************************************************************************/
void init(void)
{
    TMOD=0x20;
    TH1=0xe8;
    TL1=0xe8;
    PCON=0x00;
    TR1=1;
    SCON=0x90;
}
 /*************************************************************************
** 函数名称：void send(uchar Send_Data)
** 功能描述：采集 P0 端口的状态数据，然后通过串口进行数据发送
** 输    入：无
** 输    出：无
** 全局变量：无
** 调用模块：无
** 说    明：无
** 注    意：无
*************************************************************************/
void send(void)
{
        SBUF= P0;
```

```
            while(TI==0)
            {
                ;
            }
            TI=0;
}
/***************************************************************************
** 函数名称：void main(void)
** 功能描述：主函数，不断调用发送模块 send( SBUF)将 P0 口状态数据发送出去。
** 输     入：无
** 输     出：无
** 全局变量：无
** 调用模块：send(); delay(200);
** 说     明：不断调用发送模块将 P0 口状态数据发送出去。
** 注     意：无
***************************************************************************/
void main(void)
{
    init();
    while(1)
    {
        send();
        delay(200);
    }
}
```

（2）接收部分程序。

```
/*
实验名称：RS-485 通信仿真实验数据接收部分程序
功     能：接收到数据后控制 LED 灯的明灭
晶     振：11.0592MHz
MCU 类型：AT89C51
作     者：卢厚财
创建日期：14-02-04
*/
#include <reg51.h>
#define uchar unsigned char
#define uint   unsigned int
uchar Receive_Data;
uchar pf;
uchar flag,flag1;
sbit key2=P2^0;
/***************************************************************************
** 函数名称：void delay(uchar k)
** 功能描述：软件延时程序
** 输     入：uchar k
** 输     出：无
** 全局变量：无
** 调用模块：无
** 说     明：延时约 1ms
** 注     意：无
***************************************************************************/
void delay(uchar k)
    {
```

```
        uchar j;
        while((k--)!=0)
        {
            for(j=0;j<125;j++)
              {;}
        }
    }
/*****************************************************************************
** 函数名称：void init(void)
** 功能描述：系统配置初始化
** 输      入：无
** 输      出：无
** 全局变量：无
** 调用模块：无
** 说      明：串口初始化
** 注      意：无
*****************************************************************************/
void init(void)
{
    TMOD=0x20;
    TH1=0xe8;
    TL1=0xe8;
    PCON=0x00;
    TR1=1;
    SCON=0x90;
}
/*****************************************************************************
** 函数名称：void receive(void)
** 功能描述：串口数据接收
** 输      入：无
** 输      出：无
** 全局变量：接收到数据存放在 Receive_Data;
** 调用模块：无
** 说      明：无
** 注      意：无
*****************************************************************************/
void receive(void)
{
      key2=0;
      RI=0;
      while(RI==0)
        {
            ;
        }
      Receive_Data=SBUF;
}
/*****************************************************************************
** 函数名称：void main(void)
** 功能描述：主函数，不断调用发送模块 send( SBUF)将 P0 口状态数据发送出去
** 输      入：无
** 输      出：无
** 全局变量：无
** 调用模块：receive(); delay();
** 说      明：不断调用发送模块将 P0 口状态数据发送出去
```

```
** 注    意：无
*************************************************************************/
void main(void)
{
    init();
    while(1)
    {
        receive();
        delay(100);
        P1=Receive_Data;
    }
}
```

项目实施

1. 准备工作

计算机一台，keil c 2.0 或 wave 6000 软件编程环境，Proteus 8.0 Professional 仿真软件。

在计算机上安装 keil c 2.0 版本或 wave 6000 版本单片机软件开发环境。

在 keil c 2.0 或 wave 6000 中编写和调试程序，并生成 hex 文件。

2. 操作步骤

（1）根据图 1.4.32 设计好电路，在单片机上方双击，弹出如图 1.4.33 所示的对话框，在其中的 Program File 栏内导入在 keil c 2.0 或 wave 6000 软件编程环境编译好的后缀为 hex 文件，在 Clock Frequency 文本框内设置好晶振频率为 11.0592MHz，其他项不变。

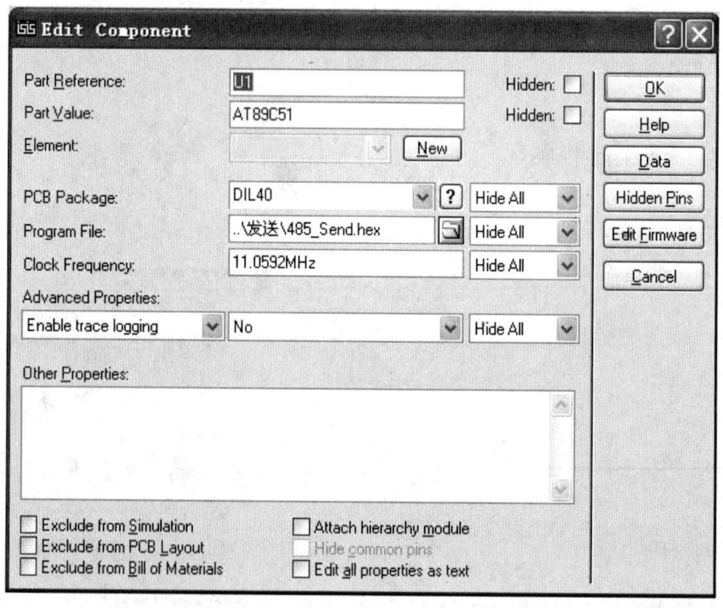

图 1.4.33　仿真环境配置

（2）单击仿真软件的左下角方向向右的箭头，即开始运行仿真，如图 1.4.34 所示。

图 1.4.34　仿真开始

（3）在 Proteus 8.0 Professional 仿真软件中运行，观察结果如图 1.4.35 所示。图中按下 P0.7 端口的按键，在接收端单片机控制的 LED 的第一个灯变暗。按下任意一个按键，在接收端相应的 LED 即变暗。

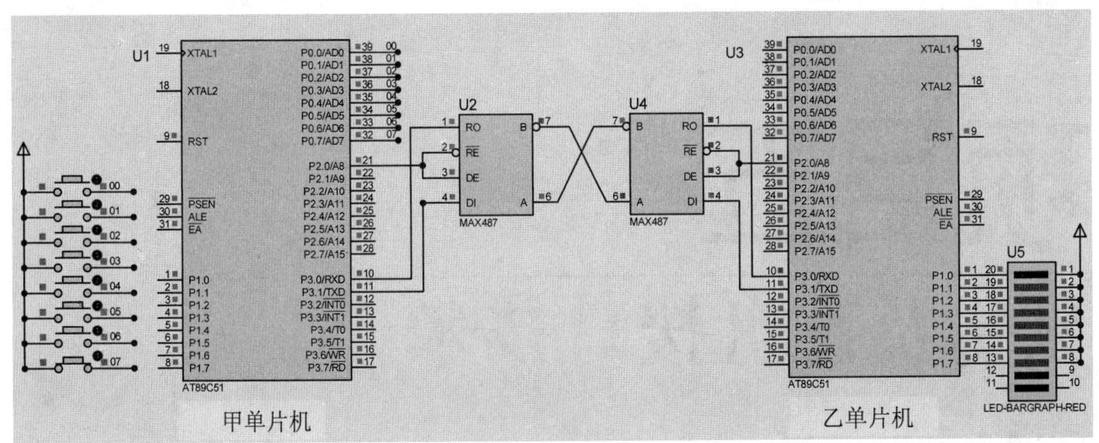

图 1.4.35　485 通信仿真局部效果图

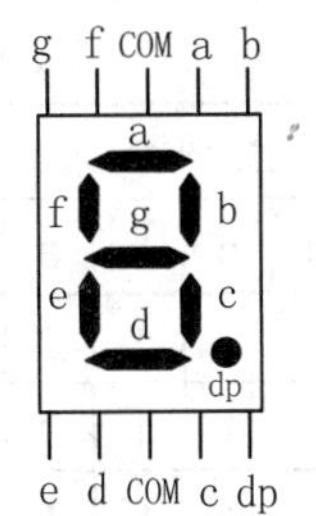

（a）LED 数码管的引脚

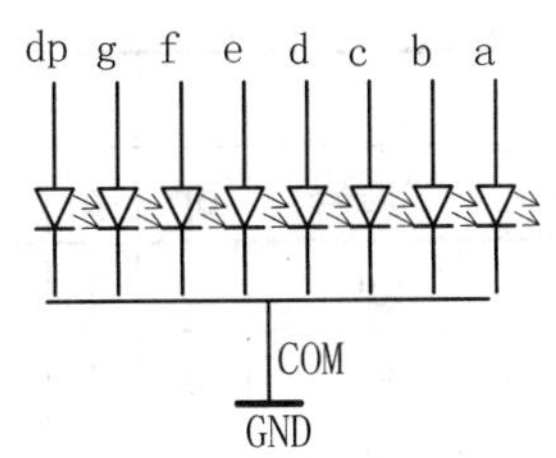

（b）共阴极

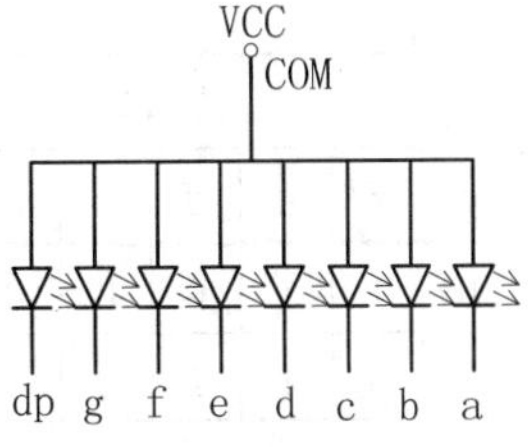

（c）共阳极

图 1.5.1　LED 数码管

2. LED 数码管工作原理

（1）共阴极数码管。

共阴极数码管是指将所有发光二极管的阴极接到一起形成公共阴极（COM）的数码管。

在应用时，共阴极数码管应将公共极 COM 接到地线（GND）上，阳极作为“段”控制端，当某段控制端为高电平时，相应字段就点亮；当某段控制端为低电平时，相应字段就不亮。通过点亮不同的段，显示不同的字符。如显示数字 1 时，b、c 两端接高电平，其他各端接低电平。共阴极数码管的结构图如图 1.5.1（b）所示。

（2）共阳极数码管。

共阳极数码管是指将所有发光二极管的阳极接到一起形成公共阳极（COM）的数码管。

应用时，共阳极数码管的公共极 COM 应该接到+5V，阴极作为“段”控制端，当某段控制端为低电平时，相应字段就点亮；当某段控制端为高电平时，相应字段就不亮。共阳极数码管的结构图如图 1.5.1（c）所示。

（3）LED 数码管字型编码。

要使数码管显示出相应的数字或字符，直接将相应的数字或字符送至数码管的段控制端是不行的，必须使段控制端输出相应的数据，这些数据就是字型码。

将单片机 P1 口的 P1.0～P1.7 八个引脚依次与数码管的 a～f 和 dp 八个段控制引脚相连。如使用共阴极数码管，数据为 1 表示对应字段亮，数据为 0 表示对应字段暗；如使用共阳极数码管，数据为 1 表示对应字段暗，数据为 0 表示对应字段亮。如要显示“0”，则数码管的 a、b、c、d、e、f 六个段应点亮，其他段熄灭，共阳极数码管的字型编码应为 11000000B（即 C0H）；共阴极数码管的字型编码应为 00111111B（即 3FH）。依此类推，可求得数码管字型编码如表所示。

从表 1.5.1 中可以看出，当显示字符“1”时，共阳极的字型码为 F9H，而共阴极的字型码为 06H，所以对于同一个字符，共阴极和共阳极码的关系为取反。

表 1.5.1　数码管字型编码

显示字符	共阳数码管									共阴数码管								
	dp	g	f	e	d	c	b	a	字型码	dp	g	f	e	d	c	b	a	字型码
0	1	1	0	0	0	0	0	0	C0H	0	0	1	1	1	1	1	1	3FH
1	1	1	1	1	1	0	0	1	F9H	0	0	0	0	0	1	1	0	06H
2	1	0	1	0	0	1	0	0	A4H	0	1	0	1	1	0	1	1	5BH

续表

显示字符	共阳数码管									共阴数码管								
	dp	g	f	e	d	c	b	a	字型码	dp	g	f	e	d	c	b	a	字型码
3	1	0	1	1	0	0	0	0	B0H	0	1	0	0	1	1	1	1	4FH
4	1	0	0	1	1	0	0	1	99H	0	1	1	0	0	1	1	0	66H
5	1	0	0	1	0	0	1	0	92H	0	1	1	0	1	1	0	1	6DH
6	1	0	0	0	0	0	1	0	82H	0	1	1	1	1	1	0	1	7DH
7	1	1	1	1	1	0	0	0	F8H	0	0	0	0	0	1	1	1	07H
8	1	0	0	0	0	0	0	0	80H	0	1	1	1	1	1	1	1	7FH
9	1	0	0	1	0	0	0	0	90H	0	1	1	0	1	1	1	1	6FH
A	1	0	0	0	1	0	0	0	88H	0	1	1	1	0	1	1	1	77H
B	1	0	0	0	0	0	1	1	83H	0	1	1	1	1	1	0	0	7CH
C	1	1	0	0	0	1	1	0	C6H	0	0	1	1	1	0	0	1	39H
D	1	0	1	0	0	0	0	1	A1H	0	1	0	1	1	1	1	0	5EH
E	1	0	0	0	0	1	1	0	86H	0	1	1	1	1	0	0	1	79H
F	1	0	0	0	1	1	1	0	8EH	0	1	1	1	0	0	0	1	71H
H	1	0	0	0	1	0	0	1	89H	0	1	1	1	0	1	1	0	76H
L	1	1	0	0	0	1	1	1	C7H	0	0	1	1	1	0	0	0	38H
P	1	0	0	0	1	1	0	0	8CH	0	1	1	1	0	0	1	1	73H
R	1	1	0	0	1	1	1	0	CEH	0	0	1	1	0	0	0	1	31H
U	1	1	0	0	0	0	0	1	C1H	0	0	1	1	1	1	1	0	3EH
Y	1	0	0	1	0	0	0	1	91H	0	1	1	0	1	1	1	0	6EH
-	1	0	0	1	0	0	0	1	BFH	0	1	0	0	0	0	0	0	40H
.	01	1	1	1	1	1	1	1	7FH	1	0	0	0	0	0	0	0	80H
熄灭	1	1	1	1	1	1	1	1	FFH	0	0	0	0	0	0	0	0	00H

3. LED 数码管静态显示

如图 1.5.2 所示为两位数码管静态显示接口电路，图中数码管为共阳极，段码分别由 P1、P2 口来控制，COM 端都接在了+5V 电源上。

静态显示方式是指当数码管显示某个字符时，相应的字段（发光二极管）一直导通或截止，直到显示另一个字符为止。数码管工作在静态显示方式时，其公共端恒定接地（共阴极）或接+5V 电源（共阳极）。每个数码管的 8 个段控制引脚分别与一个 8 位的并行 I/O 接口相连。要显示指定字符，直接在 I/O 接口发送相应的字型码，并保持不变，直到 I/O 端口发送新的段码。

采用静态显示方式，较小的电流就可获得较高的亮度。且占用 CPU 时间少，编程简单，显示便利，便于监测和控制，但占用单片机端口线多，n 位数码管的静态显示需占用 8×n 个 I/O 端口，所以限制了单片机连接数码管的个数。同时硬件电路复杂，成本高，只适合显示位数较少的场合。

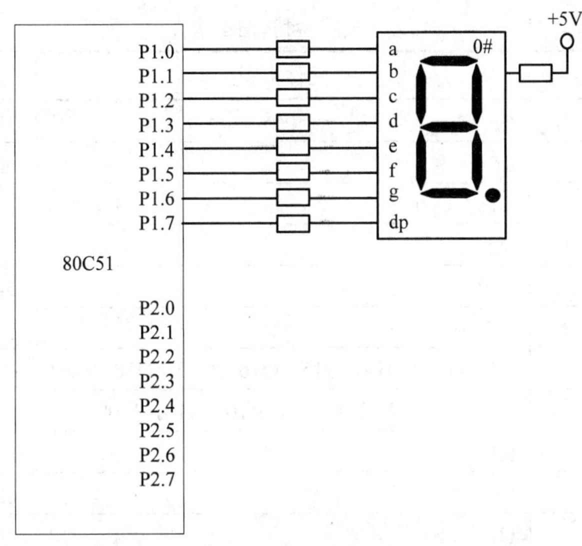

图 1.5.2　一位数码管静态显示接口电路

项目分析

1. 硬件电路分析

硬件电路如图 1.5.3 所示，包括复位电路、51 单片机部分、数码管显示部分、驱动电路部分以及电源部分，数码管段选接 P0 口。输入直流电压 35～7V。材料清单如表 1.5.2 所示。

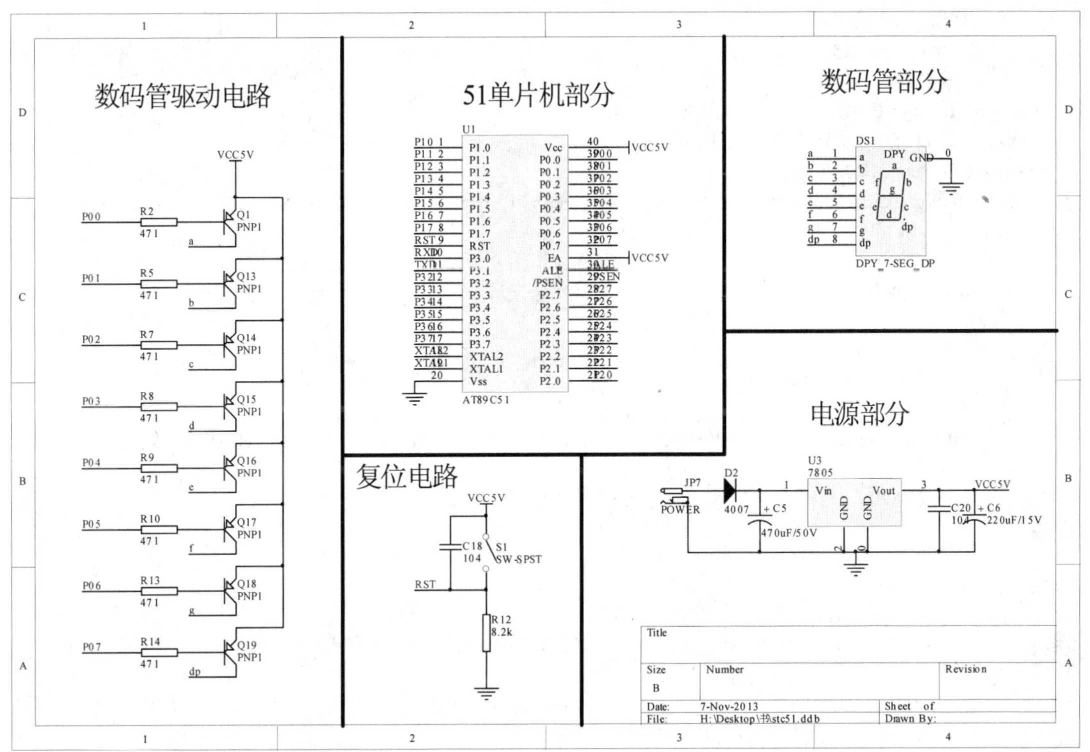

图 1.5.3　数码管显示电路原理图

表 1.5.2　材料清单

元件类型	元件型号	元件标识	封装类型	数量
电容	470μF/50V	C5	DIP20	1
电容	220μF/15V	C6	0805	1
电容	104	C18，C20	0805	2
二极管	4007	D2	1N4007	1
数码管	DPY_7-SEG_DP	DS1	DATA_LED	1
电源接头	POWER	JP7	DC12V	1
三极管	PNP1	Q1，Q13，Q14，Q15，Q16，Q17，Q18，Q19	SOT-23	8
电阻	471	R2，R5，R7，R8，R9，R10，R13，R14	0805	8
电阻	8.2k	R12	0805	1
按键	SW-SPST	S1	KEY_POWER	1
51 单片机	STC89C51RC	U1	DIP40_51_BIG	1
电源芯片	7805	U3	78m05	1

2. 程序设计

C 语言程序代码如下：

```
/*  实验名称：数码管静态显示
    功    能：单片机驱动一位数码管静态显示 0123456789AbcdE
    晶    振：11.0592MHz
    MCU 类型：STC89C51RC
    作    者：卢厚财
    创建日期：13-10-25   */
#include <reg51.h>
void delay(unsigned int i);          //函数声明
//此表为 LED 的字模 0123456789AbcdE
unsigned char code LED7Code[] =
{~0x3F,~0x06,~0x5B,~0x4F,~0x66,~0x6D,~0x7D,~0x07,~0x7F,~0x6F,~0x77,~0x7C,~0x39,~0x5E,~0x79,~0x71};
main()
{
  unsigned int LedNumVal;                          //定义变量
     while(1)
   {
       //将字模送到 P0 口显示
       LedNumVal++;
       P0 = LED7Code[LedNumVal%16]&0x7f;      //LED7 0x7f 为小数点，共阴极时和共阳极时此处也是不一样
       P1=0x7f;
       delay(6000);                             //调用延时程序
   }
}
//延时程序
void delay(unsigned int i)
{
     char j;
     for(i; i > 0; i--)                         //循环 6000×200 次
          for(j = 200; j > 0; j--);
}
```

汇编程序代码如下：

```
        ORG 0000H
        LJMP INTI
        ORG 030H
INTI:   MOV 20H,#00H           ;初始化地址 20H 的数据
        MOV A,20H              ;初始化地址累加器
MAIN:   ANL   A,#0FH           ;屏蔽累加器的高 4 位
        MOV   DPTR,#TAB        ;将数据表格的首地址 0100H 存入 16 位的数据地址指针 DPTR 中
        MOVC   A,@A+DPTR       ;查表
        MOV   P0,A             ;将累加器的值送到 P0 口显示
        Mov   P1,#7FH          ;将 P1 口赋值 0f
        ACALL   DEL            ;调用延时子程序
        MOV   A,20H            ;将 20H 单元的数据传送给累加器
        INC A                  ;累加器+1
        DA A                   ;二一十进制调整
        MOV   20H, A
        AJMP   MAIN
;----------------------------------------------------------
;延时子程序
;----------------------------------------------------------
DEL:    MOV R7,#010H
DEL1:   MOV R6,#0FFH
DEL2:    MOV R5,#01FH
DEL3:   DJNZ R5,DEL3
        DJNZ R6,DEL2
        DJNZ R7,DEL1
        RET
        ORG 0100H
TAB:    DB 0C0H,0F9H,0A4H,0B0H,99H,92H,82H,0F8H          ;LED 字模表
        DB 80H,90H,88H,83H,0C6H,0A1H,86H,08EH
        END

;此表为 LED 的字模
;0  1  2  3  4  5  6  7  8  9  A  b  c  d  E    -  L   P   U    Hidden  _(20)
;{ 0xC0,0xF9,0xA4,0xB0,0x99,0x92,0x82,0xF8,0x80,0x90,0x88,0x83,0xC6,0xA1,0x86,0xbf,0xc7,0x8c,0xc1,0xff,0xf7};
```

项目实施

1. 项目实施需要的设备

本实验采用北京威尔远东科技有限公司开发的实验系统，Ver：3.0 版本，用 USB 供电，7～35V 直流电源或 USB 供电线，多功能板，恒温焊台、焊锡丝、导线 20MHz 以上的示波器，USB 转串口线（常用 HL-340 和 FT232）以及驱动程序，计算机一台，keil c 2.0 软件或 wave 6000，操作系统建议使用 Windows XP，以及表 1.5.2 中的材料。

2. 设备使用方法

根据表 1.5.2 所示中的材料清单焊接电路，或者使用单片机实验系统 V3.0，连接 USB 转串口线给计算机，在设备管理器检查设备驱动，如果没有驱动应先安装驱动（如果使用台式机并且有串口接口，可不用 USB 转串口，直接使用串口线）。然后连接到单片机实验系统 V3.0，电源供电可采用计算机供电，直接用 USB 线连接到计算机 USB 接口。

3. 程序下载方法

在图 1.5.4 所示窗口中单击“打开程序文件”按钮，找到要烧写的 hex 文件，然后单击“下载/

编程”按钮，对 51 实验板进行重新上电，即可实现烧写。

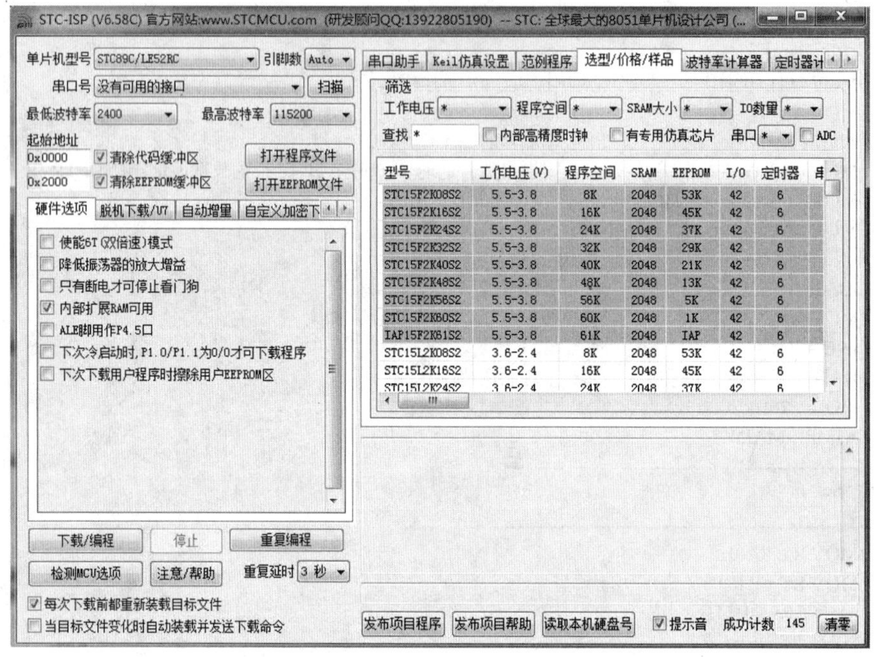

图 1.5.4　烧写程序软件环境

一位数码管静态可显示 0123456789AbcdE 等各位数字及字母，在某个时刻数码管显示数字 7，显示效果如图 1.5.5 所示。

图 1.5.5　一位数码管显示效果图

任务 2　4 位 LED 数码管显示

任务目标

- 理解 LED 数码管的静态显示方式，掌握 LED 数码管的静态显示编程。

- 理解 LED 数码管的动态显示方式，掌握 LED 数码管的动态显示编程。

任务要求

掌握 LED 数码管的显示的电路分析和程序设计，自己能够设计电路。

相关知识点

如图 1.5.6 所示是两位数码管动态显示接口电路，图中数码管为共阳极，并将各个数码管相应的段选控制端并联在一起，用 P1 口的 I/O 接口线控制。各个数码管的公共端，也称“位选端”，由 P2 口的 P2.0、P2.1 位控制。

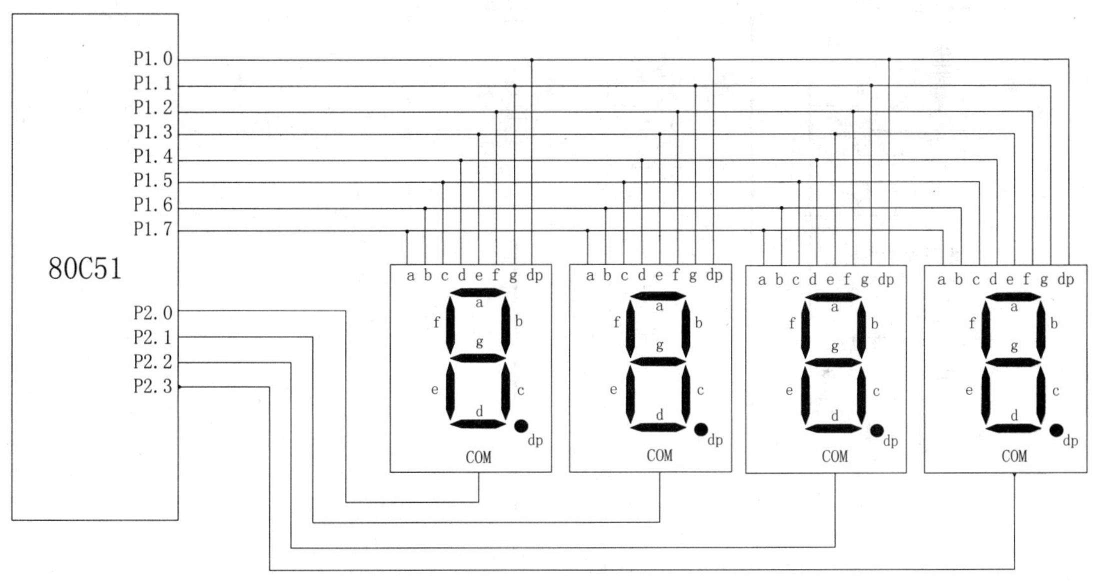

图 1.5.6 两位数码管动态显示接口电路

动态显示方式是利用人眼的视觉暂留效应和发光二极管熄灭时的余晖，采用分时轮流点亮各个数码管的方法，能得到在 2 个数码管上显示不同字符的显示效果。具体方法是：从段选端 I/O 接口上按位分别送显示字符的字型码，再为位选控制端口按相应次序分别选通相应的显示位（共阴极送低电平，共阳极送高电平），被选通位就显示相应字符（保持几个毫秒的延时），没选通的位不显示字符（灯熄灭），依此不断循环。从单片机工作的角度看，在一个瞬间只有一位数码管显示字符，其他位都是熄灭的，但因为人眼的视觉暂留效应和发光二极管熄灭时的余晖，只要循环扫描的速度在一定频率以上，这种动态变化人眼是察觉不到的。从效果上看，就像 8 个数码管能连续和稳定地同时显示 8 个不同的字符。这一过程称为动态扫描显示。

LED 动态显示方式由于各个数码管共用一个段控制输出端口，分时轮流选通，从而节省了 I/O 端口资源，简化了硬件电路。但这种方法的数码管接口电路中数码管也不宜太多，一般在 8 个以内，否则每个数码管所分配到的实际导通时间会太少，显得亮度不足。若数码管位数较多时应采用增加驱动能力的措施，从而提高显示亮度。若显示位数少，采用静态显示方式更加简便。

项目分析

1. 硬件电路分析

硬件电路如图 1.5.7 所示，包括复位电路、51 单片机部分、数码管显示部分、驱动电路部分以及电源部分，其中数码管段选接 P0 口，位选接 P1 口。输入电压为直流，35～7V。

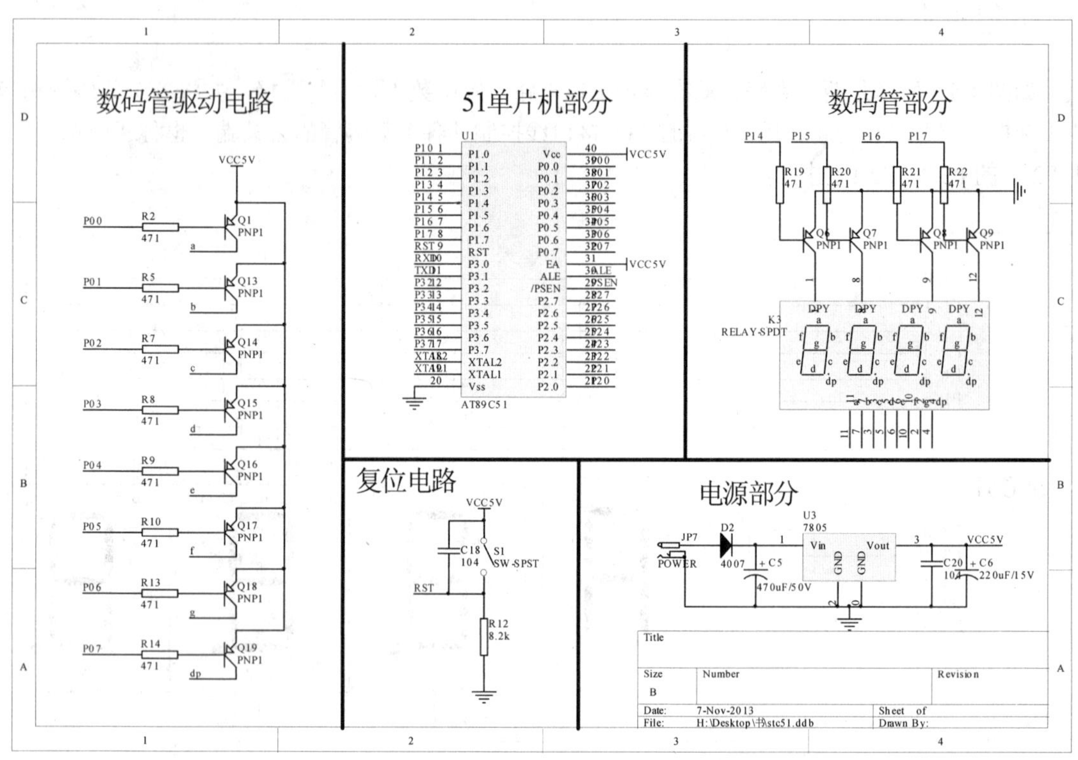

图 1.5.7　4 位 LED 动态显示电路原理图

材料清单如表 1.5.3 所示。

表 1.5.3　4 位 LED 动态显示电路材料清单

元件类型	元件型号	元件标识	封装类型	数量
电容	470μF/50V	C5	DIP20	1
电容	220μF/15V	C6	0805	1
电容	104	C18，C20	0805	2
二极管	4007	D2	1N4007	1
电源接头	POWER	JP7	DC12V	1
数码管	RELAY-SPDT	K3	DATA_LED	1
三极管	PNP1	Q1，Q13，Q14，Q15，Q16，Q17，Q18，Q19	SOT-23	8
三极管	PNP1	Q6，Q7，Q8，Q9	SOT-23	4
电阻	471	R2，R5，R7，R8，R9，R10，R13，R14，R19，R20，R21，R22	0805	12

续表

元件类型	元件型号	元件标识	封装类型	数量
电阻	8.2k	R12	0805	1
按键	SW-SPST	S1	KEY_POWER	1
51 单片机	STC89C51	U1	DIP40_51_BIG	1
电源芯片	7805	U3	78m05	1

2. 程序设计

本程序主要实现数码管动态显示数据 0123，C 语言程序代码如下：

```
/*  实验名称：数码管动态显示
    功    能：单片机驱动数码管动态扫描显示 0123
    晶    振：11.0592MHz
    MCU 类型：STC89C51RC
    作    者：卢厚财
    创建日期：13-10-25
*/

#include<reg52.h>
#define uchar unsigned char
#define uint   unsigned int
uchar code table[10] = {0xC0,0xF9,0xA4,0xB0};
uchar code table1[4]={0xef,0xdf,0xbf,0x7f};
/**********************************************************************
* 名称：Delay_1ms()
* 功能：延时子程序，延时时间为 1ms * x
* 输入：x（延时一毫秒的个数）
* 输出：无
**********************************************************************/
void Delay(uint i)
{
uchar x,j;
for(j=0;j<i;j++)
for(x=0;x<=148;x++);
}

/**********************************************************************
* 名称：Main()
* 功能：数码管的显示
* 输入：无
* 输出：无
**********************************************************************/
void Main(void)
{
    uchar i;
    while(1)
    {
        for(i=0;i<4;i++)
        {
            P0 = 0;
            P1= table1[i];                //选择哪一位数码管点亮
            P0 = table[i];                //赋值段码给 P0 口
```

```
            Delay(200);                    //延时 0.02 秒
        }
    }
}
```

汇编代码如下：

```
ORG 00H
MOV 20H,#0c0H                    ;将要显示的 0123 赋到 20H 开始的单元
MOV 21H,#0f9H
MOV 22H,#0A4H
MOV 23H,#0b0H
MOV 24H,#0EFH                    ;位选择数码管显示
MOV 25H,#0DFH
MOV 26H,#0BFH
MOV 27H,#7FH
START:  CALL   SCAN
        JMP    START
SCAN:   MOV A,#0                 ;扫描子程序
        MOV R0,#20H
        MOV R2,#4
        mov R1,#24H
LOOP:
        MOV P1,A
        mov P1,@R1
        MOV P0,@R0
        INC R0
        INC R1
        CALL DELAY
        ADD A,#01H
        DJNZ R2,LOOP
        MOV R2,#4
        CLR A
        RET
DELAY:  MOV R3,#1                ;扫描延时
D1:     MOV R4,#200
D2:     MOV R5,#248
        DJNZ R5,$
        DJNZ R4,D2
        DJNZ R3,D1
        RET
        END
```

项目实施

1. 项目实施需要的设备

本实验采用北京威尔远东科技有限公司开发的实验系统，Ver：3.0 版本，用 USB 供电，7～35V 直流电源或 USB 供电线，多功能板，恒温焊台、焊锡丝、导线、20MHz 以上的示波器，USB 转串口线（常用 HL-340 和 FT232）以及驱动程序，计算机一台，keil c 2.0 软件或 wave 6000。

2. 设备使用方法

根据表 1.5.2 所示的材料清单焊接电路，或者使用单片机实验系统 V3.0，连接 USB 转串口线给计算机，在设备管理器检查设备驱动，如果没有驱动应先安装驱动（如果使用台式机并且有串口接口，可不用 USB 转串口，直接使用串口线）。然后连接到单片机实验系统 V3.0，电源供电可采

用计算机供电，直接用 USB 线连接到计算机 USB 接口。

3. *程序下载方法*

在图 1.5.8 所示的窗口中单击“打开程序文件”按钮，找到要烧写的 hex 文件，然后单击“下载/编程”按钮，对 51 实验板进行重新上电，即可实现烧写。

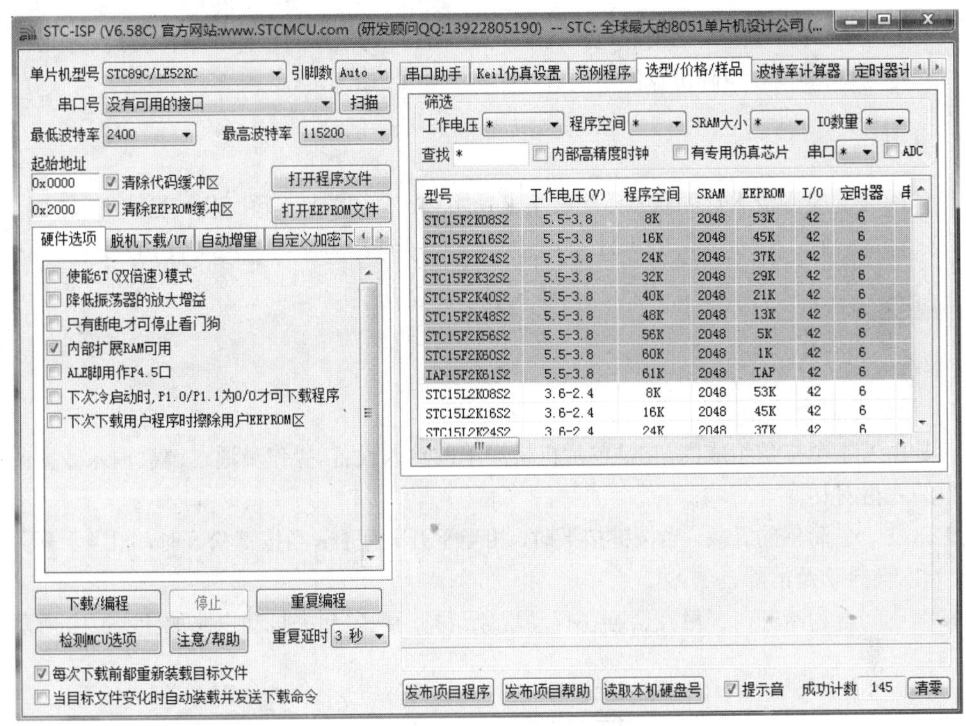

图 1.5.8　烧写程序软件环境

STC89C51RC 单片机驱动数码管动态扫描 0123，显示效果图如图 1.5.9 所示。

图 1.5.9　4 位数码管显示效果图

任务3　独立键盘控制LED数码管移位

任务目标

- 了解按键的抖动和抖动消除电路，掌握硬件去抖动电路的设计和软件去抖动方法。
- 掌握独立键盘和矩阵键盘的不同。

任务要求

通过外部按键改变流水灯的状态。当按下K1时，P0口LED 上移一位；当按下K2时，P0口LED 下移一位；当按下K3时，P2口LED 上移一位；当按下K4时，P2口LED下移一位。

相关知识点

1. 键盘概述

（1）什么是键盘。

键盘是由若干个按键组成的，它是单片机最简单的输入设备。操作员通过键盘输入数据或命令，实现简单的人机对话。

按键就是一个简单的开关。当按键按下时，相当于开关闭合；当按键松开时，相当于开关断开。

（2）按键抖动及消除方法。

当按键在闭合和断开时，触点会存在抖动现象。抖动现象和去抖动电路如图1.5.10所示。

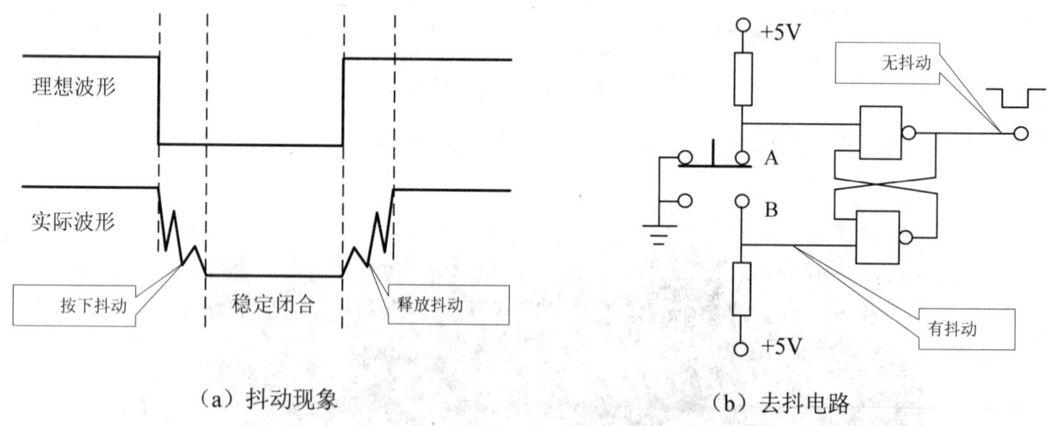

（a）抖动现象　　（b）去抖电路

图1.5.10　按键的抖动及消除电路

按键的抖动时间一般为5～10ms，抖动可能造成一次按键的多次处理问题。应采取措施消除抖动的影响。消除的办法有多种，常采用软件延时10ms的方法。

在按键较少时，常采用图1.5.10（b）所示的去抖电路。当按键未按下时，输入为1；当按键按下时输入为0，即使在B位置时因抖动瞬时断开，只要按键不回A位置，输出就会仍保持为0状态。

当按键较多时，常采用软件延时的办法。当单片机检测到有键按下时先延时10ms，然后再检测按键的状态，若仍是闭合状态则认为真正有键按下。当检测到按键释放时，亦需要做同样的处理。

2. 独立式键盘

独立式键盘的各个按键相互独立，每个按键独立地与一根数据输入线（单片机并行接口或其他接口芯片的并行接口）相连，如图 1.5.11 所示。

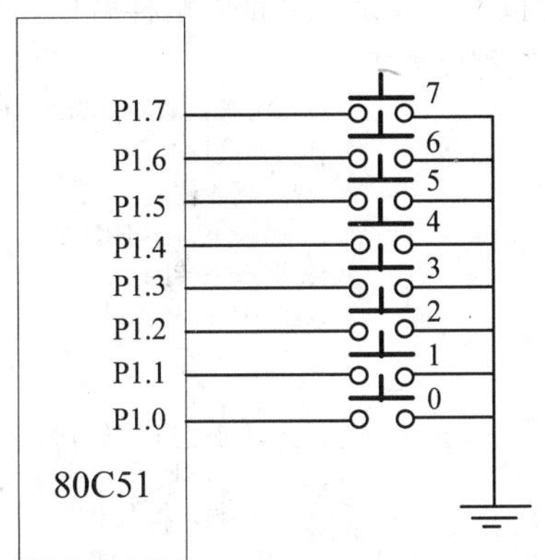

图 1.5.11 独立式键盘结构

图 1.5.11 所示为芯片内部有上拉电阻的接口。独立式键盘配置灵活，软件结构简单，但每个按键必须占用一根接口线，在按键数量多时，接口线占用多。所以独立式按键常用于按键数量不多的场合。

3. 矩阵式键盘

矩阵式键盘采用行列式结构，按键设置在行列的交点上。当接口线数量为 8 时，可以将 4 根接口线定义为行线，另 4 根线定义为列线，形成 4×4 键盘，可以配置 16 个按键，如图 1.5.12 所示。

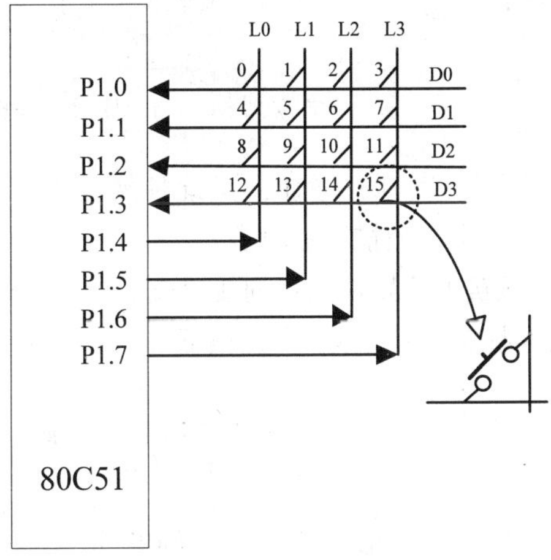

图 1.5.12 矩阵式键盘

矩阵式键盘的行线通过电阻接+5V 电压（芯片内部有上拉电阻时，就不用外接了），当键盘上没有按键按下时，所有的行线与列线是断开的，行线均为高电平。当键盘上某一按键闭合时，该按键所对应的行线与列线短接。此时该行线的电平将由被短接的列线电平所决定。因此，可以通过以下方法完成是否有键按下及按下的是哪一个键的判断。

（1）判断有无按键按下。将行线接至单片机的输入接口，列线接至单片机的输出接口。首先使所有列线为低电平，然后读行线状态，若行线均为高电平，则没有键按下；若读出的行线状态不全为高电平，则可以断定有键按下。

（2）判断按下的是哪一个键。先让 L0 这一列为低电平，其余列线为高电平，读行线状态，如行线状态不全为 1，则说明按下的按键在该列，否则不在该列。然后让 L1 列为低电平，其他列为高电平，判断 L1 列有无按键按下。其余列类推。这样就可以找到被按下按键的行列位置。对于图 1.5.12 所示的接口电路，示例程序如下：

```
SMKEY:  MOV    P1,#0FH            ;置 P1 接口高 4 位为 0、低 4 位为输入状态
        MOV    A,P1               ;读 P1 接口
        ANL    A,#0FH             ;屏蔽高 4 位
        CJNE   A,#0FH,HKEY        ;有键按下，转 HKEY
        SJMP   SMKEY              ;无键按下转回
HKEY:   LCALL  DELAY10            ;延时 10ms，去抖
        MOV    A,P1
        ANL    A,#0FH
        CJNE   A,#0FH,WKEY        ;确认有键按下，转判哪一键按下
        SJMP   SMKEY              ;是抖动转回
WKEY:   MOV    P1,#1110 1111B     ;置扫描码，检测 P1.4 列
        MOV    A,P1
        ANL    A,#0FH
        CJNE   A,#0FH,PKEY        ;P1.4 列（L0）有键按下，转键处理
        MOV    P1,#1101 1111B     ;置扫描码，检测 P1.5 列
        MOV    A,P1
        ANL    A,#0FH
        CJNE   A,#0FH,PKEY        ;P1.5 列（L1）有键按下，转键处理
        MOV    P1,#1011 1111B     ;置扫描码，检测 P1.6 列
        MOV    A,P1
        ANL    A,#0FH
        CJNE   A,#0FH,PKEY        ;P1.6 列（L2）有键按下，转键处理
        MOV    P1,#0111 1111B     ;置扫描，检测 P1.7 列
        MOV    A,P1
        ANL    A,#0FH
        CJNE   A,#0FH,PKEY        ;P1.7 列（L3）有键按下，转键处理
        LJMP   SMKEY
```

执行该程序后，可以获得按下键所在的行列位置，此种键识别方法称为扫描法。从原理上易于理解，但当所按键在最后一列时，所需扫描次数较多。

（3）采用线反转法完成所按键的识别。先把列线置成低电平，行线置成输入状态，读行线；再把行线置成低电平，列线输入状态，读列线。有键按下时，由两次所读状态即可确定所按键的位置。示例程序如下：

```
SMKEY:  MOV    P1,#0FH            ;置 P1 接口高 4 位为 0、低 4 位为输入状态
        MOV    A,P1               ;读 P1 接口
        ANL    A,#0FH             ;屏蔽高 4 位
        CJNE   A,#0FH,HKEY        ;有键按下，转 HKEY
        SJMP   SMKEY              ;无键按下转回
HKEY:   LCALL  DELAY10            ;延时 10ms，去抖
        MOV    A,P1
        ANL    A,#0FH
        MOV    B,A                ;行线状态在 B 的低 4 位
        CJNE   A,#0FH,WKEY        ;确认有键按下，转判哪一键按下
        SJMP   SMKEY              ;是抖动转回
WKEY:   MOV    P1,#0F0H           ;置 P1 接口高 4 位为输入、低 4 位为 0
        MOV    A,P1
        ANL    A,#0F0H            ;屏蔽低 4 位
        ORL    A,B                ;列线状态在高 4 位，与行线状态合成于 B 中
```

4. 键处理

键处理是根据所按键散转进入相应的功能程序。为了散转的方便，通常应先得到按下键的键号。键号是键盘上每个键的编号，可以是 10 进制或 16 进制。键号一般通过键盘扫描程序取得的键值求出。键值是各键所在行号和列号的组合码。如图 1.5.12（a）所示接口电路中的“9”键所在行号为 2，所在列号为 1，键值可以表示为 21H（也可以表示为 12H，表示方法并不是唯一的，要根据具体按键的数量及接口电路而定）。根据键值中行号和列号信息就可以计算出键号，如：

$$键号=所在行号\times键盘列数+所在列号$$

即：

$$2\times4+1=9$$

根据键号就可以方便地通过散转进入相应键的功能程序。

项目分析

1. 硬件电路分析

独立式键盘电路原理图如图 1.5.13 所示。

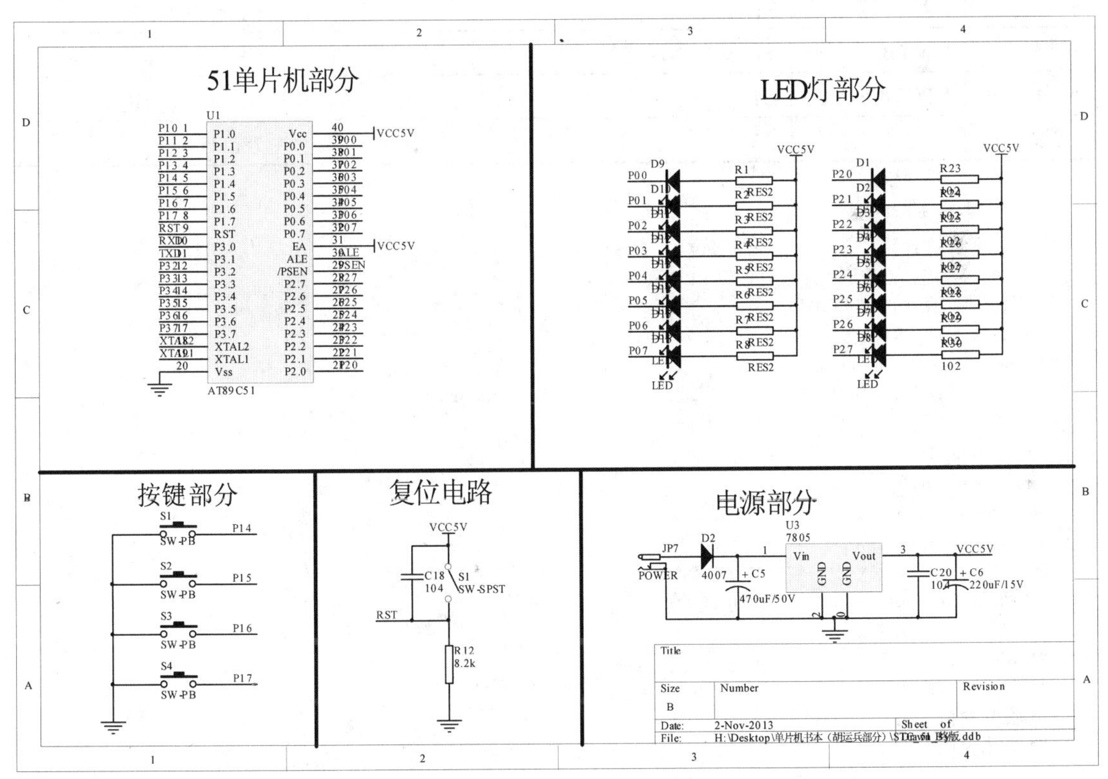

图 1.5.13　独立式键盘电路原理图

（1）流水灯电路：R2～R17 为限流电阻，D2～D17 为发光二极管，当 P1 口相应的引脚输出低电平时，对应的发光二极管亮；当 P1 口相应的引脚输出高电平时，对应的发光二极管灭。

（2）按键电路：硬件电路包括复位电路、51 单片机部分、LED 灯显示部分、驱动电路部分和电源部分。

材料清单如表 1.5.4 所示。

表 1.5.4　独立式键盘电路材料清单

元件类型	元件型号	元件标识	封装类型	数量
电容	470μF/50V	C5	DIP20	1
电容	220μF/15V	C6	0805	1
电容	104	C18，C20	0805	2
LED 灯	LED	D1，D2，D3，D4，D5，D6，D7，D8，D9，D10，D11，D12，D13，D14，D15，D16	LED	16
二极管	4007	D2	1N4007	1
电源接头	POWER	JP7	DC12V	1
电阻	RES2	R1，R2，R3，R4，R5，R6，R7，R8	0805	8
电阻	8.2k	R12	0805	1
电阻	102	R23，R24，R25，R26，R27，R28，R29，R30	0805	8
按键	SW-SPST	S1	KEY_POWER	1
按键	SW-PB	S1，S2，S3，S4	KEY	4
51 单片机	STC89C51RC	U1	DIP40_51_BIG	1
电源芯片	7805	U3	78m05	1

2. 软件设计

```
/*  实验名称：独立键盘控制 LED 移位
    功    能：当按下一个按键控制 LED 移动一位
    晶    振：11.0592MHz
    MCU 类型：STC89C51RC
    作    者：卢厚财
    创建日期：13-10-25
*/
#include<reg51.h>
#include<intrins.h>
#define uchar unsigned char
#define uint unsigned int
/*************************************************************************
** 函数名称：void DelayMS(uint x)
** 功能描述：软件延时
** 输    入：uint x
** 输    出：无
** 全局变量：无
** 调用模块：无
** 说    明：无
** 注    意：无
*************************************************************************/
void DelayMS(uint x)
{
    uchar i;
    while(x--)
    for(i=0;i<120;i++);
}
```

```
/*************************************************************************
** 函数名称：void Move_LED()
** 功能描述：根据 P1 端口的按键移动 LED
** 输      入：无
** 输      出：无
** 全局变量：无
** 调用模块：无
** 说      明：无
** 注      意：无
*************************************************************************/
void Move_LED()
{
        if ((P1&0x10)==0) P0=_cror_(P0,1);          //K1
        else if((P1&0x20)==0) P0=_crol_(P0,1);      //K2
        else if((P1&0x40)==0) P2=_cror_(P2,1);      //K3
        else if((P1&0x80)==0) P2=_crol_(P2,1);      //K4
}
/*************************************************************************
** 函数名称：主函数
** 功能描述：
** 输      入：无
** 输      出：无
** 全局变量：无
** 调用模块：无
** 说      明：无
** 注      意：无
*************************************************************************/
void main()
{
        uchar Recent_Key;                       //最近按键
        P0=0xfe;
        P2=0xfe;
        P1=0xff;
        Recent_Key=0xff;
        while(1)
        {
            if(Recent_Key!=P1)
            {
                Recent_Key=P1;                  //保存最近按键
                Move_LED();
                DelayMS(10);
            }
        }
}
```

项目实施

1．项目实施需要的设备

本实验采用北京威尔远东科技有限公司开发的实验系统，Ver：3.0 版本，用 USB 供电，7～35V 直流电源或 USB 供电线，多功能板，恒温焊台、焊锡丝、导线、20MHz 以上的示波器，USB 转串口线（常用 HL-340 和 FT232）以及驱动程序，计算机一台，keil c 2.0 软件或 wave 6000，操作系统建议使用 Windows XP，以及表 1.5.4 中的材料。

2．设备使用方法

根据表 1.5.4 所示的材料清单焊接电路，或者使用单片机实验系统 V3.0，连接 USB 转串口线给计算机，在设备管理器检查设备驱动，如果没有驱动应先安装驱动（如果使用台式机并且有串口接口，可不用 USB 转串口，直接使用串口线）。然后连接到单片机实验系统 V3.0，电源供电可采用计算机供电，直接用 USB 线连接到计算机 USB 接口。

3．程序下载方法

在图 1.5.14 所示的窗口中单击“打开程序文件”按钮，找到要烧写的 hex 文件，然后单击“下载/编程”按钮，对 51 实验板进行重新上电，即可实现烧写。

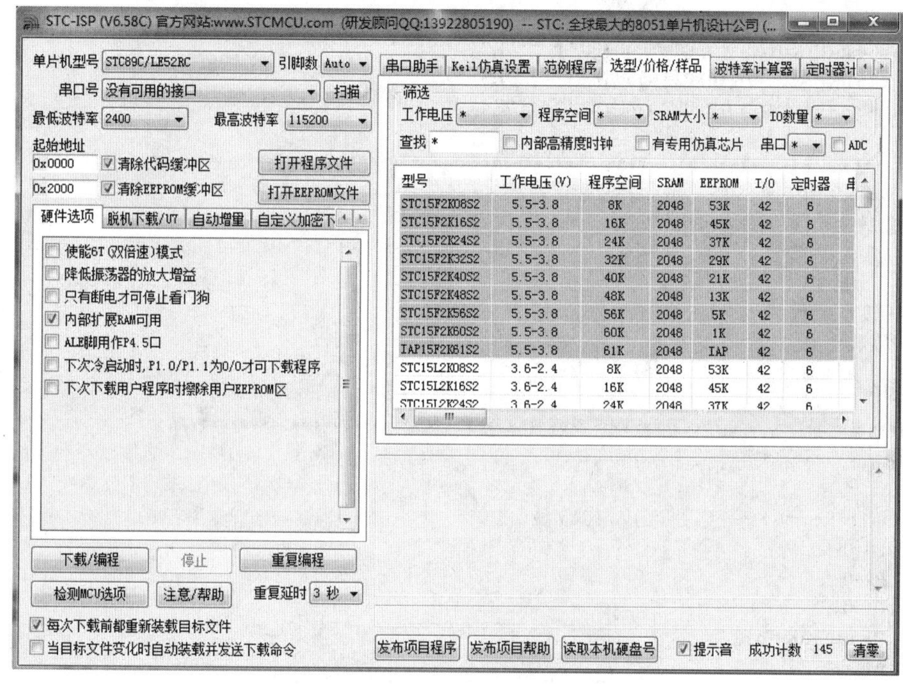

图 1.5.14　烧写程序软件环境

4．独立式键盘实验效果

如图 1.5.15 所示，表示此时第一个灯亮，按下第二个按键后灯会移位。

图 1.5.15　独立式键盘实验效果图

任务 4　4×4 键盘矩阵控制条形 LED 显示

任务目标

- 实现矩阵键盘软硬件设计。
- 实现数码管显示键值程序设计。

任务要求

掌握矩阵键盘的设计方法。

相关知识点

矩阵式键盘原理

矩阵式键盘采用行列式结构，按键设置在行列的交点上。当接口线数量为 8 时，可以将 4 根接口线定义为行线，另 4 根线定义为列线，形成 4×4 键盘，可以配置 16 个按键，如图 1.5.16 所示为 4×8 键盘。

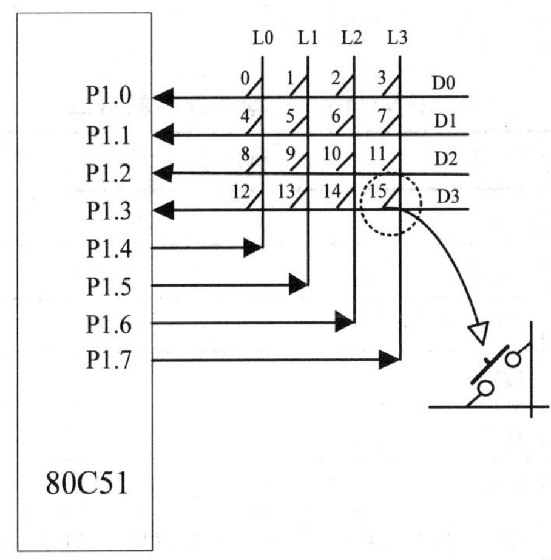

图 1.5.16　矩阵式键盘

矩阵式键盘的行线通过电阻接+5V 电压（芯片内部有上拉电阻时，就不用外接了），当键盘上没有按键按下时，所有的行线与列线是断开的，行线均为高电平。当键盘上某一按键闭合时，该按键所对应的行线与列线短接。此时该行线的电平将由被短接的列线电平所决定。判断是否有键按下及按下的是哪一个键的方法在任务 3 中已经介绍，此处不再赘述。

项目分析

1. 硬件电路分析

硬件电路包括复位电路、51 单片机部分、数码管显示部分、按键部分、驱动电路部分和电源部分，其中数码管段选接 P0，位选接 P1，输入电压为直流 35～7V，电路图设计如图 1.5.17 所示。

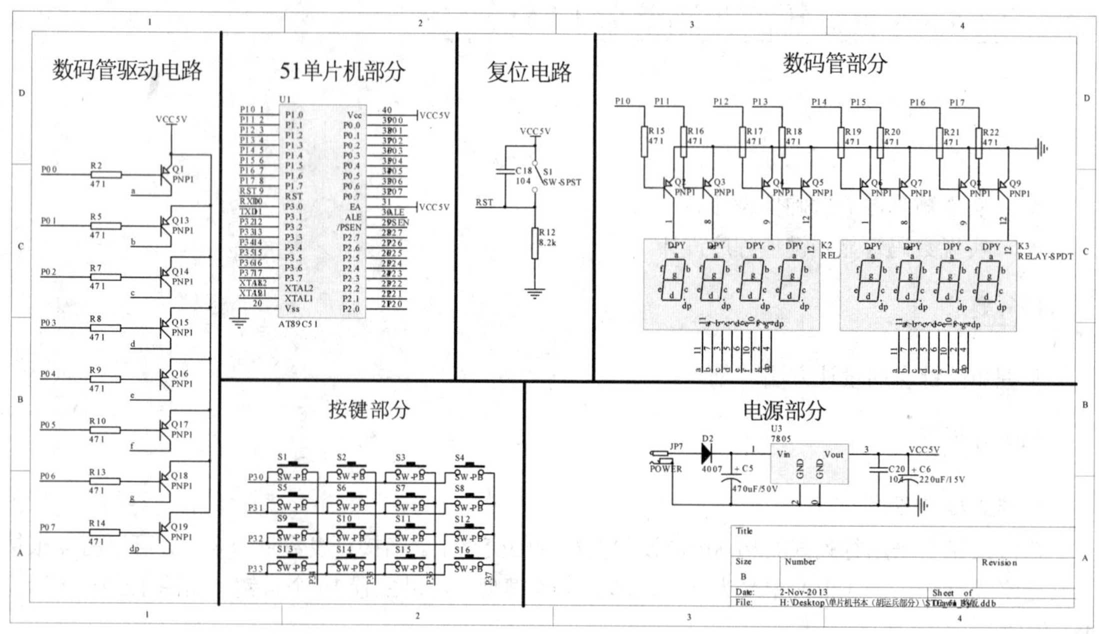

图 1.5.17　4×4 键盘电路原理图

材料清单如表 1.5.5 所示。

表 1.5.5　4×4 键盘电路材料清单

元件类型	元件型号	元件标识	封装类型	数量
电容	470μF/50V	C5	DIP20	1
电容	220μF/15V	C6	0805	1
电容	104	C18，C20	0805	2
二极管	4007	D2	1N4007	1
电源接头	POWER	JP7	DC12V	1
数码管	RELAY-SPDT	K2，K3	DATA_LED	2
三极管	PNP1	Q1，Q13，Q14，Q15，Q16，Q17，Q18，Q19	SOT-23	8
三极管	PNP1	Q2，Q3，Q4，Q5，Q6，Q7，Q8，Q9	SOT-23	8
电阻	471	R2，R5，R7，R8，R9，R10，R13，R14，R15，R16，R17，R18，R19，R20，R21，R22	0805	16
电阻	8.2k	R12	0805	1
按键	SW-SPST	S1	KEY_POWER	1
按键	SW-PB	S1，S2，S3，S4，S5，S6，S7，S8，S9，S10，S11，S12，S13，S14，S15，S16	KEY	16
51 单片机	STC89C51RC	U1	DIP40_51_BIG	1
电源芯片	7805	U3	78m05	1

2. 程序设计

```
/*  实验名称：4×4 矩阵键盘控制条形 LED 灯
    功    能：当按下一个按键显示不同的字符，区分按下的是哪个按键，同时 LED 数码管显示按下键的数值
    晶    振：11.0592MHz
    MCU 类型：STC89C51RC
    作    者：卢厚财
    创建日期：13-10-25
*/
#include <reg52.h>
#define uchar unsigned char
#define uint unsigned int
uchar code DSY_CODE[]=
{   0xc0,0xf9,0xa4,0xb0,0x99,0x92,0x82,0xf8,0x80,0x90,0x88,0x83,0xc6,0xa1,0x86,0x8e,0x00
};                  //控制显示的字符定义数组
uchar KeyNO = 16;
/****************************************************************************
** 函数名称：void DelayMS(uint ms)
** 功能描述：软件延时程序
** 输    入：uint ms
** 输    出：无
** 全局变量：无
** 调用模块：
** 说    明：延时约 1ms
** 注    意：无
****************************************************************************/
void DelayMS(uint ms)
{
    uchar t;
    while(ms--)
    {
        for(t=0;t<120;t++);
    }
}
/****************************************************************************
** 函数名称：void Keys_Scan()
** 功能描述：键盘扫描，输出键值
** 输    入：无
** 输    出：无
** 全局变量：KeyNO
** 调用模块：
** 说    明：延时约 1ms
** 注    意：无
****************************************************************************/
void Keys_Scan()
{
    uchar Tmp;
    P1 = 0x0f;
    DelayMS(1);
    Tmp = P1 ^ 0x0f;
    switch(Tmp)        //判断哪个按键被按下
```

项目五

显示及键盘接口技术

任务1　单 LED 数码管秒表设计

任务目标

- 理解 LED 数码管的基本概念及工作方式。
- 掌握 LED 数码管的字型编码方式。
- 理解 LED 数码管的静态显示方式，掌握 LED 数码管的静态显示编程。

任务要求

掌握 LED 数码管的字型编码方式，并能够调试出位码值；能够写出 LED 数码管静态显示程序，并学会设计硬件电路。

相关知识点

1. LED 数码管简介

LED 数码管是单片机应用系统常用的设备，常用来观察和监视单片机的运行情况、运行结果等各种信息，是实现单片机人机对话的一种重要输出设备。LED 数码管显示器具有使用电压低、尺寸小、耐振动、寿命长、显示清晰、亮度高、配置灵活、与单片机接口方便等特点，基本上能满足单片机应用系统的需要。

单个 LED 数码管由 7 个条状的发光二极管按图 1.5.1（a）所示排列而成，可用来显示数字 0～9 及少量的字符。另外为了显示小数点，增加了 1 个点状的发光二极管，因此数码管就由 8 个 LED 组成，分别把这些发光二极管命名为 a、b、c、d、e、f、g、dp，外部引脚排列顺序如图 1.5.1（a）所示。

```
    {
        case 1: KeyNO = 0; break;
        case 2: KeyNO = 1; break;
        case 4: KeyNO = 2; break;
        case 8: KeyNO = 3; break;
        default: KeyNO = 16;
    }
    P1 = 0xf0;
    DelayMS(1);
    Tmp = P1 >> 4 ^ 0x0f;
    switch(Tmp)
    {
        case 1: KeyNO += 0; break;
        case 2: KeyNO += 4; break;
        case 4: KeyNO += 8; break;
        case 8: KeyNO += 12;
    }
}
/**************************************************************************
** 函数名称：void main()
** 功能描述：不断调用键盘扫描，获得键值，同时在 LED 数码管上输出键值
** 输    入：无
** 输    出：无
** 全局变量：KeyNO
** 调用模块：Keys_Scan();DSY_CODE[KeyNO];
** 说    明：延时约 1ms
** 注    意：无
**************************************************************************/
void main()
{
    P0 = 0x00;
    while(1)
    {
        P1 = 0xf0;
        if(P1 != 0xf0)
            Keys_Scan();
        P0 = ~DSY_CODE[KeyNO];
        DelayMS(100);
    }
}
```

项目实施

1. 项目实施需要的设备

本实验采用北京威尔远东科技有限公司开发的实验系统，Ver：3.0 版本，用 USB 供电，7～35V 直流电源或 USB 供电线，多功能板，恒温焊台、焊锡丝、导线、20MHz 以上的示波器，USB 转串口线（常用 HL-340 和 FT232）以及驱动程序，计算机一台，keil c 2.0 软件或 wave 6000。

2. 设备使用方法

根据表 1.5.5 中的材料清单焊接电路，或者使用单片机实验系统 V3.0，连接 USB 转串口线给

计算机，在设备管理器检查设备驱动，如果没有驱动应先安装驱动（如果使用台式机并且有串口接口，可不用 USB 转串口，直接使用串口线）。然后连接到单片机实验系统 V3.0，电源供电可采用计算机供电，直接用 USB 线连接到计算机 USB 接口。

3．程序下载方法

在图 1.5.18 所示的窗口中单击“打开程序文件”按钮，找到要烧写的 hex 文件，然后单击“下载/编程”按钮，对 51 实验板进行重新上电，即可实现烧写。

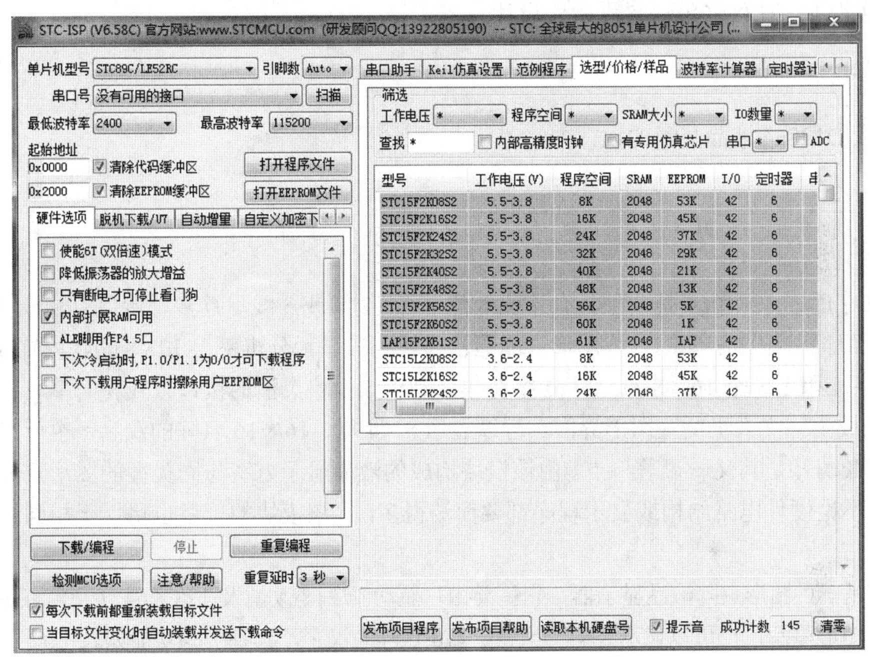

图 1.5.18　烧写程序软件环境

4．效果显示

当按下不同的按键将显示不同的字符，可区分按下的哪个按键。如图 1.5.19 所示的效果图表示此刻按下第二个按键。

图 1.5.19　4×4 键盘实验显示效果图

任务 5　LCD 液晶显示

任务目标

- 实现 LCD12864 液晶显示硬件设计。
- 实现 LCD12864 液晶显示程序设计。

任务要求

掌握 LCD12864 液晶显示的设计方法。

相关知识点

1. LCD12864 概述

带中文字库的 128×64 是一种具有 4 位/8 位并行、2 线或 3 线串行多种接口方式，内部含有国标一级、二级简体中文字库的点阵图形液晶显示模块；其显示分辨率为 128×64，内置 8192 个 16×16 点汉字，和 128 个 16×8 点 ASCII 字符集。利用该模块灵活的接口方式和简单、方便的操作指令，可构成全中文人机交互图形界面。可以显示 8×4 行、16×16 点阵的汉字，也可完成图形显示。低电压低功耗是其又一显著特点。由该模块构成的液晶显示方案与同类型的图形点阵液晶显示模块相比，不论硬件电路结构或显示程序都要简洁得多，且该模块的价格也略低于相同点阵的图形液晶模块。

12864 是一种图形点阵液晶显示器，它主要由行驱动器/列驱动器及 128×64 全点阵液晶显示器组成，可完成图形显示，也可以显示 8×4 个（16×16 点阵）汉字，其各引脚功能如表 1.5.6 所示。

表 1.5.6　LCD12864 引脚功能

管脚名称	LEVER	管脚功能描述
VSS	0	电源地
VDD	+5.0V	电源电压
V0	-	液晶显示器驱动电压
D/I(RS)	H/L	D/I=H，表示 DB7～DB0 为显示数据 D/I=L，表示 DB7～DB0 为显示指令数据
R/W	H/L	R/W=H，E=H 数据被读到 DB7～DB0 R/W=L，E=H→L 数据被写到 IR 或 DR
E	H/L	R/W=L，E 信号下降沿锁存 DB7～DB0 R/W=H，E=H DDRAM 数据读到 DB7～DB0
DB0	H/L	数据线
DB1	H/L	数据线
DB2	H/L	数据线
DB3	H/L	数据线

续表

管脚名称	LEVER	管脚功能描述
DB4	H/L	数据线
DB5	H/L	数据线
DB6	H/L	数据线
DB7	H/L	数据线
CS1	H/L	H：选择芯片（右半屏）信号
CS2	H/L	H：选择芯片（左半屏）信号
RET	H/L	复位信号，低电平复位
VOUT	-10V	LCD 驱动负电压
LED+	-	LED 背光板电源
LED-	-	LED 背光板电源

在使用 12864LCD 前先必须了解以下功能器件才能进行编程。12864 内部功能器件及相关功能如下：

（1）指令寄存器（IR）。

IR 是用于寄存指令码，与数据寄存器数据相对应。当 D/I=0 时，在 E 信号下降沿的作用下，指令码写入 IR。

（2）数据寄存器（DR）。

DR 是用于寄存数据的，与指令寄存器寄存指令相对应。当 D/I=1 时，在下降沿作用下，图形显示数据写入 DR，或在 E 信号高电平作用下由 DR 读到 DB7～DB0 数据总线。DR 和 DDRAM 之间的数据传输是模块内部自动执行的。

（3）忙标志 BF。

BF 标志提供内部工作情况。BF=1 表示模块在内部操作，此时模块不接受外部指令和数据。BF=0 时，模块为准备状态，随时可接受外部指令和数据。

利用 STATUS READ 指令，可以将 BF 读到 DB7 总线，以检验模块的工作状态。

（4）显示控制触发器 DFF。

此触发器是用于模块屏幕显示开和关的控制。DFF=1 为开显示（DISPLAY OFF），DDRAM 的内容就显示在屏幕上，DFF=0 为关显示（DISPLAY OFF）。

DDF 的状态是指令 DISPLAY ON/OFF 和 RST 信号控制的。

（5）XY 地址计数器。

XY 地址计数器是一个 9 位计数器。高 3 位是 X 地址计数器，低 6 位为 Y 地址计数器，XY 地址计数器实际上是作为 DDRAM 的地址指针，X 地址计数器为 DDRAM 的页指针，Y 地址计数器为 DDRAM 的 Y 地址指针。

X 地址计数器是没有计数功能的，只能用指令设置。

Y 地址计数器具有循环计数功能，各显示数据写入后，Y 地址自动加 1，Y 地址指针从 0 到 63。

（6）显示数据 RAM（DDRAM）。

DDRAM 是存储图形显示数据的。数据为 1 表示显示选择，数据为 0 表示显示非选择。

（7）Z 地址计数器。

Z 地址计数器是一个 6 位计数器，此计数器具备循环记数功能，它是用于显示行扫描同步。当一行扫描完成，此地址计数器自动加 1，指向下一行扫描数据，RST 复位后 Z 地址计数器为 0。

Z 地址计数器可以用指令 DISPLAY START LINE 预置。因此，显示屏幕的起始行就由此指令控制，即 DDRAM 的数据从哪一行开始显示在屏幕的第一行。此模块的 DDRAM 共 64 行，屏幕可以循环滚动显示 64 行。

2. LCD12864 的指令系统

模块控制芯片提供两套控制命令，基本指令和扩充指令如表 1.5.7 和表 1.5.8 所示。

表 1.5.7　指令表（RE=0：基本指令）

指令	指令码										功能
	RS	R/W	D7	D6	D5	D4	D3	D2	D1	D0	
清除显示	0	0	0	0	0	0	0	0	0	1	将 DDRAM 填满 20H，并且设定 DDRAM 的地址计数器（AC）到 00H
地址归位	0	0	0	0	0	0	0	0	1	X	设定 DDRAM 的地址计数器（AC）到 00H，并且将游标移到开头原点位置；这个指令不改变 DDRAM 的内容
显示状态开/关	0	0	0	0	0	0	1	D	C	B	D=1：整体显示 ON C=1：游标 ON B=1：游标位置反白允许
进入点设定	0	0	0	0	0	0	0	1	I/D	S	指定在数据的读取与写入时，设定游标的移动方向及指定显示的移位
游标或显示移位控制	0	0	0	0	0	1	S/C	R/L	X	X	设定游标的移动与显示的移位控制位；这个指令不改变 DDRAM 的内容
功能设定	0	0	0	0	1	DL	X	RE	X	X	DL=0/1：4/8 位数据 RE=1：扩充指令操作 RE=0：基本指令操作
设定 CGRAM 地址	0	0	0	1	AC5	AC4	AC3	AC2	AC1	AC0	设定 CGRAM 地址
设定 DDRAM 地址	0	0	1	0	AC5	AC4	AC3	AC2	AC1	AC0	设定 DDRAM 地址（显示位址） 第一行：80H～87H 第二行：90H～97H
读取忙标志和地址	0	1	BF	AC6	AC5	AC4	AC3	AC2	AC1	AC0	读取忙标志（BF）可以确认内部动作是否完成，同时可以读出地址计数器（AC）的值
写数据到 RAM	1	0	数据								将数据 D7～D0 写入到内部的 RAM（DDRAM/CGRAM/IRAM/GRAM）
读出 RAM 的值	1	1	数据								从内部 RAM 读取数据 D7～D0（DDRAM/CGRAM/IRAM/GRAM）

表 1.5.8　指令表（RE=1：扩充指令）

指令	指令码										功能
	RS	R/W	D7	D6	D5	D4	D3	D2	D1	D0	
待命模式	0	0	0	0	0	0	0	0	0	1	进入待命模式，执行其他指令都可终止待命模式
卷动地址开关开启	0	0	0	0	0	0	0	0	1	SR	SR=1：允许输入垂直卷动地址 SR=0：允许输入 IRAM 和 CGRAM 地址
反白选择	0	0	0	0	0	0	0	1	R1	R0	选择 2 行中的任一行作反白显示，并可决定反白与否。初始值 R1R0=00，第一次设定为反白显示，再次设定变回正常
睡眠模式	0	0	0	0	0	0	1	SL	X	X	SL=0：进入睡眠模式 SL=1：脱离睡眠模式
扩充功能设定	0	0	0	0	1	CL	X	RE	G	0	CL=0/1：4/8 位数据 RE=1：扩充指令操作 RE=0：基本指令操作 G=1/0：绘图开关
设定绘图 RAM 地址	0	0	1	0 AC6	0 AC5	0 AC4	AC3 AC3	AC2 AC2	AC1 AC1	AC0 AC0	设定绘图 RAM 先设定垂直（列）地址 AC6AC5…AC0 再设定水平（行）地址 AC3AC2AC1AC0 将以上 16 位地址连续写入即可

3. 字符显示

带中文字库的 128×64-0402B 每屏可显示 4 行 8 列共 32 个 16×16 点阵的汉字，每个显示 RAM 可显示 1 个中文字符或 2 个 16×8 点阵全高 ASCII 码字符，即每屏最多可实现 32 个中文字符或 64 个 ASCII 码字符的显示。带中文字库的 128X64-0402B 内部提供 128×2 字节的字符显示 RAM 缓冲区（DDRAM）。字符显示是通过将字符显示编码写入该字符显示 RAM 实现的。根据写入内容的不同，可分别在液晶屏上显示 CGROM（中文字库）、HCGROM（ASCII 码字库）及 CGRAM（自定义字型）的内容。三种不同字符/字型的选择编码范围为：0000～0006H（其代码分别是 0000、0002、0004、0006 共 4 个）显示自定义字型，02H～7FH 显示半宽 ASCII 码字符，A1A0H～F7FFH 显示 8192 种 GB2312 中文字库字型。字符显示 RAM 在液晶模块中的地址 80H～9FH。字符显示的 RAM 的地址与 32 个字符显示区域有着一一对应的关系，如表 1.5.9 所示。

表 1.5.9　字符显示 RAM 与模块地址之间的关系

80H	81H	82H	83H	84H	85H	86H	87H
90H	91H	92H	93H	94H	95H	96H	97H
88H	89H	8AH	8BH	8CH	8DH	8EH	8FH
98H	99H	9AH	9BH	9CH	9DH	9EH	9FH

备注：当 IC1 在接收指令前，微处理器必须先确认其内部处于非忙碌状态，即读取 BF 标志时，

BF 需要为 0，方可接收新的指令；如果在送出一个指令前并不检查 BF 标志，那么在前一个指令和这个指令中间必须延长一段较长的时间，以等待前一个指令确实执行完成。

4. LCD12864 显示原理

（1）汉字和英文显示原理。

在数字电路中，所有的数据都是以 0 和 1 保存的，对 LCD 控制器进行不同的数据操作，可以得到不同的结果。对于显示英文操作，由于英文字母种类很少，只需要 8 位（一字节）即可。而对于中文，常用的却有 6000 以上，于是我们的 DOS 前辈想了一个办法，就是将 ASCII 表的高 128 个很少用到的数值以两个为一组来表示汉字，即汉字的内码。而剩下的低 128 位则留给英文字符使用，即英文的内码。

那么，得到了汉字的内码后，还仅是一组数字，那又如何在屏幕上去显示呢？这就涉及到文字的字模，字模虽然也是一组数字，但它的意义却与数字的意义有了根本的区别，它是用数字的各位信息来记载英文或汉字的形状，如英文的 A 在字模的记载方式如图 1.5.20 所示。

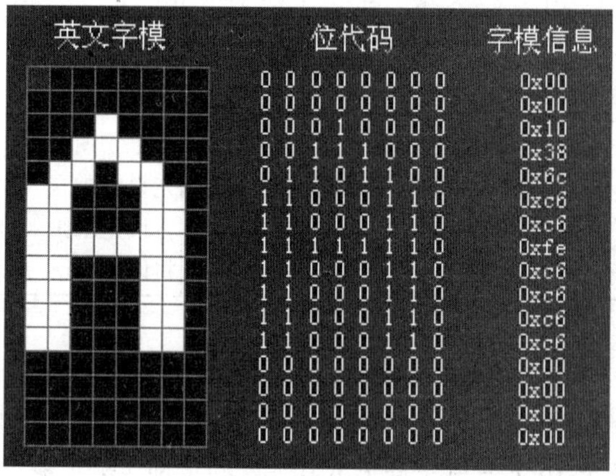

图 1.5.20　A 字模图

而中文的“你”在字模中的记载如图 1.5.21 所示。

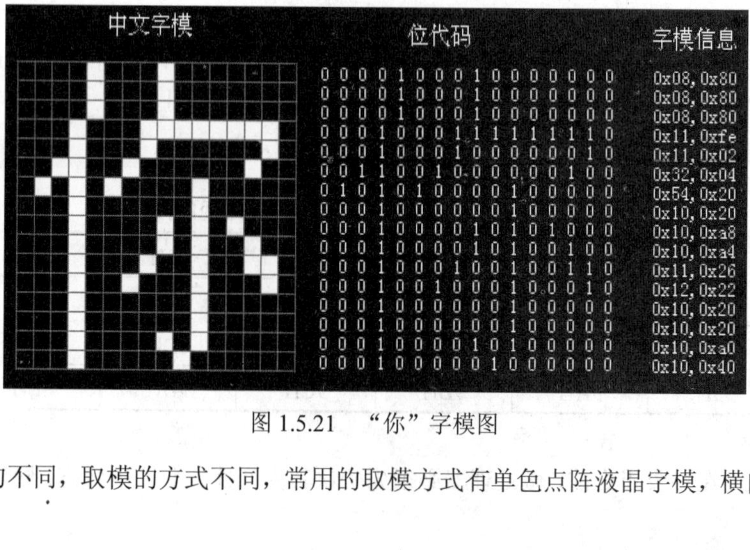

图 1.5.21　“你”字模图

根据芯片的不同，取模的方式不同，常用的取模方式有单色点阵液晶字模，横向取模，字节正序；单色点阵液晶字模，横向取模，字节倒序；单色点阵液晶字模，纵向取模，字节正序；单色点阵液晶字模，纵向取模，字节倒序等。

（2）图形显示。

先设垂直地址再设水平地址（连续写入两个字节的资料来完成垂直与水平的坐标地址）。

垂直地址范围：AC5～AC0；

水平地址范围：AC3～AC0。

绘图 RAM 的地址计数器（AC）只会对水平地址（X 轴）自动加 1，当水平地址=0FH 时会重新设为 00H。但并不会对垂直地址做进位自动加 1，故当连续写入多笔资料时，程序需要自行判断垂直地址是否需要重新设定。GDRAM 的坐标地址与资料排列顺序如图 1.5.22 所示。

		水平坐标				
		00	01	～	06	07
		D15～D0	D15～D0	～	D15～D0	D15～D0
垂直坐标	00					
	01					
	⋮					
	1E					
	1F					
	00			128*64点		
	01					
	⋮					
	1E					
	1F					
		D15～D0	D15～D0	～	D15～D0	D15～D0
		08	09	～	0E	0F

图 1.5.22　图形显示坐标

（3）应用说明。

用带中文字库的 128×64 显示模块时应注意以下几点：

- 欲在某一个位置显示中文字符时，应先设定显示字符的位置，即先设定显示地址，再写入中文字符编码。
- 显示 ASCII 字符的过程与显示中文字符的过程相同。不过在显示连续字符时，只需要设定一次显示地址，由模块自动对地址加 1 指向下一个字符位置，否则，显示的字符中将会有一个空 ASCII 字符位置。
- 当字符编码为 2 字节时，应先写入高位字节，再写入低位字节。
- 模块在接收指令前，微处理器必须先确认模块内部处于非忙状态，即读取 BF 标志时 BF 需为 0，方可接收新的指令。如果在送出一个指令前不检查 BF 标志，则在前一个指令和这个指令中间必须延迟一段较长的时间，即等待前一个指令确定执行完成。指令执行的时间请参考指令表中的指令执行时间说明。
- RE 为基本指令集与扩充指令集的选择控制位。当变更 RE 后，以后的指令集将维持在最后的状态，除非再次变更 RE 位，否则使用相同指令集时，无需每次均重设 RE 位。

（4）指令描述。

1）显示开/关设置。

CODE：

R/W	D/I	DB7	DB6	DB5	DB4	DB3	DB2	DB1	DB0
L	L	L	L	H	H	H	H	H	H/L

功能：设置屏幕显示开/关。DB0=H，开显示；DB0=L，关显示。不影响显示 RAM（DDRAM）中的内容。

2）设置显示起始行。

CODE：

R/W	D/I	DB7	DB6	DB5	DB4	DB3	DB2	DB1	DB0
L	L	H	H	行地址（0～63）					

功能：执行该命令后，所设置的行将显示在屏幕的第一行。显示起始行是由 Z 地址计数器控制的，该命令自动将 A0～A5 位地址送入 Z 地址计数器，起始地址可以是 0～63 范围内任意一行。Z 地址计数器具有循环计数功能，用于显示行扫描同步，当扫描完一行后自动加 1。

3）设置页地址。

CODE：

R/W	D/I	DB7	DB6	DB5	DB4	DB3	DB2	DB1	DB0
L	L	H	L	H	H	H	页地址（0～7）		

功能：执行本指令后，下面的读写操作将在指定页内，直到重新设置。页地址就是 DDRAM 的行地址，页地址存储在 X 地址计数器中，A2～A0 可表示 8 页，读写数据对页地址没有影响，除本指令可改变页地址外，复位信号（RST）可把页地址计数器内容清零。

DDRAM 地址映像表如表 1.5.10 所示。

表 1.5.10　Y 地址

0	1	2	……	61	62	63	
DB0 ≀ DB7			PAGE0				X=0
DB0 ≀ DB7			PAGE1				X=1
⋮							⋮

续表

DB0 ~ DB7	PAGE6	X=7
DB0 ~ DB7	PAGE7	X=8

4）设置列地址。

CODE：

R/W	D/I	DB7	DB6	DB5	DB4	DB3	DB2	DB1	DB0
L	L	L	H	列地址（0～63）					

功能：DDRAM 的列地址存储在 Y 地址计数器中，读写数据对列地址有影响，在对 DDRAM 进行读写操作后，Y 地址自动加 1。

5）状态检测。

CODE：

R/W	D/I	DB7	DB6	DB5	DB4	DB3	DB2	DB1	DB0
H	L	BF	L	ON/OFF	RET	L	L	L	L

功能：读忙信号标志位（BF）、复位标志位（RST）以及显示状态位（ON/OFF）。

BF=H：内部正在执行操作；BF=L：空闲状态。

RST=H：正处于复位初始化状态；RST=L：正常状态。

ON/OFF=H：表示显示关闭；ON/OFF=L：表示显示开启。

6）写显示数据。

CODE：

R/W	D/I	DB7	DB6	DB5	DB4	DB3	DB2	DB1	DB0
L	H	D7	D6	D5	D4	D3	D2	D1	D0

功能：写数据到 DDRAM，DDRAM 是存储图形显示数据的，写指令执行后 Y 地址计数器自动加 1。D7～D0 位数据为 1 表示显示，数据为 0 表示不显示。写数据到 DDRAM 前，要先执行“设置页地址”及“设置列地址”命令。

7）读显示数据。

CODE：

R/W	D/I	DB7	DB6	DB5	DB4	DB3	DB2	DB1	DB0
H	H	D7	D6	D5	D4	D3	D2	D1	D0

功能：从 DDRAM 读数据，读指令执行后 Y 地址计数器自动加 1。从 DDRAM 读数据前要先执行“设置页地址”及“设置列地址”命令。

8）屏幕显示与 DDRAM 地址映射关系。

表 1.5.11　屏幕显示与 DD RAM 地址映射

		Y1	Y2	Y3	Y4	……	Y62	Y63	Y64	
X=0	Line 0	1/0	1/0	1/0	1/0	……	1/0	1/0	1/0	DB0
	Line 1	1/0	1/0	1/0	1/0	……	1/0	1/0	1/0	DB1
	Line 2	1/0	1/0	1/0	1/0	……	1/0	1/0	1/0	DB2
	Line 3	1/0	1/0	1/0	1/0	……	1/0	1/0	1/0	DB3
	Line 4	1/0	1/0	1/0	1/0	……	1/0	1/0	1/0	DB4
	Line 5	1/0	1/0	1/0	1/0	……	1/0	1/0	1/0	DB5
	Line 6	1/0	1/0	1/0	1/0	……	1/0	1/0	1/0	DB6
	Line 7	1/0	1/0	1/0	1/0	……	1/0	1/0	1/0	DB7
⋮	⋮	⋮	⋮	⋮	⋮		⋮	⋮	⋮	⋮
X=7	Line60	1/0	1/0	1/0	1/0	……	1/0	1/0	1/0	DB4
	Line61	1/0	1/0	1/0	1/0	……	1/0	1/0	1/0	DB5
	Line62	1/0	1/0	1/0	1/0	……	1/0	1/0	1/0	DB6
	Line63	1/0	1/0	1/0	1/0	……	1/0	1/0	1/0	DB7

项目分析

本项目主要实现单片机控制 LCD12864 液晶显示汉字“重庆电子工程职业学院”。

1. 硬件电路设计

在 Proteus 8.0 Professional 仿真软件中按图 1.5.23 设计出仿真原理图。硬件电路包括一个 51 单片机、一个 AMPIRE128X64 的 LCD 和一个排阻。

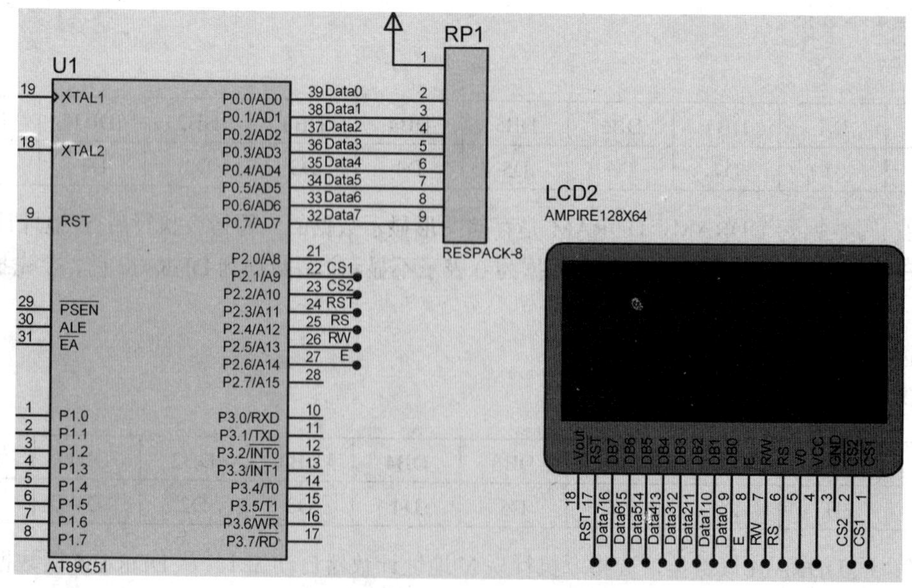

图 1.5.23　LCD 显示仿真硬件电路图

2. 程序设计

程序实现在 LCD 屏上显示出“重庆电子工程职业学院”。

```
/*  实验名称：LCD12864 液晶显示仿真实验程序
    功      能：LCD12864 液晶显示
    晶      振：11.0592MHz
    MCU 类型：AT89C51
    作      者：胡云冰
    创建日期：14-01-06
*/
#include <reg51.h>
#define LCDLCDDisp_Off   0x3e
#define LCDLCDDisp_On    0x3f
#define Page_Add     0xb8                    //页地址
#define LCDCol_Add     0x40                  //列地址
#define Start_Line     0xC0                  //行地址
/*****液晶显示器的端口定义*****/
#define data_ora P0                          /*液晶数据总线*/
sbit LCDMcs=P2^1 ;                           /*片选 1*/
sbit LCDScs=P2^2 ;                           /*片选 2*/
sbit RESET=P2^3 ;                            /*复位信号*/
sbit LCDDi=P2^4 ;                            /*数据/指令选择*/
sbit LCDRW=P2^5 ;                            /*读/写选择*/
sbit LCDEnable=P2^6 ;                        /*读/写使能*/
/*****液晶显示器的汉字字库定义*****/
char code HZ_chong[]=
{
/*--  文字：重  --*/
/*--  字模格式/大小：单色点阵液晶字模，纵向取模，字节倒序/32 字节*/
/*--  @仿宋_GB231212；此字体下对应的点阵为：宽×高=16×16    --*/
0x00,0x10,0x10,0xD4,0x54,0x54,0x54,0xFC,0xAA,0xAA,0x29,0xE8,0x08,0x08,0x00,0x00,
0x00,0x40,0x40,0x57,0x54,0x55,0x55,0x3F,0x2A,0x2A,0x2A,0x23,0x20,0x20,0x00,0x00
};
char code HZ_qing[]=
{
/*--  文字：庆  --*/
/*--  字模格式/大小：单色点阵液晶字模，纵向取模，字节倒序/32 字节*/
/*--  @仿宋_GB231212；此字体下对应的点阵为：宽×高=16×16    --*/
0x00,0x00,0x00,0xF8,0x08,0x88,0x88,0x89,0xF6,0x44,0x44,0x44,0x44,0x00,0x00,0x00,
0x40,0x30,0x0E,0x41,0x20,0x10,0x08,0x06,0x01,0x06,0x18,0x60,0x40,0x40,0x40,0x00
};
char code HZ_dian[]=
{
/*--  文字：电  --*/
/*--  字模格式/大小：单色点阵液晶字模，纵向取模，字节倒序/32 字节*/
/*--  @仿宋_GB231212；此字体下对应的点阵为：宽×高=16×16    --*/
0x00,0x00,0xF0,0x10,0x90,0x90,0xFF,0x48,0x48,0x08,0xF8,0x00,0x00,0x00,0x00,0x00,
0x00,0x00,0x07,0x04,0x04,0x04,0x1F,0x22,0x22,0x22,0x23,0x20,0x20,0x38,0x00,0x00
};
char code HZ_zi[]=
{
/*--  文字：子  --*/
/*--  字模格式/大小：单色点阵液晶字模，纵向取模，字节倒序/32 字节*/
/*--  @仿宋_GB231212；此字体下对应的点阵为：宽×高=16×16    --*/
0x00,0x80,0x80,0x84,0x84,0x84,0x94,0xE2,0x52,0x4A,0x46,0x42,0x40,0x40,0x40,0x00,
```

```
0x00,0x00,0x00,0x00,0x10,0x20,0x40,0x3F,0x00,0x00,0x00,0x00,0x00,0x00,0x00,0x00
};
char code HZ_gong[]=
{
/*--  文字：工  --*/
/*--  字模格式/大小：单色点阵液晶字模，纵向取模，字节倒序/32 字节*/
/*--  @仿宋_GB231212；此字体下对应的点阵为：宽×高=16×16   --*/
0x00,0x00,0x00,0x08,0x08,0x08,0x08,0xF8,0x04,0x04,0x04,0x04,0x00,0x00,0x00,0x00,
0x00,0x10,0x10,0x10,0x10,0x10,0x10,0x0F,0x08,0x08,0x08,0x08,0x08,0x08,0x00,0x00
};
char code HZ_cheng[]=
{
/*--  文字：程  --*/
/*--  字模格式/大小：单色点阵液晶字模，纵向取模，字节倒序/32 字节*/
/*--  @仿宋_GB231212；此字体下对应的点阵为：宽×高=16×16   --*/
0x00,0x20,0x24,0xA4,0xFC,0x52,0x92,0x80,0xBC,0xA4,0x52,0x5E,0x40,0x00,0x00,0x00,
0x04,0x02,0x01,0x00,0x7F,0x00,0x20,0x24,0x24,0x1F,0x12,0x12,0x12,0x10,0x00,0x00
};
char code HZ_zhi[]=
{
/*--  文字：职  --*/
/*--  字模格式/大小：单色点阵液晶字模，纵向取模，字节倒序/32 字节*/
/*--  @仿宋_GB231212；此字体下对应的点阵为：宽×高=16×16   --*/
0x00,0x04,0x04,0xFC,0x92,0xFE,0x02,0x02,0xFC,0x84,0x84,0x42,0x7E,0x00,0x00,0x00,
0x00,0x08,0x08,0x07,0x04,0x7F,0x02,0x22,0x19,0x06,0x00,0x02,0x0C,0x30,0x00,0x00
};
char code HZ_ye[]=
{
/*--  文字：业  --*/
/*--  字模格式/大小：单色点阵液晶字模，纵向取模，字节倒序/32 字节*/
/*--  @仿宋_GB231212；此字体下对应的点阵为：宽×高=16×16   --*/
0x00,0x00,0x20,0xC0,0x00,0x00,0xFE,0x00,0xFF,0x00,0x00,0xC0,0x30,0x00,0x00,0x00,
0x00,0x20,0x20,0x20,0x23,0x20,0x3F,0x20,0x1F,0x12,0x11,0x10,0x10,0x10,0x00,0x00
};
char code HZ_xue[]=
{
/*--  文字：学  --*/
/*--  字模格式/大小：单色点阵液晶字模，纵向取模，字节倒序/32 字节*/
/*--  @仿宋_GB231212；此字体下对应的点阵为：宽×高=16×16   --*/
0x00,0x60,0x20,0xA0,0xA2,0xAC,0x51,0x56,0xD0,0x5C,0x13,0x10,0x30,0x10,0x00,0x00,
0x00,0x04,0x04,0x04,0x04,0x24,0x44,0x3F,0x02,0x02,0x02,0x02,0x02,0x02,0x00,0x00
};
char code HZ_yuan[]=
{
/*--  文字：院  --*/
/*--  字模格式/大小：单色点阵液晶字模，纵向取模，字节倒序/32 字节*/
/*--  @仿宋_GB231212；此字体下对应的点阵为：宽×高=16×16   --*/
0x00,0xFC,0x04,0x32,0xCE,0x80,0x98,0xA8,0xA9,0x96,0x54,0x44,0x4C,0x04,0x00,0x00,
0x00,0x7F,0x01,0x02,0x41,0x20,0x18,0x07,0x00,0x1F,0x20,0x20,0x20,0x38,0x00,0x00
};
/***********************************************************************
** 函数名称：void LCDdelay(unsigned int t)
** 功能描述：软件延时程序
** 输      入：unsigned int t
** 输      出：无
```

```
** 全局变量：无
** 调用模块：无
** 说    明：无
** 注    意：无
******************************************************************************/
void LCDdelay(unsigned int t)
{
unsigned int i,j;
for(i=0;i<t;i++);
for(j=0;j<10;j++);
}
/******************************************************************************
** 函数名称：void CheckState()
** 功能描述：状态检查，LCD 是否忙
** 输    入：无
** 输    出：无
** 全局变量：无
** 调用模块：无
** 说    明：无
** 注    意：无
******************************************************************************/
void CheckState()
{
    unsigned char dat,DATA;        //状态信息（判断是否忙）
    LCDDi=0;                       //数据\指令选择，D/I（RS）=L，表示 DB7～DB0 为显示指令数据
    LCDRW=1;                       //R/W=H，E=H 数据被读到 DB7～DB0
    do
    {
       DATA=0x00;
       LCDEnable=1;                //EN 下降沿
       LCDdelay(2);                //延时
    dat=DATA;
       LCDEnable=0;
       dat=0x80 & dat;             //仅当第 7 位为 0 时才可操作（判别 busy 信号）
     }
     while(!(dat==0x00));
}
/******************************************************************************
** 函数名称：void write_com(unsigned char cmdcode)
** 功能描述：写命令到 LCD 程序，RS(DI)=L，RW=L，EN=H，即来一个脉冲写一次
** 输    入：cmdcode
** 输    出：无
** 全局变量：无
** 调用模块：无
** 说    明：无
** 注    意：无
******************************************************************************/
void write_com(unsigned char cmdcode)
{
     CheckState();                 //检测 LCD 是否忙
     LCDDi=0;
     LCDRW=0;
     P0=cmdcode;
     LCDdelay(2);
     LCDEnable=1;
```

```
    LCDdelay(2);
    LCDEnable=0;
}
/***********************************************************************
** 函数名称：void init_lcd()
** 功能描述：LCD 初始化程序
** 输    入：无
** 输    出：无
** 全局变量：无
** 调用模块：write_com()；
** 说    明：无
** 注    意：无
***********************************************************************/
void init_lcd()
{
    LCDdelay(100);
    LCDMcs=1;                              //刚开始关闭两个半屏
    LCDScs=1;
    LCDdelay(100);
    write_com(LCDLCDDisp_Off);             //写初始化命令
    write_com(Page_Add+0);
    write_com(Start_Line+0);
    write_com(LCDCol_Add+0);
    write_com(LCDLCDDisp_On);
}
/***********************************************************************
** 函数名称：void write_data(unsigned char LCDDispdata)
** 功能描述：写数据到 LCD 程序，RS(DI)=H，RW=L，EN=H，即来一个脉冲写一次
** 输    入：LCDDispdata
** 输    出：无
** 全局变量：无
** 调用模块：CheckState();
** 说    明：无
** 注    意：无
***********************************************************************/
void write_data(unsigned char LCDDispdata)
{
    CheckState();                          //检测 LCD 是否忙
    LCDDi=1;
    LCDRW=0;
    P0=LCDDispdata;
    LCDdelay(2);
    LCDEnable=1;
    LCDdelay(2);
    LCDEnable=0;
}
/***********************************************************************
** 函数名称：void Clr_Scr()
** 功能描述：清除 LCD 内存程序
** 输    入：无
** 输    出：无
** 全局变量：无
** 调用模块：write_data();write_com();
** 说    明：无
** 注    意：无
```

```
******************************************************************************/
void Clr_Scr()
{
    unsigned char j,k;
    LCDMcs=0;                          //左右屏均开显示
    LCDScs=0;
    write_com(Page_Add+0);
    write_com(LCDCol_Add+0);
    for(k=0;k<8;k++)                   //控制页数0～7，共8页
    {
        write_com(Page_Add+k);         //逐页写
        for(j=0;j<64;j++)              //每页最多可写32个中文文字或64个ASCII字符
        {
            write_com(LCDCol_Add+j);
            write_data(0x00);          //控制列数0～63，共64列，写点内容，列地址自动加1
        }
    }
}
/******************************************************************************
** 函数名称：void hz_LCDDisp16(unsigned char page,unsigned char column, unsigned char code *hzk)
** 功能描述：指定位置显示汉字16*16程序
** 输    入：page,column,*hzk
** 输    出：无
** 全局变量：无
** 调用模块：write_data();write_com();
** 说    明：无
** 注    意：无
******************************************************************************/
void hz_LCDDisp16(unsigned char page,unsigned char column, unsigned char code *hzk)
{
    unsigned char j=0,i=0;
    for(j=0;j<2;j++)
    {
        write_com(Page_Add+page+j);
        write_com(LCDCol_Add+column);
        for(i=0;i<16;i++)
            write_data(hzk[16*j+i]);
    }
}
/******************************************************************************
** 函数名称：void main(void)
** 功能描述：主函数
** 输    入：无
** 输    出：无
** 全局变量：无
** 调用模块：init_lcd();Clr_Scr();hz_LCDDisp16();
** 说    明：无
** 注    意：无
******************************************************************************/
void main(void)
{
    init_lcd();
    Clr_Scr();
    LCDMcs=0;                              //左屏开显示
    LCDScs=1;
```

```
        hz_LCDDisp16(0,0,HZ_chong);             //重
        hz_LCDDisp16(0,16,HZ_qing);             //庆
        hz_LCDDisp16(0,32,HZ_dian);             //电
        hz_LCDDisp16(0,48,HZ_zi);               //子
        hz_LCDDisp16(2,48,HZ_xue);              //学
        LCDMcs=1;                               //右屏开显示
        LCDScs=0;
        hz_LCDDisp16(0,0,HZ_gong);              //工
        hz_LCDDisp16(0,16,HZ_cheng);            //程
        hz_LCDDisp16(0,32,HZ_zhi);              //职
        hz_LCDDisp16(0,48,HZ_ye);               //业
        hz_LCDDisp16(2,0,HZ_yuan);              //院
        while(1)
        {
          ;
        }
}
```

项目实施

1. 准备工作

（1）计算机一台，keil c 2.0 或 wave 6000 软件编程环境，Proteus 8.0 Professional 仿真软件。

（2）在计算机上安装 keil c 2.0 版本或 wave 6000 版本单片机软件开发环境。

（3）在 keil c 2.0 或 wave 6000 中编写和调试程序，并生成 hex 文件。

2. 操作步骤

（1）根据图 1.5.23 所示 LCD 显示仿真硬件电路图设计好电路，在单片机上方双击，弹出如图 1.5.24 所示的对话框。在其中的 Program File 栏内导入在 keil c 2.0 或 wave 6000 软件编程环境编译好的后缀为 hex 文件，在 Clock Frequency 文本框内设置好晶振频率为 11.0592MHz，其他项不变。

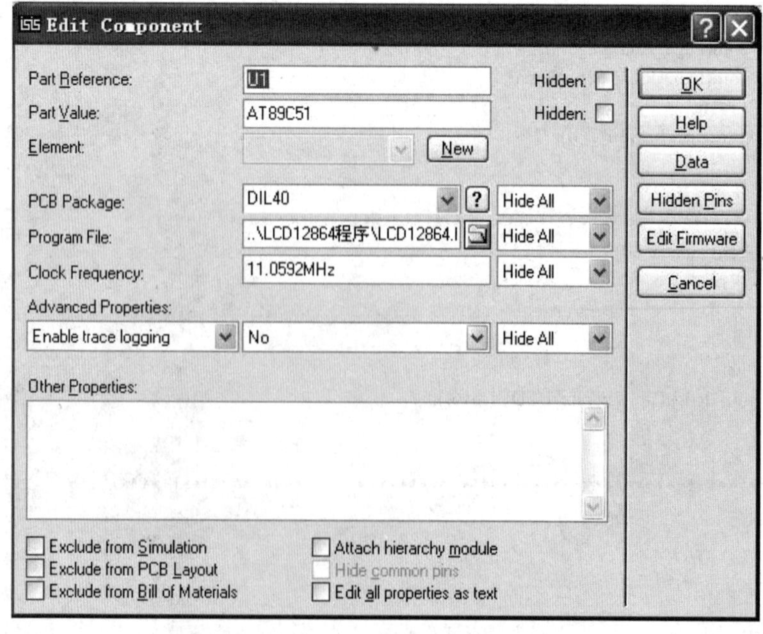

图 1.5.24　单片机仿真环境配置

（2）单击仿真软件的左下角方向向右的箭头，即开始运行仿真，如图 1.5.25 所示。

图 1.5.25　仿真开始

（3）在 Proteus 8.0 Professional 仿真软件中运行，观察结果如图 1.5.26 所示。

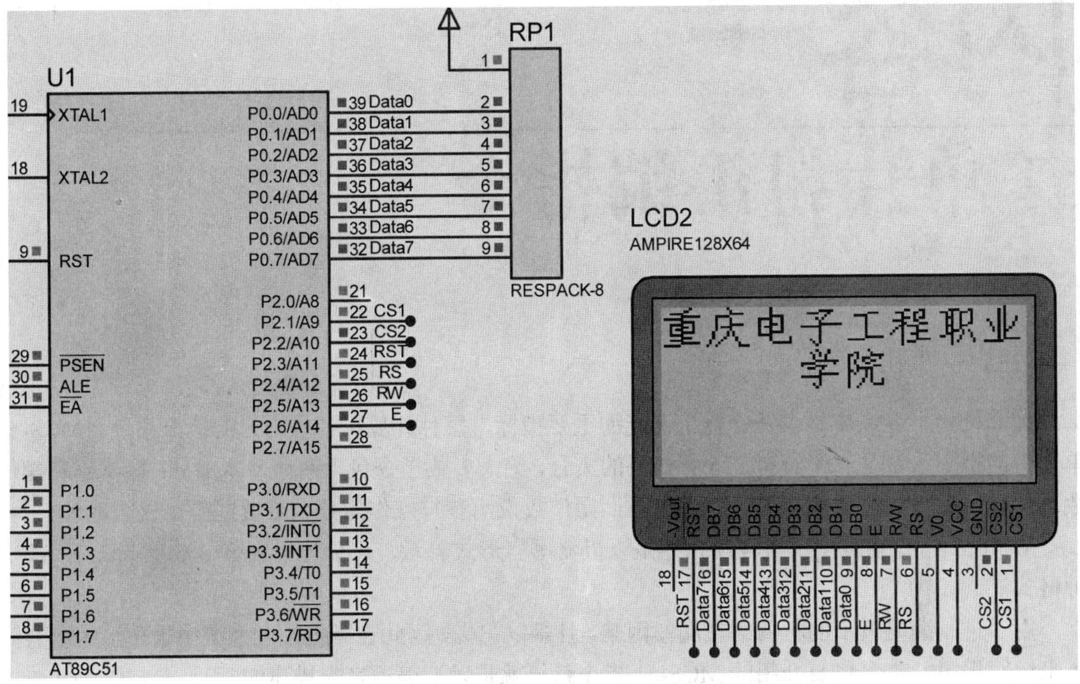

图 1.5.26　LCD12864 液晶仿真实验演示效果图

内容一

51 单片机汇编指令

MCS–51 单片机指令格式

计算机的指令系统是表征计算机性能的重要指标，每种计算机都有自己的指令系统。MCS-51单片机的指令系统是一个具有 255 种代码的集合，绝大多数指令包含两个基本部分：操作码和操作数。操作码表明指令要执行的操作的性质；操作数说明参与操作的数据或数据所存放的地址。

MCS-51 指令系统中所有程序指令是以机器语言形式表示，可分为单字节、双字节、三字节 3 种格式。

用二进制编码表示的机器语言阅读困难，且难以记忆，因此在微机控制系统中采用汇编语言指令来编写程序。本章将要介绍的 MCS-51 指令系统就是以汇编语言来描述的。

一条汇编语言指令中最多包含 4 个区段：

标号:操作码　目的操作数,源操作数;注释

标号与操作码之间用“:”隔开；操作码与操作数之间用“空格”隔开；目的操作数和源操作数之间有“,”分隔；操作数与注释之间用“;”隔开。

标号是由用户定义的符号组成，必须以英文大写字母开始。标号可有可无，若一条指令中有标号，标号代表该指令所存放的第一个字节存储单元的地址，故标号又称为符号地址，在汇编时，把该地址赋值给标号。

操作码是指令的功能部分，不能缺省。MCS-51 指令系统中共有 42 种助记符，代表了 33 种不同的功能。例如 MOV 是数据传送的助记符。

操作数是指令要操作的数据信息。根据指令的不同功能，操作数的个数有 3、2、1 个或没有操作数。例如“MOV　A,#20H”包含了两个操作数 A 和#20H，它们之间用“,”隔开。

注释可有可无，加入注释主要为了便于阅读，程序设计者对指令或程序段作简要的功能说明，在阅读程序或调试程序时将会带来很多方便。

寻址方式

所谓寻址方式，通常是指某一个 CPU 指令系统中规定的寻找操作数所在地址的方式，或者说

通过什么方式找到操作数。寻址方式的方便与快捷是衡量 CPU 性能的一个重要方面，MCS-51 单片机有七种寻址方式。

1. 立即数寻址

立即数寻址方式是操作数包括在指令字节中，指令操作码后面字节的内容就是操作数本身，其数值由程序员在编制程序时指定，以指令字节的形式存放在程序存储器中。该操作数直接参与操作，所以又叫立即数，用“#”号表示。立即数只能作为源操作数，不能当作目的操作数。例如：

```
MOV  A,#52H                ;A←52H
MOV  DPTR,#5678H           ;DPTR←5678H
```

2. 直接寻址

在指令中含有操作数的直接地址，该地址指出了参与操作的数据所在的字节地址或位地址。例如：

```
MOV  A,52H                 ;把片内 RAM 字节地址 52H 单元的内容送累加器 A 中
MOV  50H,60H               ;把片内 RAM 字节地址 60H 单元的内容送到 50H 单元中
INC  60H                   ;将地址 60H 单元中的内容自加 1
```

在 MCS-51 单片机指令系统中，直接寻址方式可以访问 2 种存储空间：

（1）内部数据存储器的低 128 个字节单元（00H～7FH）。

（2）80H～FFH 中的特殊功能寄存器（SFR）。

这里要注意指令 MOV　A,#52H 与 MOV　A,52H 指令的区别，后者表示把片内 RAM 字节地址为 52H 单元的内容传送到累加器（A）。

3. 寄存器寻址

由指令指出某一个寄存器中的内容作为操作数，这种寻址方式称为寄存器寻址。寄存器一般指累加器 A 和工作寄存器 R0～R7。例如：

```
MOV  A,Rn                  ;A←(Rn) 其中 n 为 0～7，Rn 是工作寄存器
MOV  Rn,A                  ;Rn←(A)
MOV  B,A                   ;B←(A)
```

寄存器寻址方式的寻址范围包括：

（1）寄存器寻址的主要对象是通用寄存器，共有 4 组 32 个通用寄存器，但寄存器寻址只能使用当前寄存器组。因此指令中的寄存器名称只能是 R0～R7。在使用本指令前，需通过对 PSW 中 RS1、RS0 位的状态设置，来进行当前寄存器组的选择。

（2）部分专用寄存器。如累加器 A、B 寄存器以及数据指针 DPTR 等。

4. 寄存器间接寻址方式

由指令指出某一个寄存器的内容作为操作数，这种寻址方式称为寄存器间接寻址。这里要注意，在寄存器间接寻址方式中，存放在寄存器中的内容不是操作数，而是操作数所在的存储器单元地址。

寄存器间接寻址只能使用寄存器 R0 或 Rl 作为地址指针，来寻址内部 RAM（00H～FFH）中的数据。寄存器间接寻址也适用于访问外部 RAM，可使用 R0、Rl 或 DPTR 作为地址指针。寄存器间接寻址用符号“@”表示。例如：

```
MOV  R0,#60H               ;R0←60H
MOV  A,@R0                 ;A ← ((R0))
MOV  A,@R1                 ;A ← ((R1))
```

指令功能是把 R0 或 R1 所指出的内部 RAM 地址 60H 单元中的内容送累加器 A。假定（60H）=3BH，则指令的功能是将 3BH 这个数送到累加器 A。例如：

```
MOV   DPTR,#3456H          ;DPTR←3456H
MOVX  A,@DPTR              ;A←((DPTR))
```

该指令是把 DPTR 寄存器所指的那个外部数据存储器（RAM）的内容传送给 A，假设（3456H）=99H，指令运行后（A）=99H。

同样，MOVX @DPTR,A 和 MOV @R1,A 也都是寄存器间接寻址方式。

5. 位寻址

MCS-51 单片机中设有独立的位处理器。位操作指令能对内部 RAM 中的位寻址区（20H～2FH）和某些有位地址的特殊功能寄存器进行位操作。也就是说可对位地址空间的每个位进行位状态传送、状态控制、逻辑运算操作。例如：

```
SETB  TR0                  ;TR0←1
CLR   00H                  ;（00H）←0
MOV   C,57H                ;将 57H 位地址的内容传送到位累加器 C 中
ANL   C,5FH                ;将 5FH 位状态与进位位 C 相与，结果在 C 中
```

指令系统

1. 指令分类

MCS-51 指令系统有 42 种助记符，代表了 33 种功能，指令助记符与各种可能的寻址方式相结合，共构成 111 条指令。在这些指令中，单字节指令有 49 条，双字节指令有 45 条，三字节指令有 17 条；从指令执行的时间来看，单周期指令有 64 条，双周期指令有 45 条，只有乘法、除法两条指令的执行时间是 4 个机器周期。

按指令的功能，MCS-51 指令系统可分为以下 5 类：

- 数据传送类指令（29 条）。
- 算术运算类指令（24 条）。
- 逻辑运算及移位类指令（24 条）。
- 位操作类指令（17 条）。
- 控制转移类指令（17 条）。

在分类介绍指令前，先简单介绍描述指令的一些符号的意义。

Rn：当前选定的寄存器区中的 8 个工作寄存器 R0～R7，即 n=0～7。

Ri：当前选定的寄存器区中的 2 个寄存器 R0、R1，i=0、1。

Direct：8 位内部 RAM 单元的地址，它可以是一个内部数据区 RAM 单元（00H～7FH）或特殊功能寄存器地址（I/O 端口、控制寄存器、状态寄存器 80H～0FFH）。

#data：指令中的 8 位常数。

#data16：指令中的 16 位常数。

addr16：16 位的目的地址，用于 LJMP、LCALL 指令，可指向 64KB 程序存储器的地址空间。

addr11：11 位的目的地址，用于 AJMP、ACALL 指令。目的地址必须与下一条指令的第一个字节在同一个 2KB 程序存储器地址空间之内。

Rel：8 位带符号的偏移量字节，用于 SJMP 和所有条件转移指令中。偏移量相对于下一条指令的第一个字节计算，在-128～+127 范围内取值。

bit：内部数据 RAM 或特殊功能寄存器中的可直接寻址位。

DPTR：数据指针，可用作 16 位的地址寄存器。

A：累加器。

B：寄存器，用于 MUL 和 DIV 指令中。

C：进位标志或进位位。

@：间接寄存器或基址寄存器的前缀，如@Ri，@DPTR。

/：位操作的前缀，表示对该位取反。

(X)：X 中的内容。

((X))：由 X 寻址的单元中的内容。

←—箭头左边的内容被箭头右边的内容所替代。

2. 数据传送类指令

数据传送类指令一般的操作是把源操作数传送到指令所指定的目标地址。指令执行后，源操作数保持不变，目的操作数为原操作数所替代。

数据传送类指令用到的助记符有：MOV，MOVX，MOVC，XCH，XCHD，PUSH，POP，SWAP。

数据一般传送指令的助记符用 MOV 表示。

格式： MOV [目的操作数],[源操作数]

功能：目的操作数←源操作数中的数据

源操作数可以是：A、Rn、direct、@Ri、#data。

目的操作数可以是：A、Rn、direct、@Ri。

数据传送指令一般不影响标志，只有一种堆栈操作可以直接修改程序状态字 PSW，这样可能使某些标志位发生变化。

（1）以累加器为目的操作数的内部数据传送指令。

```
MOV    A,Rn             ;A←(Rn)
MOV    A,direct         ;A←(direct)
MOV    A,@Ri            ;A←((Ri))
MOV    A,#data          ;A←data
```

这组指令的功能是：把源操作数的内容送入累加器 A。例如：MOV A,#10H，该指令执行时，将立即数 10H（在 ROM 中紧跟在操作码后）送入累加器 A 中。

（2）数据传送到工作寄存器 Rn 的指令。

```
MOV    Rn,A             ;Rn←(A)
MOV    Rn,direct        ;Rn←(direct)
MOV    Rn,#data         ;Rn←data
```

这组指令的功能是：把源操作数的内容送入当前工作寄存器区的 R0～R7 中的某一个寄存器。指令中 Rn 在内部数据存储器中的地址由当前的工作寄存器区选择位 RS1、RS0 确定，可以是 00H～07H、08H～0FH、10H～17H、18H～1FH。例如：MOV R0，A，若当前 RS1、RS0 设置为 00（即工作寄存器 0 区），执行该指令时，将累加器 A 中的数据传送至工作寄存器 R0（内部 RAM 00H）单元中。

（3）数据传送到内部 RAM 单元或特殊功能寄存器 SFR 的指令。

```
MOV    direct,A         ;direct←(A)
MOV    direct,Rn        ;direct←(Rn)
MOV    direct1,direct2  ;direct1←(direct2)
MOV    direct,@Ri       ;direct←((Ri))
MOV    direct,#data     ;direct←#data
MOV    @Ri,A            ;(Ri)←(A)
MOV    @Ri,direct       ;(Ri)←(direct)
```

```
MOV     @Ri,#data          ;(Ri)←data
MOV     DPTR,#data16       ;DPTR←data16
```

这组指令的功能是：把源操作数的内容送入内部 RAM 单元或特殊功能寄存器。其中第三条指令和最后一条指令都是三字节指令。第三条指令的功能很强，能实现内部 RAM 之间、特殊功能寄存器之间或特殊功能寄存器与内部 RAM 之间的直接数据传送。最后一条指令是将 16 位的立即数送入数据指针寄存器 DPTR 中。

片内数据 RAM 及寄存器的数据传送指令 MOV、PUSH 和 POP 共 18 条。

（4）累加器 A 与外部数据存储器之间的传送指令。

```
MOVX    A,@DPTR            ;A←(DPTR)
MOVX    A,@Ri              ;A←((Ri))
MOVX    @DPTR,A            ;(DPTR)←A
MOVX    @Ri,A              ;(Ri)←A
```

这组指令的功能是：在累加器 A 与外部数据存储器 RAM 单元或 I/O 口之间进行数据传送。

片外数据存储器数据传送指令 MOVX 共 4 条。

（5）程序存储器内容送累加器。

```
MOVC A,@A+PC
MOVC A,@A+DPTR
```

这是两条很有用的查表指令，可用来查找存放在外部程序存储器中的常数表格。第一条指令是以 PC 作为基址寄存器，A 的内容作为无符号数和 PC 的内容（下一条指令的起始地址）相加后得到一个 16 位的地址，并将该地址指出的程序存储器单元的内容送到累加器 A。这条指令的优点是不改变特殊功能寄存器 PC 的状态，只要根据 A 的内容就可以取出表格中的常数。缺点是表格只能放在该条指令后面的 256 个单元之中，表格的大小受到了限制，而且表格只能被一段程序所利用。

第二条指令是以 DPTR 作为基址寄存器，累加器 A 的内容作为无符号数与 DPTR 内容相加，得到一个 16 位的地址，并把该地址指出的程序存储器单元的内容送到累加器 A。这条指令的执行结果只与指针 DPTR 及累加器 A 的内容有关，与该指令存放的地址无关，因此，表格的大小和位置可以在 64KB 程序存储器中任意安排，并且一个表格可以为各个程序块所公用。

程序存储器查表指令 MOVC 共两条。

（6）堆栈操作指令。

```
PUSH    direct
POP     direct
```

在 MCS-51 单片机的内部 RAM 中，可以设定一个先进后出、后进先出的区域，称其为堆栈。在特殊功能寄存器中有一个堆栈指针 SP，它指出栈顶的位置。进栈指令的功能是：首先将堆栈指针 SP 的内容加 1，然后将直接地址所指出的内容送入 SP 所指出的内部 RAM 单元；出栈指令的功能是：将 SP 所指出的内部 RAM 单元的内容送入由直接地址所指出的字节单元，接着将 SP 的内容减 1。

例如，进入中断服务程序时，把程序状态寄存器 PSW、累加器 A、数据指针 DPTR 进栈保护。设当前 SP 为 60H，则程序段如下：

```
PUSH    PSW
PUSH    A
PUSH    DPL
PUSH    DPH
```

上述指令执行后，SP 内容修改为 64H，而 61H、62H、63H、64H 单元中依次存入 PSW、A、DPL、DPH 的内容，中断服务程序结束之前，如下程序段（SP 保持 64H 不变）

```
POP     DPH
```

```
POP     DPL
POP     A
POP     PSW
```

指令执行之后，SP 内容修改为 60H，而 64H、63H、62H、61H 单元的内容依次弹出到 DPH、DPL、A、PSW 中。

MCS-51 提供一个向上的堆栈，因此 SP 设置初值时，要充分考虑堆栈的深度，要留出适当的单元空间，满足堆栈的使用。

（7）字节交换指令。

数据交换主要是在内部 RAM 单元与累加器 A 之间进行，有整字节和半字节两种交换。

1）整字节交换指令。

```
XCH     A,Rn              ;(A)⇆(Rn)
XCH     A,direct          ;(A)⇆(direct)
XCH     A,@Ri             ;(A)⇆((Ri))
```

2）半字节交换指令。

字节单元与累加器 A 进行低 4 位的半字节数据交换。只有一条指令：XCHD　A,@Ri。

例如，(R0)=30H，(A)=65H，(30H)=7EH。

执行指令：

```
XCH A,@R0             ;(R0)=30H,(A)=7EH,(30H)=65H
XCHD A,@R0            ;(R0)=30H,(A)=6EH,(30H)=75H
```

3）累加器高低半字节交换指令。

只有一条指令：SWAP　A。

例如，将数字 1、2 分别送到 30H、31H 单元中。

```
ORG 0000H
MOV 30H,#1
MOV 31H,#2
END
```

程序执行后，30H 中的存放的是不是 1，31H 中存放的是不是 2，可以通过 keil c 中的 Debug 来观察结果。调试步骤如下：

①源程序首先加入项目，如图 2.1.1 所示。

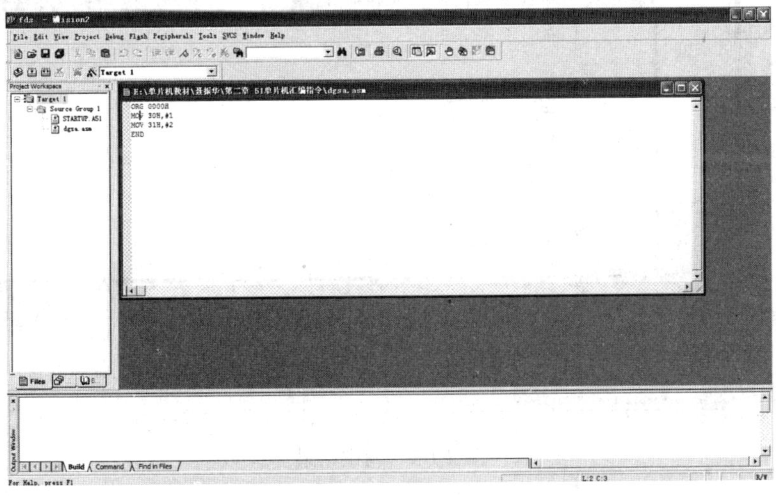

图 2.1.1　加载源程序

②编辑、编译源程序，如果源程序没有语法错误，进入步骤3)。

③选择Debug下拉菜单第一项，窗口如图2.1.2所示。

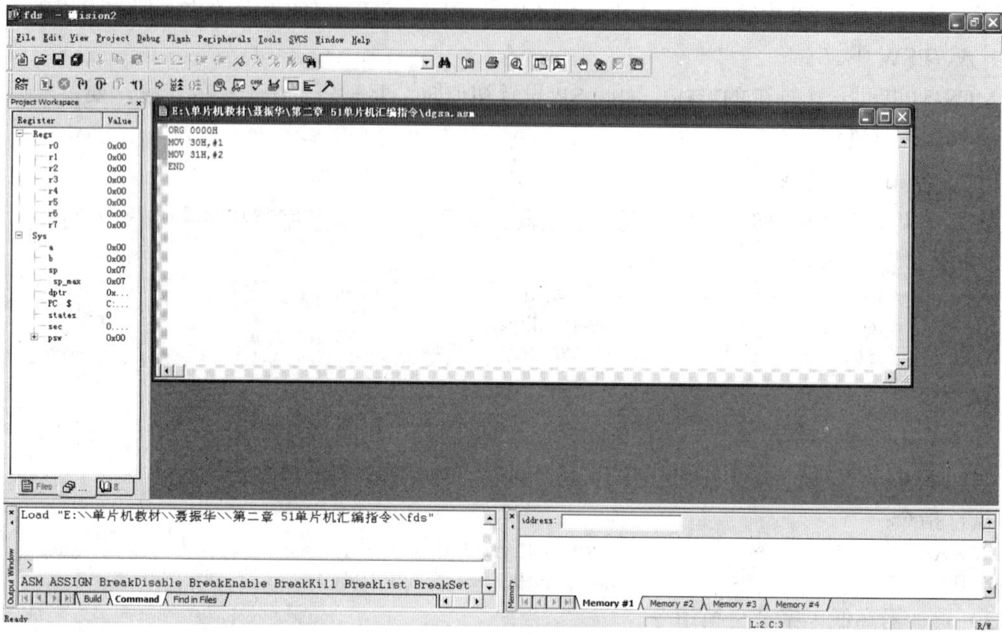

图2.1.2 编译、调试程序

④在Address地址框中输入i:0x0030，单击“单步调试”按钮（）。

⑤多次单击“单步调试”按钮后，出现如图2.1.3所示的调试结果。

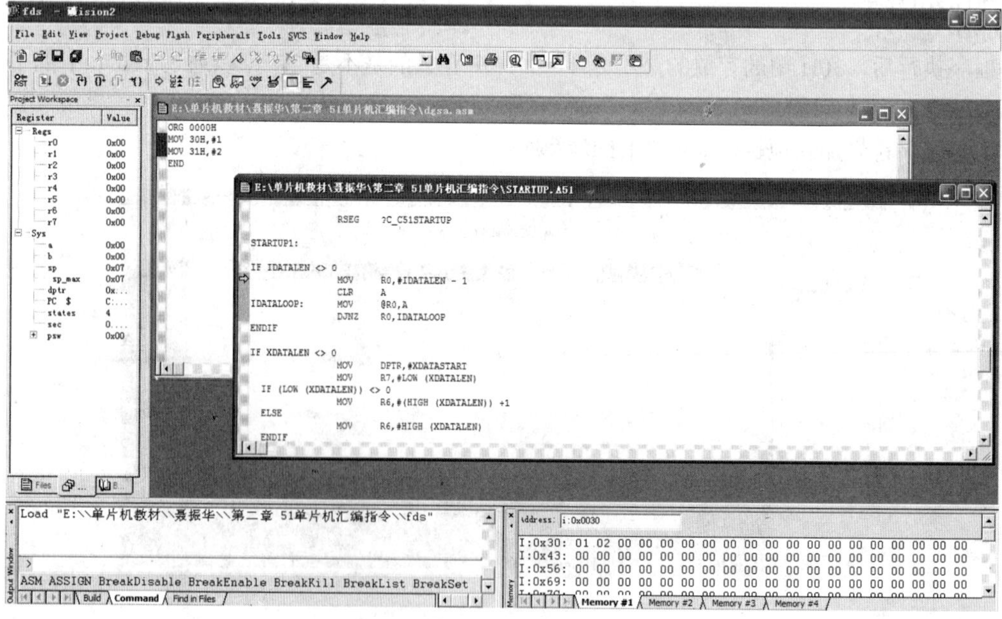

图2.1.3 调试结果

在Address区域可以看到，0x0030中的内容为1，0x0031中的内容为2。

例如：将数字 1、2 分别送到 0100H、0101H 单元中。

```
ORG 0000H
MOV DPTR,#0100H
MOV A,#1
MOVX @DPTR,A
MOV DPTR,#0101H
MOV A,#2
MOVX @DPTR,A
END
```

如果此程序要通过 Debug 进行调试，查看结果，在 Address 地址框中输入 x:0x0100。

例如：利用查表指令计算 2 的平方。

```
ORG 0000H
MOV DPTR,#TAB
MOV A,#2
MOVC A,@A+DPTR
TAB:DB 0,1,4,9,16,25,36,49,64,81
END
```

3. 算术运算类指令

算术运算类指令共有 24 条，包括加、减、乘、除 4 种基本算术运算指令，这 4 种指令能对 8 位的无符号数进行直接运算，借助溢出标志，可对带符号数进行补码运算；借助进位标志，可实现多精度的加、减运算，同时还可对压缩的 BCD 码进行运算，其运算功能较强。算术指令用到的助记符共有 8 种：ADD、ADDC、INC、SUBB、DEC、DA、MUL、DIV。

算术运算指令执行结果将影响进位标志（Cy）、辅助进位标志（Ac）、溢出标志位（Ov）。但是加 1 和减 1 指令不影响这些标志。

（1）加法指令。

加法指令分为普通加法指令、带进位加法指令和加 1 指令。

1）普通加法指令。

```
ADD     A,Rn          ;A←(A)+(Rn)
ADD     A,direct      ;A←(A)+(direct)
ADD     A,@Ri         ;A←(A)+((Ri))
ADD     A,#data       ;A←(A)+ data
```

这组指令的功能是将累加器 A 的内容与第二操作数相加，其结果放在累加器 A 中。相加过程中如果位 7（D7）有进位，则进位标志位 Cy 置 1，否则清零；如果位 3（D3）有进位，则辅助进位标志位 Ac 置 1，否则清零。

例如，(A)=85H，R0=20H，(20H)=0AFH，执行指令：

```
ADD  A,@R0
```

$$\begin{array}{r} 10000101 \\ +\ \ 10101111 \\ \hline 100110100 \end{array}$$

结果：(A)=34H；Cy=1；Ac=1。

2）带进位加法指令。

```
ADDC    A,Rn          ;A←(A)+(Rn)+(Cy)
ADDC    A,direct      ;A←(A)+(direct)+(Cy)
ADDC    A,@Ri         ;A←(A)+((Ri))+(Cy)
ADDC    A,#data       ;A←(A)+ data+(Cy)
```

这组指令的功能与普通加法指令类似，唯一的不同之处是，在执行加法时，还要将上一次进位标志位 Cy 的内容也一起加进去，对于标志位的影响也与普通加法指令相同。

例如，(A)=85H，(20H)=0FFH，Cy=1，执行指令：

```
ADDC    A,20H
```

```
         10000101
         11111111
+               1
-----------------
       1 10000101
```

结果：(A)=85H；Cy=1；Ac=1。

3）增量指令。

```
INC     A                          ;A←(A)+1
INC     Rn                         ;Rn←(Rn)+1
INC     direct                     ;direct←(direct)+1
INC     @Ri                        ;(Ri)←((Ri))+1
INC     DPTR                       ;DPTR←(DPTR)+1
```

这组指令的功能是：将指令中指出的操作数的内容加 1。若原来的内容为 0FFH，则加 1 后将产生溢出，使操作数的内容变成 00H，但不影响任何标志位。最后一条指令是对 16 位的数据指针寄存器 DPTR 执行加 1 操作，指令执行时，先对低 8 位指针 DPL 的内容加 1，当产生溢出时就对高 8 位指针 DPH 加 1，但不影响任何标志位。

例如，(A)=12H，(R3)=0FH，(35H)=4AH，执行如下指令：

```
INC  A                             ;执行后(A)=13H
INC  R3                            ;执行后(R3)=10H
INC  35H                           ;执行后(35H)=4BH
```

4）十进制调整指令。

```
DA  A
```

这条指令对累加器 A 参与的 BCD 码加法运算所获得的 8 位结果进行十进制调整，使累加器 A 中的内容调整为二位压缩型 BCD 码的数。使用时必须注意，它只能跟在加法指令之后，不能对减法指令的结果进行调整，且其结果不影响溢出标志位。

执行该指令时，判断 A 中的低 4 位是否大于 9，若大于则低 4 位做加 6 操作；同样，A 中的高 4 位大于 9 则高 4 位加 6 操作。

例如，有两个 BCD 数 36 与 45 相加，结果应为 BCD 码 81，程序如下：

```
MOV  A,#36H
ADD  A,#45H
DA   A
```

这段程序中，第一条指令将立即数 36H（BCD 码 36H）送入累加器 A；第二条指令进行如下加法：

```
     0011  0110        36
+    0100  0101        45
---------------      ----
     0111  1011        7B
+    0000  0110        06
---------------      ----
     1000  0001        81
```

得结果 7BH；第三条指令对累加器 A 进行十进制调整，低 4 位（为 0BH）大于 9，因此要加 6，最后得到调整的 BCD 码 81。

（2）减法指令。

1）带进位减法指令。

```
SUBB    A,Rn        ;A←(A) - (Rn) - (Cy)
SUBB    A,direct    ;A←(A) - (direct) - (Cy)
SUBB    A,@Ri       ;A←(A) - (Ri) - (Cy)
SUBB    A,#data     ;A←(A) - data - (Cy)
```

这组指令的功能是：将累加器 A 的内容与第二操作数及进位标志相减，结果送回到累加器 A 中。在执行减法过程中，如果位 7（D7）有借位，则进位标志 Cy 置 1，否则清零；如果位 3（D3）有借位，则辅助进位标志 Ac 置 1，否则清零。若要进行不带借位的减法操作，则必须先将 Cy 清零。

例如，设(A)=0C9H，(R1)=54H，Cy=1。执行指令：

```
SUBB  A,R1
```

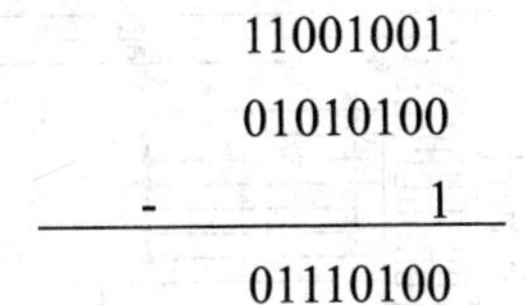

结果：(A)=74H，Cy=0，Ac=0，Ov=1，P=0。

2）减 1 指令。

```
DEC     A              ;A←(A)-1
DEC     Rn             ;Rn←(Rn)-1
DEC     direct         ;direct←(direct)-1
DEC     @Ri            ;(Ri)←((Ri))-1
```

这组指令的功能是：将指出的操作数内容减 1。如果原来的操作数为 00H，则减 1 后将产生溢出，使操作数变成 0FFH，但不影响任何标志。

例如，设(A)=0FH；执行指令：

```
DEC  A;A←(A) - 1
```

结果：(A)=0EH。

（3）乘法指令。

乘法指令完成单字节的乘法，只有一条指令：

```
MUL  AB
```

这条指令的功能是：将累加器 A 的内容与寄存器 B 的内容相乘，乘积的低 8 位存放在累加器 A 中，高 8 位存放于寄存器 B 中，如果乘积超过 0FFH，则溢出标志 Ov 置 1，否则清零，进位标志 Cy 总是被清零。

例如，(A)=50H，(B)=0A0H，执行指令：

```
MUL  AB
```

结果：(B)=32H，(A)=00H（即乘积为 3200H），Cy=0，Ov=1。

（4）除法指令。

除法指令完成单字节的除法，只有一条指令：

```
DIV  AB
```

这条指令的功能是：将累加器 A 中的内容除以寄存器 B 中的 8 位无符号整数，所得商的整数部分放在累加器 A 中，余数部分放在寄存器 B 中，进位标志 Cy 和溢出标志 Ov 清零。若原来 B 中的内容为 0，则执行该指令后 A 与 B 中的内容不定，并将溢出标志置 1，在任何情况下，进位标志 Cy 总是被清零。

例如，A=11H，B=04，执行指令：

```
DIV  AB
```

结果：A=4，B=1，Cy=0，Ov=0。

例如：如图 2.1.4 所示，P1 口和 P2 口作为输入，P0 口和 P3 口作为输出，用来进行加、减、乘、除法的验证。

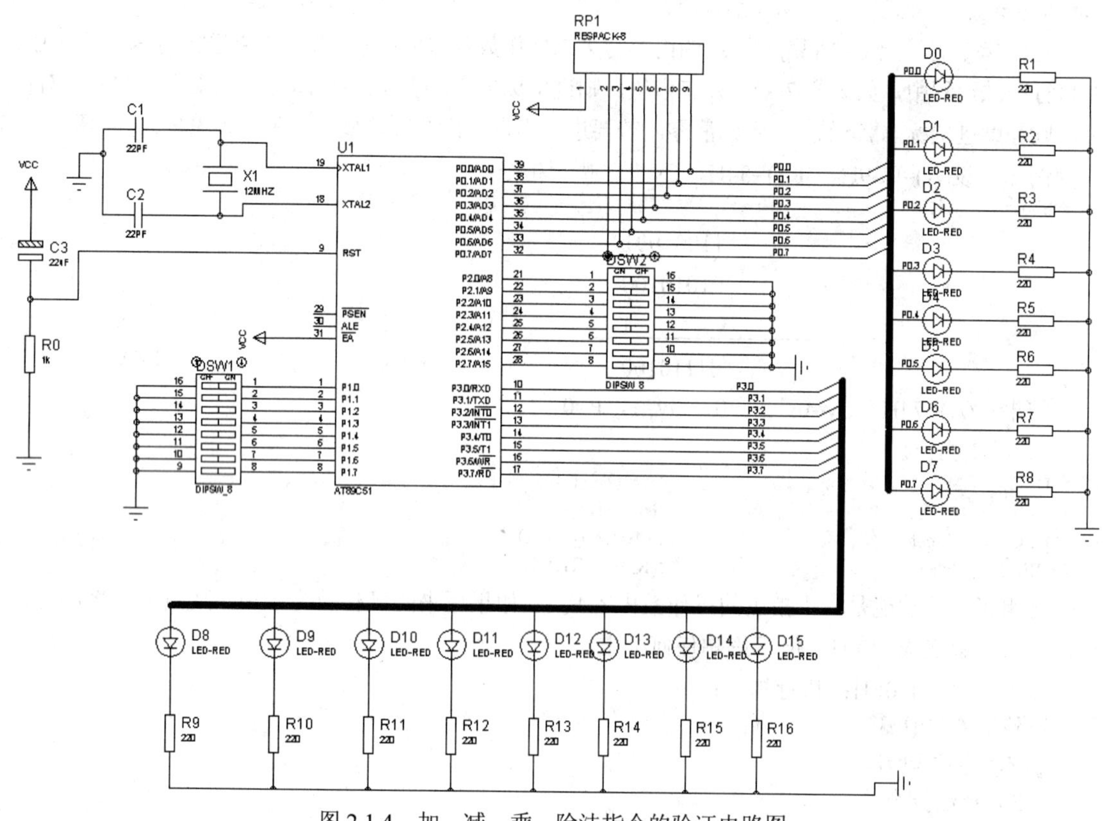

图 2.1.4　加、减、乘、除法指令的验证电路图

加法程序：

```
ORG 0000H
MOV P1,#0FFH
MOV P2,#0FFH
MOV A,P1
MOV R0,P2
ADD A,R0
MOV P3,A
END
```

减法程序：

```
ORG 0000H
MOV P1,#0FFH
MOV P2,#0FFH
CLR C
MOV A,P1
MOV R0,P2
SUBB A,R0
MOV P3,A
END
```

乘法指令：

```
ORG 0000H
MOV P1,#0FFH
MOV P2,#0FFH
MOV A,P1
MOV B,P2
MUL   AB
MOV P0,B
MOV P3,A
END
```

除法指令：

```
ORG 0000H
MOV P1,#0FFH
MOV P2,#0FFH
MOV A,P1
MOV B,P2
DIV AB
MOV P0,B
MOV P3,A
END
```

在 Proteus 中按图 2.1.4 所示连接电路图，在 keil c 中编译上面的加、减、乘、除程序，将生成的加法 hex 文件加入到单片机运行，观察 P3 口发光二极管的状态。观察之前，自己先做加法运算，算出结果，比较自己算出的结果和 P3 口的状态是否一致。

接下来用同样的方法，在 P1 口和 P2 口设置一个状态，验证减法、乘法和除法。

（5）逻辑运算指令。

逻辑运算指令共有 24 条，分为简单逻辑操作指令、逻辑与指令、逻辑或指令和逻辑异或指令。逻辑运算指令用到的助记符有 CLR、CPL、ANL、ORL、XRL、RL、RLC、RR、RRC。

1）简单逻辑操作指令。

```
CLR     A          ;对累加器 A 清零
CPL     A          ;对累加器 A 按位取反
RL      A          ;累加器 A 的内容向左循环移 1 位
RLC     A          ;累加器 A 的内容带进位标志向左循环移 1 位
RR      A          ;累加器 A 的内容向右循环移 1 位
RRC     A          ;累加器 A 的内容带进位标志向右循环移 1 位
```

这组指令的功能是：对累加器 A 的内容进行简单的逻辑操作，除了带进位的移位指令外，其他都不影响 Cy、Ac、Ov 等标志。图 2.1.5 为简单逻辑操作指令示意图，可以帮助我们进一步理解循环移位指令。

例如，(A)=01H，执行指令：

```
CLR  A
```

结果：(A)=00H。

例如，(A)=01H，执行指令：

```
CPL  A
```

结果：(A)=FEH。

例如，(A)=01H，执行指令：

```
RL  A
```

结果：(A)=02H。

例如，(A)=01H，执行指令：

```
RR   A
```

结果：(A)=80H。

A7←A6←A5←A4←A3←A2←A1←A0

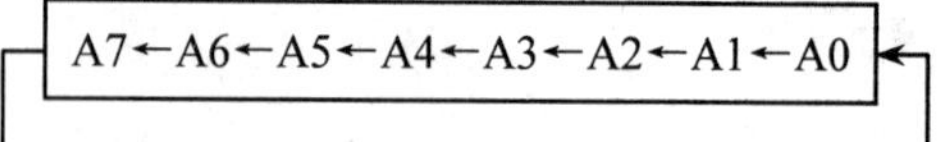

（a）循环左移指令（RL　A）示意图

A7→A6→A5→A4→A3→A2→A1→A0

（b）循环右移指令（RR　A）示意图

CY
A7←A6←A5←A4←A3←A2←A1←A0

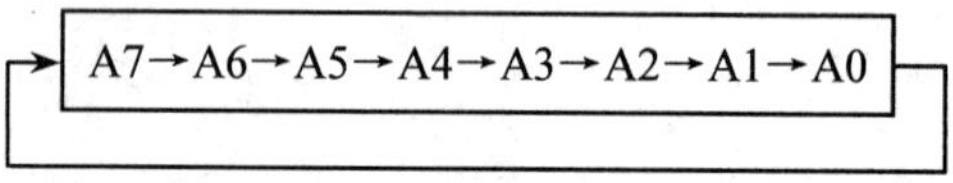

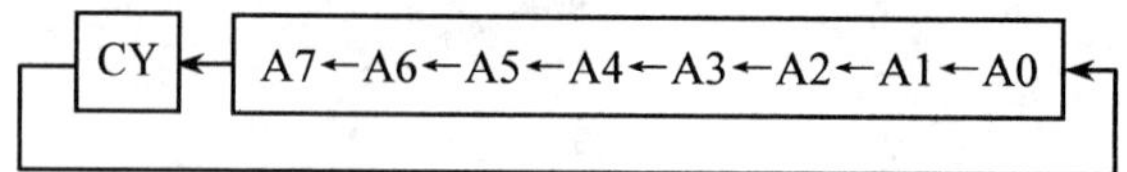

（c）带进位的循环左移指令（RLC　A）示意图

CY
A7→A6→A5→A4→A3→A2→A1→A0

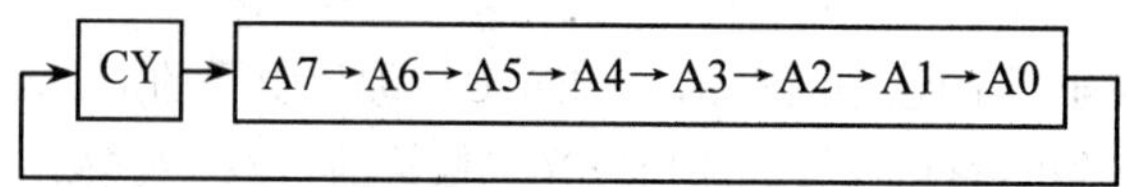

（d）带进位的循环右移指令（RRC　A）示意图

图 2.1.5　简单逻辑操作指令示意图

2）逻辑与指令。

```
ANL      A,Rn                ;A←(A)∧(Rn)
ANL      A,direct            ;A←(A)∧(direct)
ANL      A,@Ri               ;A←(A)∧((Ri))
ANL      A,#data             ;A←(A)∧ data
ANL      direct,A            ;direct←(direct)∧(A)
ANL      direct,#data        ;direct←(direct)∧ data
```

这组指令的功能是：将两个操作数的内容按位进行逻辑与操作，并将结果送回目的操作数的单元中。

例如，(A)=37H,(R0)=0A9H，执行指令：

```
ANL   A,R0
```

结果：(A)=21H。

3）逻辑或指令。

```
ORL      A,Rn                ;A←(A)∨(Rn)
ORL      A,direct            ;A←(A)∨(direct)
ORL      A,@Ri               ;A←(A)∨((Ri))
ORL      A,#data             ;A←(A)∨ data
ORL      direct,A            ;direct ←(direct)∨(A)
ORL      direct,#data        ;direct ←(direct)∨ data
```

这组指令的功能是：将两个操作数的内容按位进行逻辑或操作，并将结果送回目的操作数的单元中。

例如，(A)=37H,(P1)=09H，执行指令：

```
ORL   P1,A
```

结果：(P1)=3FH。

4）逻辑异或指令。

```
XRL    A,Rn              ;A←(A)⊕(Rn)
XRL    A,direct          ;A←(A)⊕(direct)
XRL    A,@Ri             ;A←(A)⊕((Ri))
XRL    A,#data           ;A←(A)⊕ data
XRL    direct,A          ;direct ←(direct)⊕(A)
XRL    direct,#data      ;direct ←(direct)⊕data
```

这组指令的功能是：将两个操作数的内容按位进行逻辑异或操作，并将结果送回目的操作数的单元中。

例如：如图 2.1.6 所示，P2 口和 P1 口采用拨码开关作为输入，这两个输入的操作数进行逻辑与、或、异或、同或运算，运算的结果通过 P3 口显示。

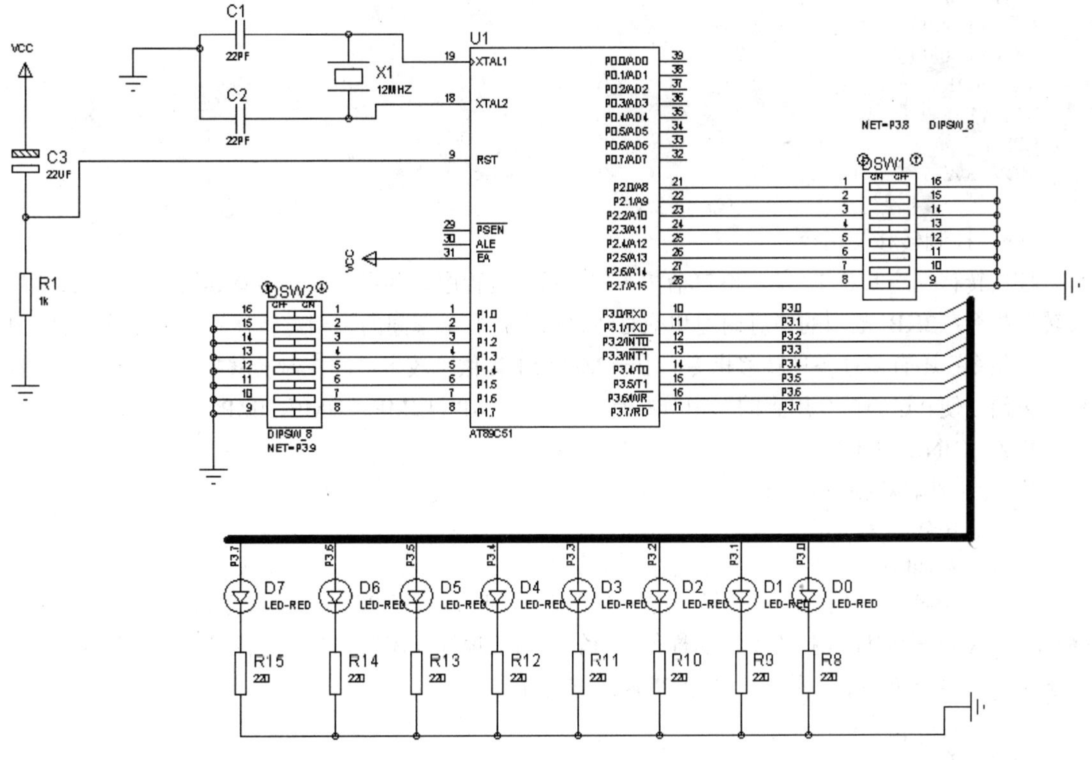

图 2.1.6　逻辑与、或、异或、同或指令的验证电路图

与运算：

```
ORG 0000H
MOV P1,#0FFH
MOV P2,#0FFH
MOV A,P1
ANL A,P2
MOV P3,A
END
```

或运算：

```
ORG 0000H
MOV P1,#0FFH
MOV P2,#0FFH
```

```
MOV A,P1
ORL A,P2
MOV P3,A
END
```

异或运算：

```
ORG 0000H
MOV P1,#0FFH
MOV P2,#0FFH
MOV A,P1
XRL A,P2
MOV P3,A
END
```

同或运算：

```
ORG 0000H
MOV P1,#0FFH
MOV P2,#0FFH
MOV A,P1
XRL A,P2
CPL A
MOV P3,A
END
```

（6）控制转移类指令。

控制转移指令共有 17 条，不包括按布尔变量控制程序转移指令。其中有 64K 范围的长调用、长转移指令；2KB 范围的绝对调用和绝对转移指令；有全空间的长相对转移和一页范围内的短相对转移指令；还有多种条件转移指令。由于 MCS-51 提供了较丰富的控制转移指令，因此在编程上相当灵活方便。这类指令用到的助记符共有 10 种：AJMP、LJMP、SJMP、JMP、ACALL、LCALL、JZ、JNZ、CJNE、DJNZ。

1）无条件转移指令。

①绝对转移指令。

```
AJMP      addr11
```

这是 2KB 范围内的无条件跳转指令，执行该指令时，先将 PC+2，然后将 addr11 送入 PC10～PC0，而 PC15～PC11 保持不变。这样得到跳转的目的地址。需要注意的是，目标地址与 AJMP 后一条指令的第一个字节必须在同一个 2KB 区域的存储器区域内。

②相对转移指令。

```
SJMP   rel
```

执行指令时，先将 PC+2，再把指令中带符号的偏移量加到 PC 上，得到跳转的目的地址送入 PC。

源地址是 SJMP 指令操作码所在的地址。相对偏移量 rel 是一个用补码表示的 8 位带符号数，转移范围为当前 PC 值的-128～+127 共 256 个单元。

③长跳转指令。

```
LJMP      addr16            ;PC ←addr16
```

执行该指令时，将 16 位目标地址 addr16 装入 PC，程序无条件转向指定的目标地址。转移指令的目标地址可在 64KB 程序存储器地址空间的任何地方，不影响任何标志。

例如，执行指令“LJMP　8100H”，结果是程序转移到 8100H，不管这条长跳转指令存放在什么地方。

④间接转移指令（散转指令）。

```
JMP     @A+DPTR        ;PC←(A)+(DPTR)
```

这条指令的功能是把累加器 A 中的 8 位无符号数与数据指针 DPTR 的 16 位数相加（模 2^{16}），相加之和作为下一条指令的地址送入 PC 中，不改变 A 和 DPTR 的内容，也不影响标志。间接转移指令采用变址方式实现无条件转移，其特点是转移地址可以在程序运行中加以改变。例如，当把 DPTR 作为基地址且确定时，根据 A 的不同值就可以实现多分支转移，故一条指令可完成多条条件判断转移指令功能。这种功能称为散转功能，所以间接指令又称为散转指令。

例如：如果累加器 A 中存放待处理命令编号（0～7），程序存储器中存放着标号为 PMTAB 的转移表。则执行下面的程序，将根据 A 内命令编号转向相应的命令处理程序。

```
PM:
      MOV   DPTR,#TAB                  ;转移表首地址→DPTR
      JMP   @A+DPTR
TAB:
      LJMP  PM0                        ;转向命令 0 处理入口
      LJMP  PM1                        ;转向命令 1 处理入口
      LJMP  PM2                        ;转向命令 2 处理入口
      LJMP  PM3                        ;转向命令 3 处理入口
      LJMP  PM4                        ;转向命令 4 处理入口
      LJMP  PM5                        ;转向命令 5 处理入口
      LJMP  PM6                        ;转向命令 6 处理入口
      LJMP  PM7                        ;转向命令 7 处理入口
```

2）条件转移指令。

```
JZ       rel                           ;(A)=0 转移
JNZ      rel                           ;(A)≠0 转移
```

这类指令是依据累加器 A 的内容是否为 0 的条件转移指令。条件满足时转移（相当于一条相对转移指令），条件不满足时则顺序执行下面一条指令。转移的目标地址在以下一条指令的起始地址为中心的 256 个字节范围之内（-128～+127）。

例如：

```
LABEL1:
    ...
MOV A, #0
JZ   LABEL1
    ...
```

3）比较转移指令。

在 MCS-51 中没有专门的比较指令，但提供了下面 4 条比较不相等转移指令：

```
CJNE     A,direct,rel                  ;(A)≠(direct)转移
CJNE     A,#data,rel                   ;(A)≠ data 转移
CJNE     Rn,#data,rel                  ;(Rn)≠ data 转移
CJNE     @Ri,#data,rel                 ;((Ri))≠ data 转移
```

这组指令的功能是：比较前面两个操作数的大小，如果它们的值不相等则转移，如果它们的值相等则顺序执行。转移地址的计算方法与上述两条指令相同。如果第一个操作数（无符号整数）小于第二个操作数，则进位标志 Cy 置 1，否则清 0，但不影响任何操作数的内容。

例如：

```
LABEL2:
    ...
MOV A, #03H
```

```
CJNE A,#05H,LABEL2
    ...
```

4）减 1 不为 0 转移指令。

```
DJNZ   Rn,rel              ;Rn←(Rn) -1≠0 转移
DJNZ   direct,rel          ;direct ←(direct) -1≠0 转移
```

这两条指令把源操作数减 1，结果回送到源操作数中去，如果结果不为 0 则转移。

例如：

```
MOV R0,#08H
LOOP:
    ...
DJNZ R0,LOOP
    ...
```

5）调用及返回指令。

在程序设计中，通常把具有一定功能的公用程序段编成子程序，当程序需要使用子程序时用调用指令，而在子程序的最后安排一条子程序返回指令，以便执行完子程序后能返回主程序继续执行。

①绝对调用指令。

```
ACALL   addr11
```

这是一条 2KB 范围内的子程序调用指令。

②长调用指令。

```
LCALL      addr16
```

这条指令无条件调用位于 16 位地址 addr16 的子程序。执行该指令时，先将 PC+3 以获得下条指令的首地址，并把它压入堆栈（先低字节后高字节），SP 内容加 2，然后将 16 位地址放入 PC 中，转去执行以该地址为入口的程序。LCALL 指令可以调用 64KB 范围内任何地方的子程序。指令执行后不影响任何标志。

③子程序返回指令。

```
RET
```

子程序返回指令是把栈顶相邻两个单元的内容弹出送到 PC，SP 的内容减 2，程序返回 PC 值所指的指令处执行。RET 指令通常安排在子程序的末尾，使程序能从子程序返回到主程序。

例如：

```
SUB1:
    ...
    RET
LCALL SUB1
    ...
```

④中断返回指令。

```
RETI
```

这是指令的功能与 RET 指令相类似。通常安排在中断服务程序的最后。

⑤空操作指令。

```
NOP        ;PC ←PC+1
```

空操作也是 CPU 控制指令，它没有使程序转移的功能。只消耗一个机器周期的时间。常用于程序的等待或时间的延迟。

例如：

```
DELAY:
   NOP
```

```
    NOP
    ...
RET
```

例如：假设在单片机 P1.0 引脚接一发光二极管，编程实现发光二极管一亮一灭这样无休止地循环下去，电路图如图 2.1.7 所示。

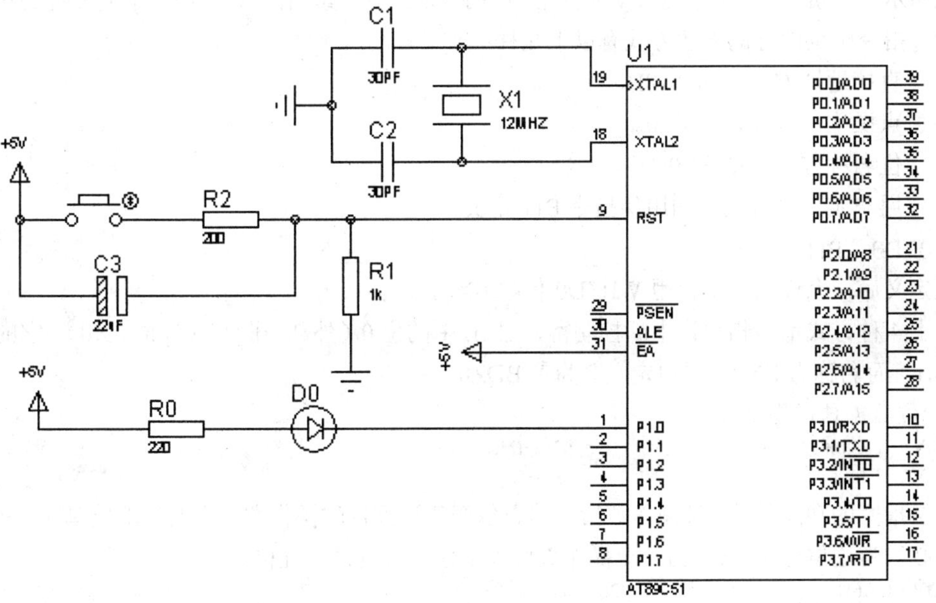

图 2.1.7　发光二极管循环亮灭电路图

程序如下：

```
ORG 0000H
MAIN:
CLR P1.0
LCALL DELAY
SETB P1.0
LCALL DELAY
LJMP MAIN
DELAY:
MOV R6,#10
D1:MOV R5,#100
D2:MOV R4,#250
D3:
    NOP
    NOP
    DJNZ R4,D3
    DJNZ R5,D2
    DJNZ R6,D1
RET
END
```

（7）位操作指令。

MCS-51 单片机内部有一个性能优异的位处理器，实际上是一个一位的位处理器，它有自己的位变量操作运算器、位累加器（借用进位标志 Cy）和存储器（位寻址区中的各位）等。MCS-51 指令系统加强了对位变量的处理能力，具有丰富的位操作指令。位操作指令的操作对象是内部 RAM

的位寻址区，即字节地址为 20H～2FH 单元中连续的 128 位（位地址为 00H～7FH），以及特殊功能寄存器中可以进行位寻址的各位。位操作指令包括布尔变量的传送、逻辑运算、控制转移等指令，它共有 17 条指令，所用到的助记符有 MOV、CLR、CPL、SETB、ANL、ORL、JC、JNC、JB、JNB、JBC 共 11 种。

在布尔处理机中，进位标志 Cy 的作用相当于 CPU 中的累加器 A，通过 Cy 完成位的传送和逻辑运算。指令中位地址的表达方式有以下几种：

- 直接地址方式，如 0A8H。
- 点操作符方式，如 IE.0。
- 位名称方式，如 EX0。
- 用户定义名方式，如用伪指令 BIT 定义：

WBZD0　BIT　EX0

经定义后，允许指令中使用 WBZD0 代替 EX0。

以上 4 种方式都是指允许中断控制寄存器 IE 中的位 0（外部中断 0 允许位 EX0），它的位地址是 0A8H，而名称为 EX0，用户定义名为 WBDZ0。

1）位数据传送指令。

```
MOV    C,bit                 ;Cy←(bit)
MOV    bit,C                 ;bit←(Cy)
```

这组指令的功能是：把源操作数指出的布尔变量送到目的操作数指定的位地址单元，其中一个操作数必须为进位标志 Cy，另一个操作数可以是任何可直接寻址位。例：

```
MOV  C,06H                 ;(20H).6 - Cy
MOV  P1.0,C                ;Cy→P1.0
```

2）位变量修改指令。

```
CLR   C                      ;Cy ←0
CLR   bit                    ;bit ←0
CPL   C                      ;Cy ←(Cy)
CPL   bit                    ;bit ←(bit)
SETB  C                      ;Cy ←1
SETB  bit                    ;bit ←1
```

这组指令对操作数所指出的位进行清 0、取反、置 1 的操作，不影响其他标志。例：

```
CLR    C             ;0→Cy
CLR    27H           ;0→(24H).7
CPL    08H           ;(21H).0→(21H).0
SETB   P1.7          ;1→P1.7
```

3）位变量逻辑与指令。

```
ANL  C,bit                   ;Cy ←(Cy)∧(bit)
ANL  C,/bit                  ;Cy ←(Cy)∧(/bit)
```

4）位变量逻辑或指令。

```
ORL  C,bit                   ;Cy ←(Cy)∨(bit)
ORL  C,/bit                  ;Cy ←(Cy)∨(/bit)
```

5）位变量条件转移指令。

```
JC     rel              ;若(Cy)=1，则转移     PC←(PC)+2+rel
JNC    rel              ;若(Cy)=0，则转移     PC←(PC)+2+rel
JB     bit,rel          ;若(bit)=1，则转移    PC←(PC)+3+rel
JNB    bit,rel          ;若(bit)=0，则转移    PC←(PC)+3+rel
JBC    bit,rel          ;若(bit)=1，则转移    PC←(PC)+3+rel，并 bit←0
```

这组指令的功能是：当某一特定条件满足时，执行转移操作指令（相当于一条相对转移指令）；条件不满足时，顺序执行下面的一条指令。前面 4 条指令在执行中不改变条件位的布尔值，最后一条指令，在转移时将 bit 清零。

例如：如图 2.1.8 所示，当按下接在 P2.0 引脚上的按键时，D0 发光二极管亮；当按下接在 P2.1 引脚上的按键时，D1 发光二极管亮。

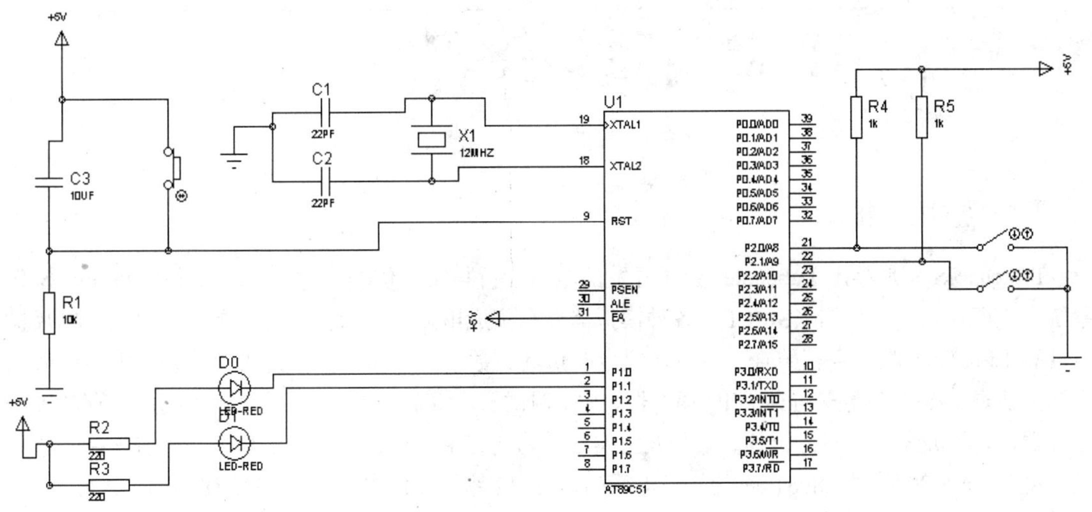

图 2.1.8　位操作指令控制发光二极管亮灭电路图

源程序如下：

```
ORG 0000H
LJMP MAIN
ORG 0030H
MAIN:
MOV P1,#0FFH
JB P2.0,LOOP1
CLR P1.0
LOOP1:
JB P2.0,LOOP2
CLR P1.1
LOOP2:
LCALL DELAY
LJMP MAIN
DELAY:
MOV R5,#255
LOOP3:
MOV R6,#255
DJNZ R6,$
DJNZ R5,LOOP3
RET
END
```

以上介绍了 MCS-51 指令系统，理解和掌握本章内容是应用 MCS-51 单片机的一个重要前提。

内容二

单片机开发工具介绍

Proteus 使用简介

Proteus ISIS 是英国 Labcenter 公司开发的电路分析与实物仿真软件。它运行于 Windows 操作系统上，可以仿真、分析（SPICE）各种模拟器件和集成电路，该软件的特点是：①实现了单片机仿真和 SPICE 电路仿真相结合。具有模拟电路仿真、数字电路仿真、单片机及其外围电路组成的系统的仿真、RS232 动态仿真、IIC 调试器、SPI 调试器、键盘和 LCD 系统仿真的功能；有各种虚拟仪器，如示波器、逻辑分析仪、信号发生器等。②支持主流单片机系统的仿真。目前支持的单片机类型有：68000 系列、8051 系列、AVR 系列、PIC12 系列、PIC16 系列、PIC18 系列、Z80 系列、HC11 系列以及各种外围芯片。③提供软件调试功能。在硬件仿真系统中具有全速、单步、设置断点等调试功能，同时可以观察各个变量、寄存器等的当前状态，因此在该软件仿真系统中，也必须具有这些功能；同时支持第三方的软件编译和调试环境，如 Keil C51 μVision2 等软件。④具有强大的原理图绘制功能。总之，该软件是一款集单片机和 SPICE 分析于一身的仿真软件，功能极其强大。这里主要介绍 Proteus ISIS 软件的工作环境和一些基本操作。

双击桌面上的 ISIS 7 Professional 图标或者单击屏幕左下方的“开始”→“程序”→Proteus 7 Professional→ISIS 7 Professional，打开 Proteus 工作界面，如图 2.2.1 所示。

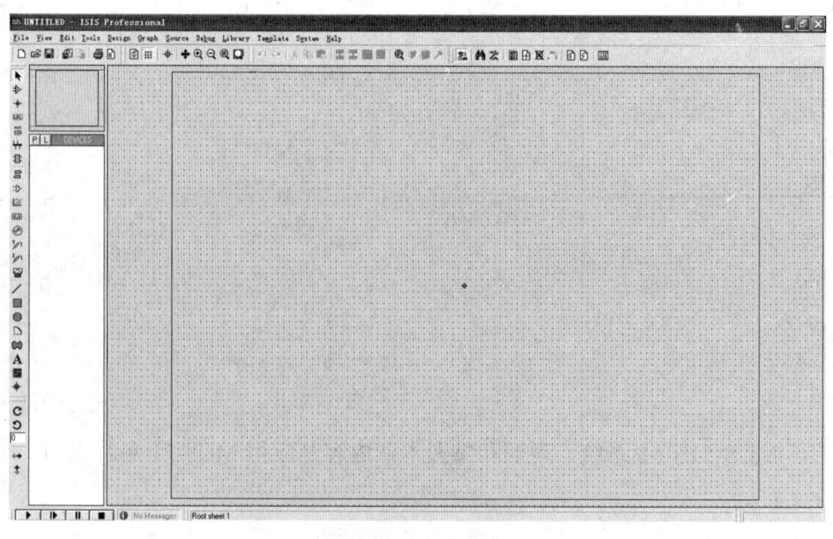

图 2.2.1　工作界面

下面以绘制图 2.2.2 所示电路图为例，介绍如何使用 Proteus 搭建系统的硬件电路图。

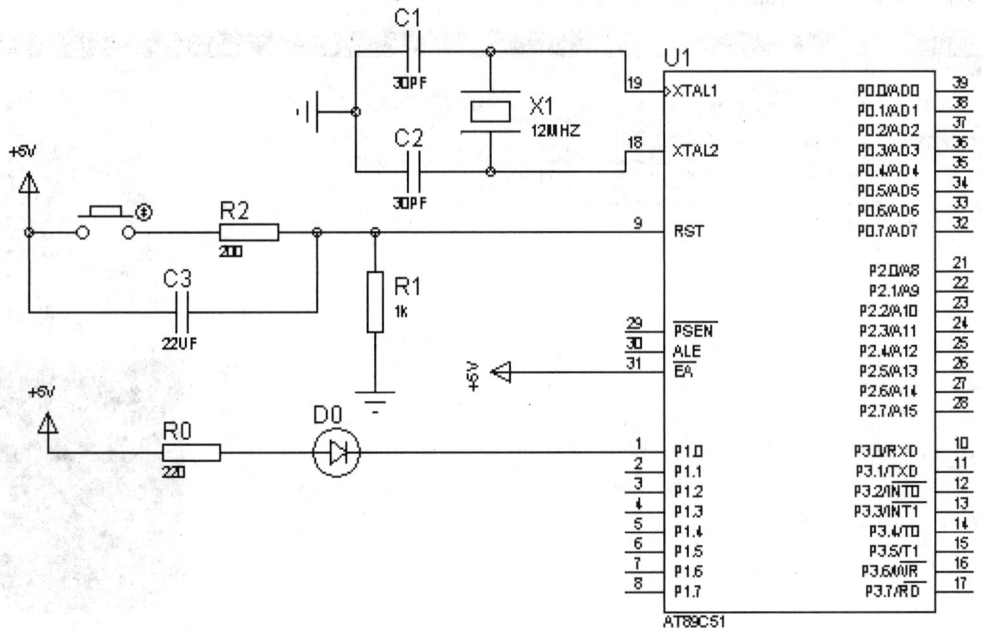

图 2.2.2 示例原理图

1. 添加元器件

单击工具箱的元器件按钮 使其选中，再单击 ISIS 对象选择器左边中间的置 P 按钮，弹出 Pick Devices 对话框，如图 2.2.3 所示。

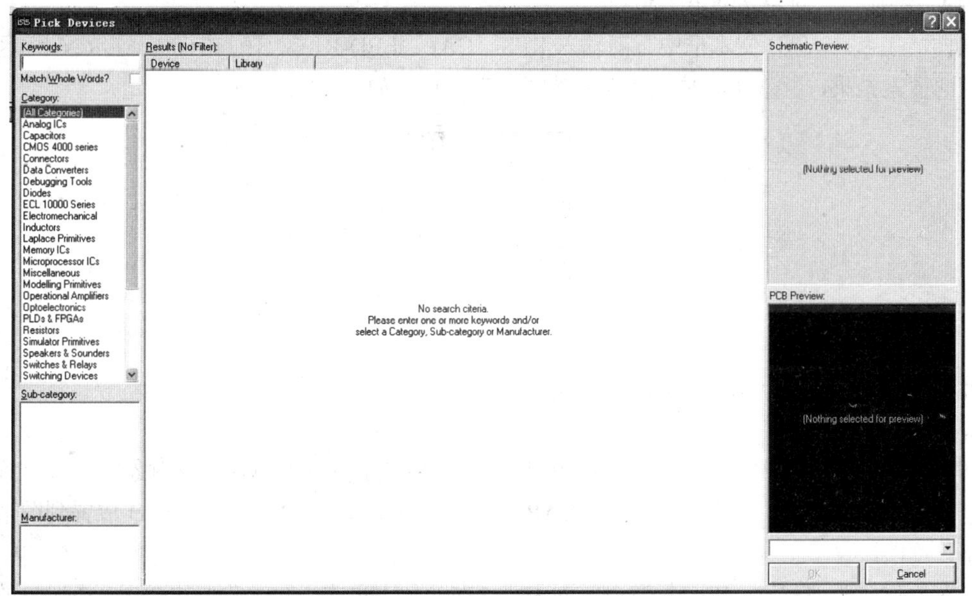

图 2.2.3 Pick Devices 对话框

在这个对话框里我们可以选择元器件和一些虚拟仪器。以添加单片机 AT89C51 为例来说明怎样把元器件添加到编辑窗口。在 Keywords 文本框中输入 AT89C51，系统在对象库中进行搜索查找，并将搜索结果显示在 Results 区域，如图 2.2.4 所示。

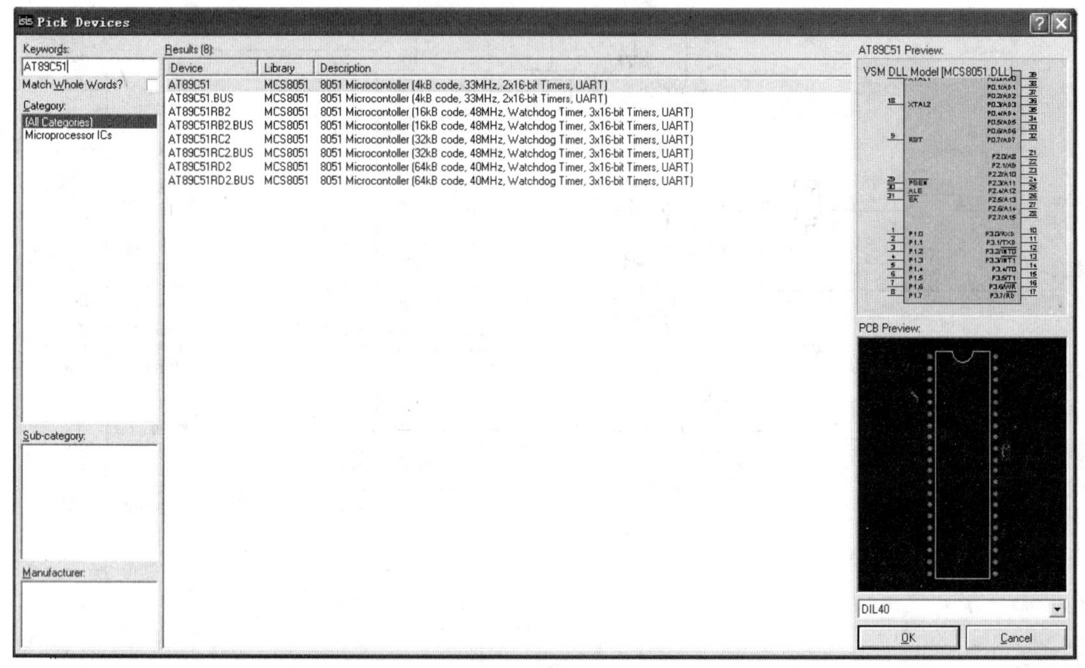

图 2.2.4　添加 AT89C51

在 Results 区域中的列表项中，双击 AT89C51，则可将 AT89C51 添加至“对象选择器”窗口。

接着在 Keywords 文本框中重新输入 CRYSTAL，在 Results 区域双击 CRYSTAL，则可将 CRYSTAL 添加至“对象选择器”窗口。

同样，在 Keywords 文本框中重新输入 RES、CAP、LED-RED、BUTTON，在 Results 区域获得相应的搜索结果，并双击添加至“对象选择器”窗口，如图 2.2.5 所示。

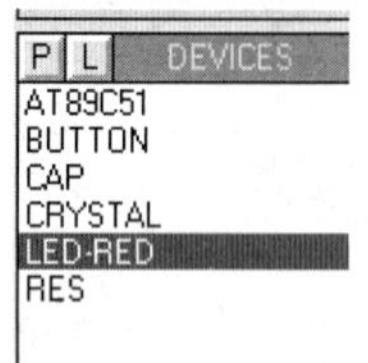

图 2.2.5　添加元器件

元件添加完成之后，关闭 Pick Devices 对话框。

2. 放置元器件

在“对象选择器”窗口中，选中 AT89C51，将鼠标置于图形编辑窗口该对象的欲放位置，单击，该对象被完成放置。同理，将 RES、CAP、CRYSTAL、BUTTON、LED-RED 放置到图形编辑窗口中。

若对象位置需要移动，将鼠标移到该对象上，在元件上单击，此时我们注意到，该对象的颜色已变至红色，表明该对象已被选中，按住左键拖动鼠标，将对象移至新位置后松开鼠标，完成移动操作。

若软件需要旋转，鼠标移到元件上，右击，弹出如图 2.2.6 所示快捷菜单，鼠标单击 Rotate Clockwise、Rotate Anti-Clockwise、Rotate 180 degrees 选项，可以调整元件的朝向。

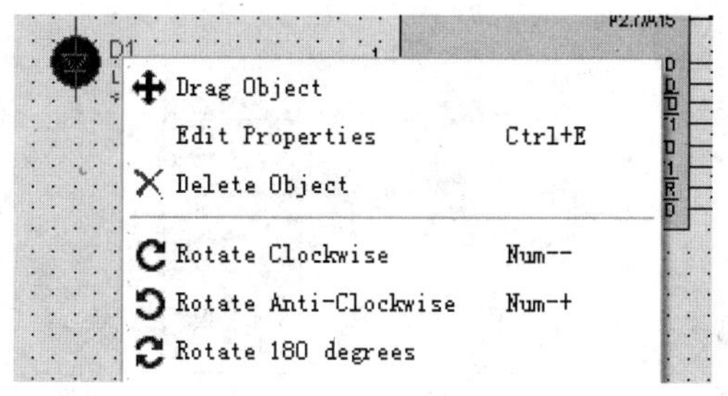

图 2.2.6 快捷菜单

元件放置完成后如图 2.2.7 所示。

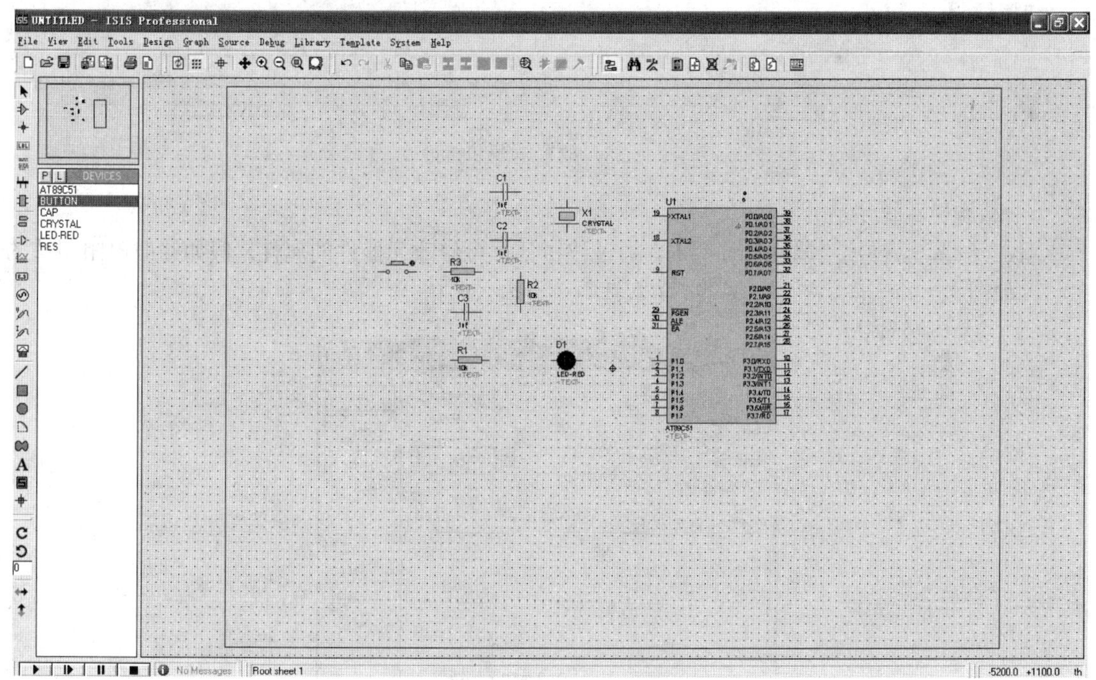

图 2.2.7 元件放置完成

3. 放置电源、接地至图形编辑窗口

单击绘图工具栏中的按钮，分别选择 POWER、GROUND。将鼠标置于图形编辑窗口，单击，放置电源和接地，完成后如图 2.2.8 所示。

4. 电路布线

Proteus 的智能化可以在你想要画线的时候进行自动检测。下面，我们将单片机 XTAL1 的引脚连接到电容 C1 右端。当鼠标的指针靠近 XTAL1 引脚的连接点时，会出现一个“×”号或者号，表明找到了 XTAL1 引脚的连接点，此时单击，移动鼠标（不用拖动鼠标），靠近电容 C1 右端的连接点时，鼠标的指针就会出现一个“×”号，表明找到了电容 C1 右端的连接点，同时屏幕上出现了连接，单击确认此连接。

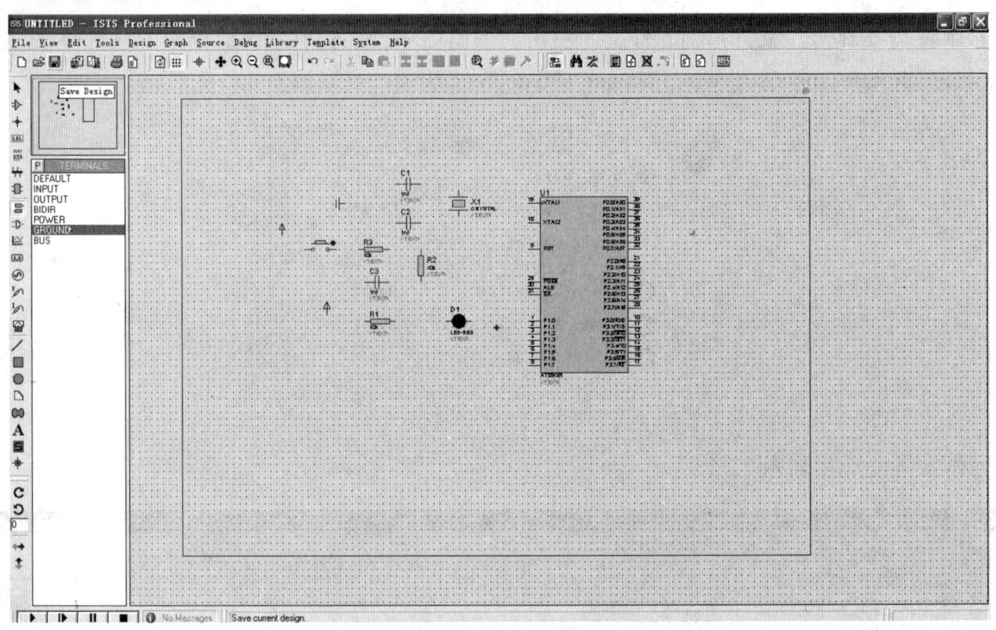

图 2.2.8　放置电源和接地

5. 元器件属性修改

双击元件，会弹出“属性”对话框，通过该对话框可修改元器件的属性。假如修改电阻阻值的大小，如图 2.2.9 所示，在 Resistance 文本框中可以输入阻值。

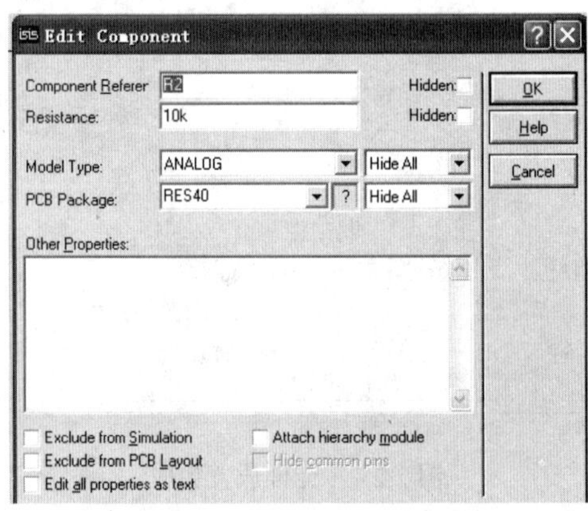

图 2.2.9　修改电阻 R2 的阻值大小

完成上面 5 个步骤，绘制的电路图如图 2.2.10 所示。

6. Proteus 其他操作

（1）删除对象。

用鼠标指向选中的对象并右击，在弹出的快捷菜单中选择 Delete Object 选项可以删除该对象，同时删除该对象的所有连线。

（2）拖动对象。

单击一次元件，元件会变成红色，然后鼠标左键移到元件上，按住鼠标左键不放，就可以将元件移到相应的位置。

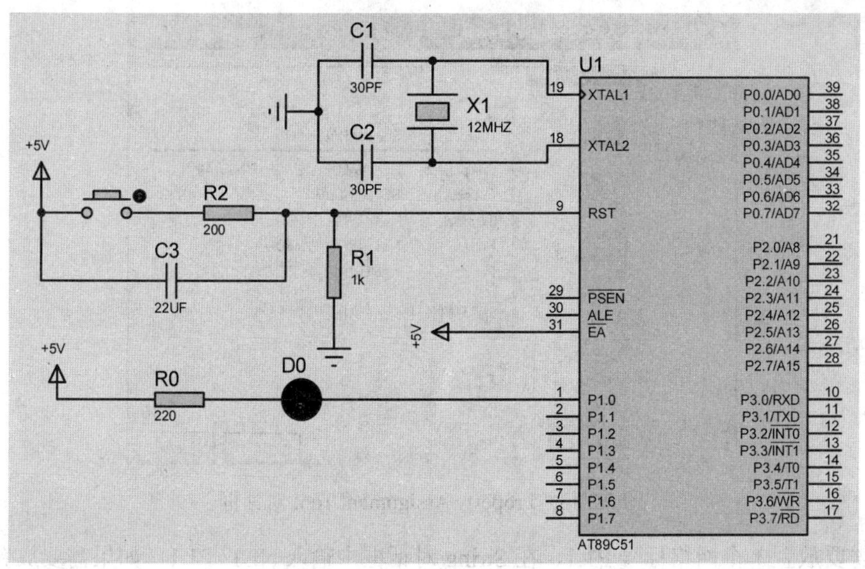

图 2.2.10　绘制完成的电路图

（3）在两个对象间连线。

1）单击第一个对象连接点。

2）如果你想让 ISIS 自动定出走线路径，只需单击另一个连接点。另一方面，如果你想自己决定走线路径，只需在想要拐点处单击。

（4）编辑区域的缩放。

Proteus 的缩放操作多种多样，极大地方便了我们的设计。常见的几种方式有：“完全显示”按钮（或者按 F8 键）、“放大”按钮（或者按 F6 键）和“缩小”按钮（或者按 F7 键）。

（5）画总线。

为了简化原理图，我们可以用一条导线代表数条并行的导线，这就是所谓的总线。单击工具箱的总线按钮，即可在编辑窗口画总线，单击确定总线的起点，在终点处双击即可完成总线的绘制。

（6）导线和总线的连接。

导线和总线的连接如图 2.2.11 所示。

将导线连接到总线上时，在快接近总线时单击，然后按着 Ctrl 键不放，就可以画出如图 2.2.11 所示的任意角度斜线。

（7）放置网络标号。

单击 LBL 按钮，如图 2.2.12 所示，再按 A 键，会弹出如图 2.2.13 所示对话框。

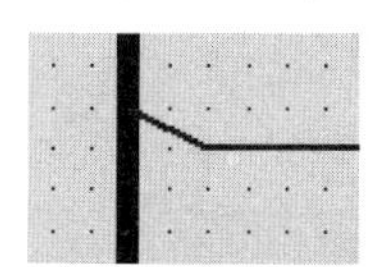

图 2.2.11　导线和总线的连接

图 2.2.12　工具栏按钮

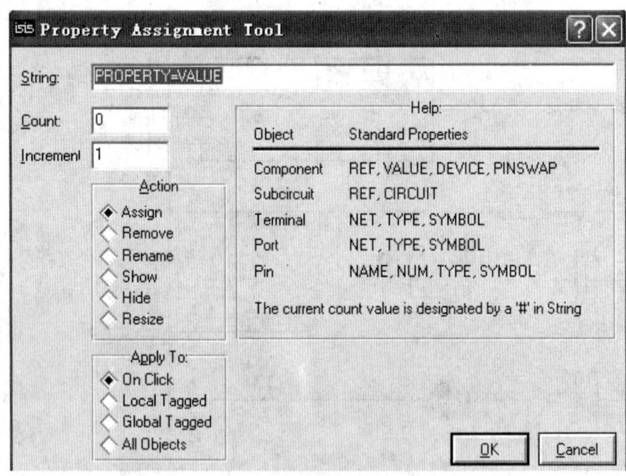

图 2.2.13　Property Assignment Tool 对话框

假如需要放置单个网络标号 P1.1，在 String 对话框中输入 NET=P1.1；如果需要放置多个连续的网络标号 P1.0～P1.7，在 String 对话框中输入 NET=P1.#；需要注意的是，在放置网络标号时，需要等到下边有个绿色的小方框出现时再单击放置，或者出现一个小叉时，单击，在弹出的对话框中输入相应的标号即可。

（8）单片机加载 HEX 文件。

双击单片机图标，弹出 Edit Component 对话框，如图 2.2.14 所示，在这个对话框中单击 Program File 文本框右侧的按钮，打开选择程序代码窗口，选中相应的 HEX 文件后返回，这时，按钮左侧的文本框中就载入了相应的 HEX 文件，单击对话框中的 OK 按钮，回到文档，程序文件就添加完毕了，装载好程序，即可开始仿真。

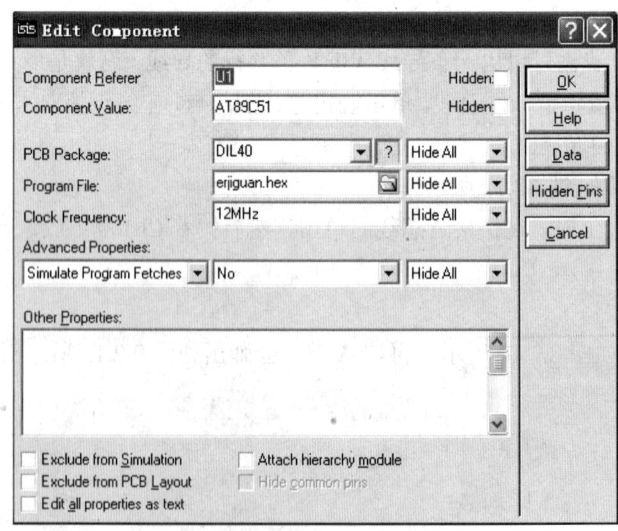

图 2.2.14　Edit Component 对话框

在 Clock Frequency 文本框中可以设置晶振的频率。

（9）单片机电路仿真。

单片机加载了 HEX 文件之后，通过操作控制按钮进行仿真。这组按钮在 proteus

的左下角，从左到右依次是“运行”、“步进”、“暂停”、“停止”按钮。单击“运行”按钮，仿真运行；单击停止按钮，仿真停止。

Keil 开发工具简介

Keil μVision2 是 Keil Software 公司用于 8051 系列及其衍生的单片机的软件开发工具，可以支持汇编和 C 语言。μVision2 集成开发环境集成了项目管理器、功能完善的编辑器、仿真器、各种选项设置工具以及在线帮助。Keil μVision2 是 51 系列单芯片最佳的软件开发工具，Keil μVision2 试用版可以编译 2KB 以内的代码。

1. μVision2 软件的启动与设置

μVision2 包括一个项目管理器，它可以使你的 8051 应用系统设计变得简单。要创建一个应用，需要按下列步骤进行操作：

- 启动 μVision2，新建一个项目文件并从器件库中选择一个器件。
- 新建一个源文件并把它加入到项目中。
- 增加并配置你选择的器件的启动代码。
- 针对目标硬件设置工具选项。
- 编译项目并生成可以编程的 HEX 文件。

2. Keil μVision2 具体使用方法

1）启动 μVision2，新建一个项目文件。

双击 μVision2 图标打开 μVision2，弹出的 μVision2 窗口如图 2.15 所示，从 Project 下拉菜单中选择 New Project，在弹出的对话框（如图 2.2.15 所示）中选择合适的路径、输入项目名称，然后保存。

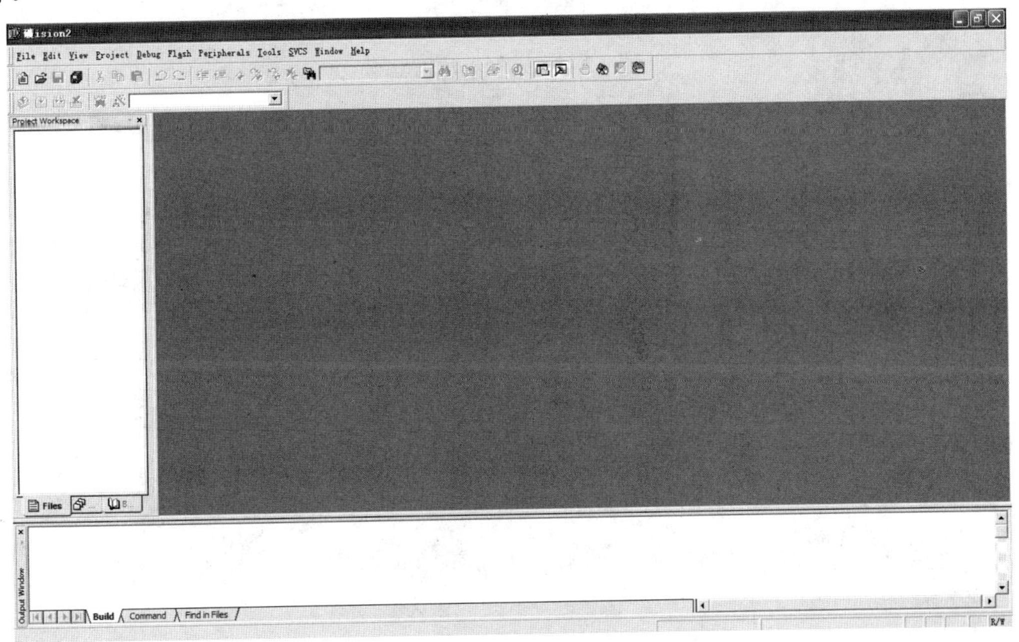

图 2.2.15 μVision2 窗口

注意：文件名命名格式为×××.uv2，后缀名要命名为 uv2。

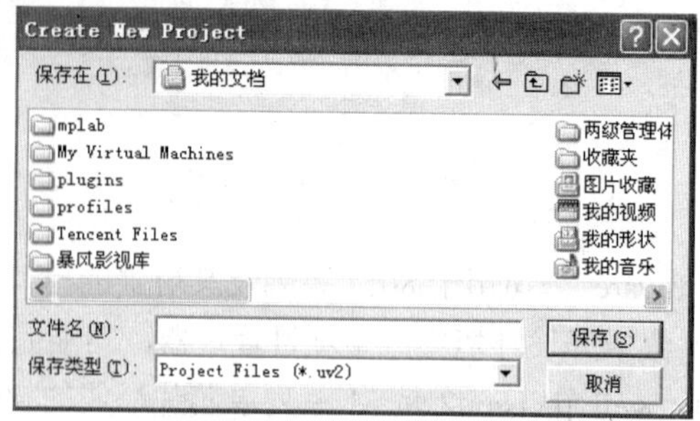

图 2.2.16 “新建工程”对话框

（2）选择单片机型号。

保存后出现一个新的对话框（如图 2.17 所示），要求选择单片机的型号，选择后单击“确定”按钮。完成后界面如图 2.2.18 所示。μVision2 几乎支持所有 51 核的单片机。

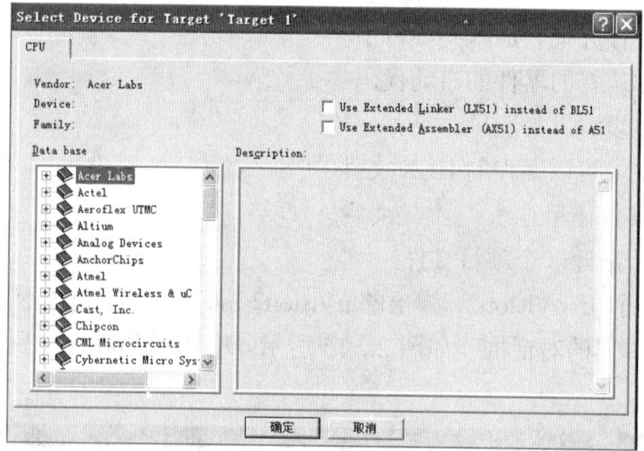

图 2.2.17 选择单片机型号

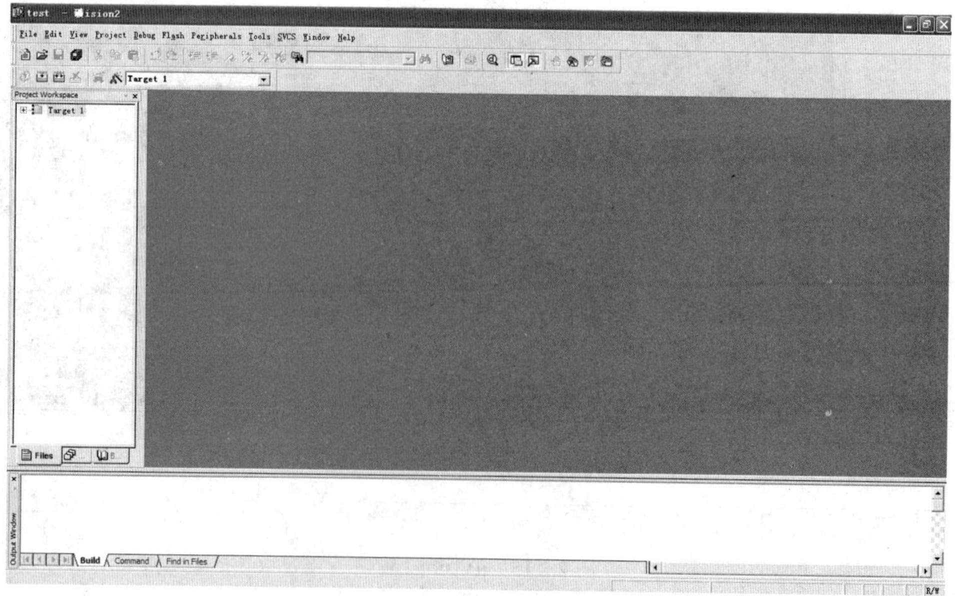

图 2.2.18 完成型号选择后的窗口

（3）对 Target 1 进行基本设置。

鼠标移到 Target 1 上并右击，在弹出的快捷菜单中选择 Options for Target ‘Target 1’，弹出如图 2.2.19 所示的对话框。

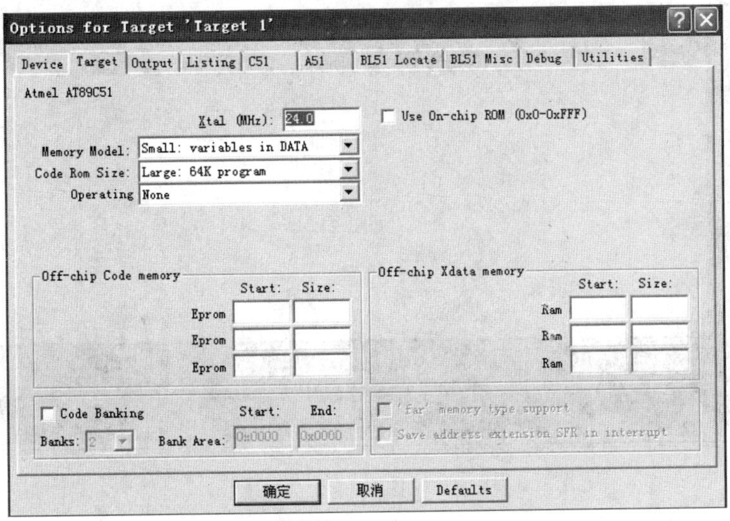

图 2.2.19　Options for Target ‘Target 1’对话框

单击 Output 选项卡，如图 2.2.20 所示。

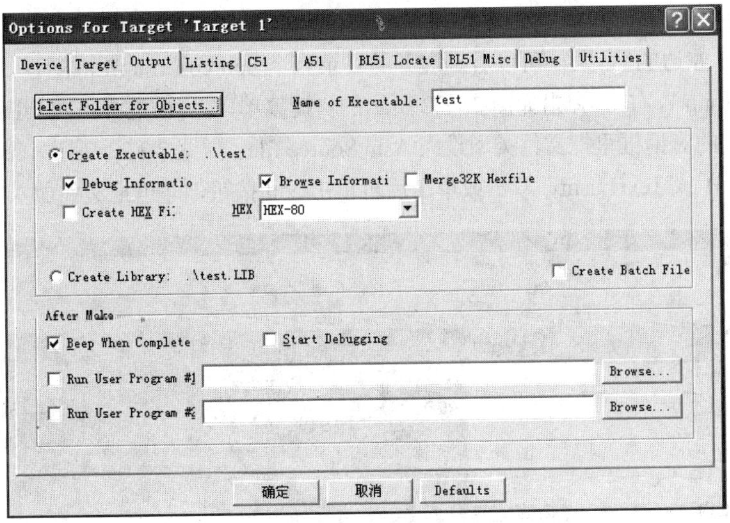

图 2.2.20　Output 选项卡

选中 Creat HEX File 复选框，这样就设定了创建 HEX 文件，这个文件是 Proteus 中单片机需要加载的运行程序文件。

（4）新建源程序文件。

单击 File→New 选项，界面如图 2.8 所示，打开一个文本编辑区，此时光标在编辑窗口中闪烁，可以输入用户应用程序代码，输入结束后，从 File 下拉菜单中选择 Save 选项或者单击工具栏中的 Save 按钮，在弹出的对话框中输入文件名，如 Text1.a51 或 Text1.asm，保存。注意必须键入正确的扩展名，如果使用汇编语言编写程序，则扩展名为.asm；如果使用C语言编写程序，则扩展名为.c。

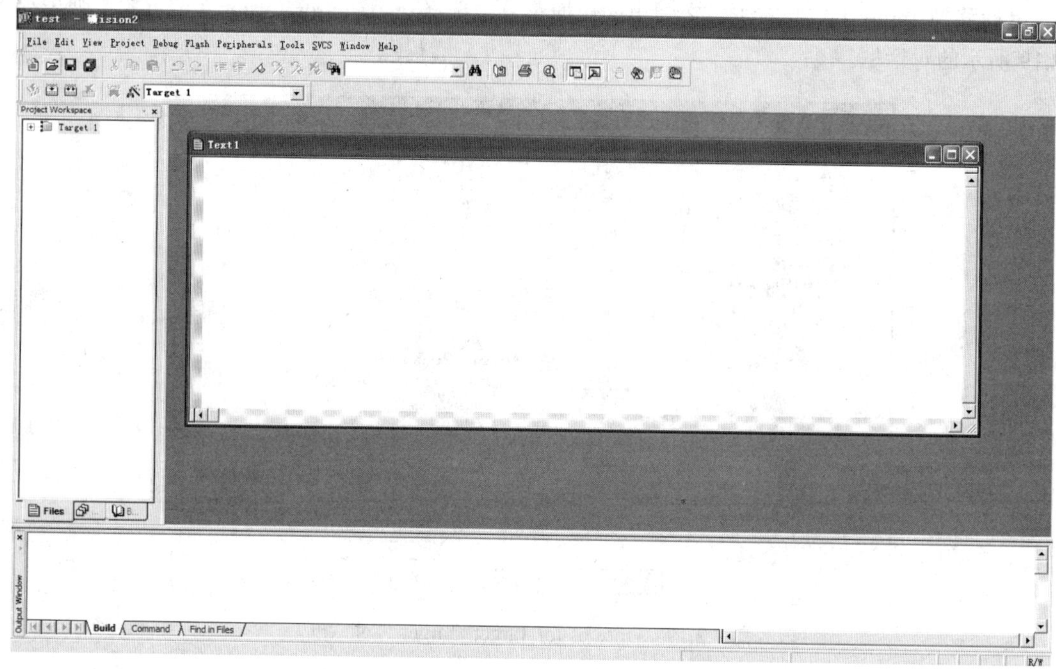

图 2.2.21　新打开一个文本编辑区界面

（5）在项目中加入源程序。

单击Target 1左边的“+”号，可以看到展开的目录有个Source Group 1。然后从Project Workspace中选择Source Group 1，右击，弹出如图2.2.22所示的快捷菜单，在其中选择Add Files to Group ‘Source Group 1’，在弹出的对话框里把文件类型设成Asm Source file（如图2.2.23所示），浏览到刚才建立的源码文件Text1.a51或Text1.asm，双击或单击后再单击add按钮，即可把文件加入工程。

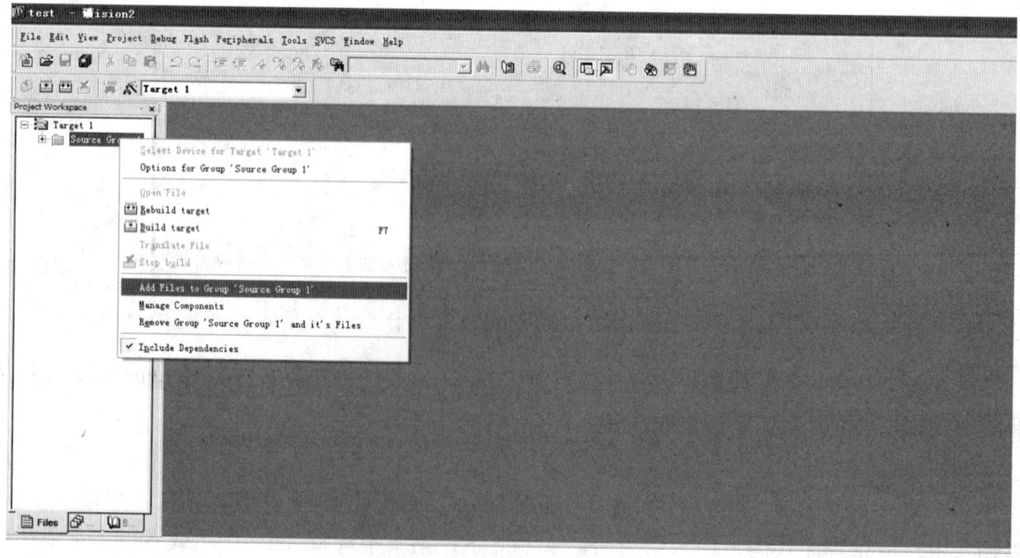

图 2.2.22　加入源程序菜单

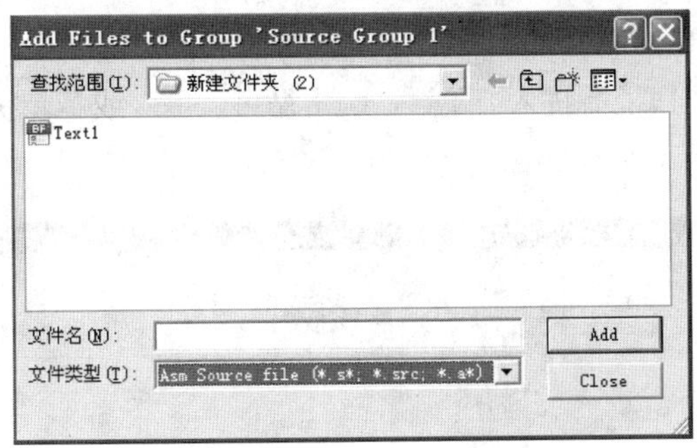

图 2.2.23 加入汇编源程序

如果要加载 C 程序，文件类型选择 C Source file 即可。

3. 编译和调试源程序

（1）编译源程序。

从 Project 下拉菜单中选择 Build all target file，就可编译项目；也可以通过工具按钮进行编辑和编译，先单击按钮，检查有没有语法错误，再单击按钮编译，生成 HEX 文件。编译结束后，在输出窗口中会有信息显示。若编译成功显示“0 Error(s)，3 Warning(s)”，如图 2.2.24 所示；若编译不成功，则需要改正源程序中的错误，重新编译直至成功为止。

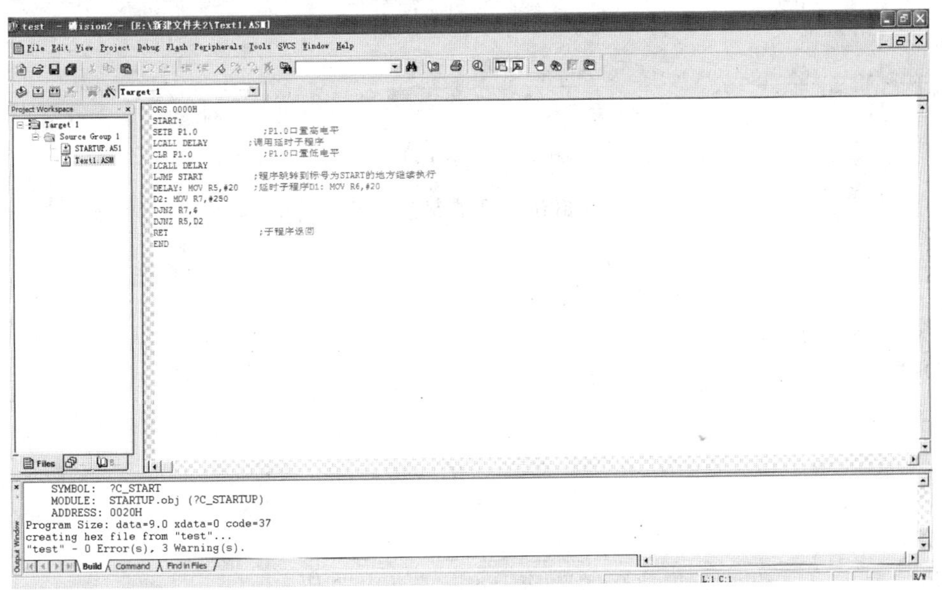

图 2.2.24 编译成功

注意：警告性的错误一般不会影响程序的正常功能。

（2）调试程序。

从 Project 下拉菜单中选择 Start/Stop Debug Session 选项，界面显示如图 2.2.25 所示。从 Debug 下拉菜单中选择 Go 选项（或使用快捷键 F5）程序即可运行。Option for Target ‘Target 1’里默认设置了软件仿真。在想要的设置断点的地方单击 Insert/Remove Breakpoint 按钮，或者从 Debug 菜单中选择该选项；设好断点后，单击 Start/Stop Debug Session 按钮，或者从 Project 下拉菜单中选择该选项，集成开发环境进入侦错界面，左边 Project Workspace 的位置出现寄存器值的监测窗口，另外可以从Peripherals下拉菜单打开I/O口、中断、定时器等的数值监测窗口。可以用Step into、Step over、Step out、Run to cursor等按钮控制进入、跳过、跳出循环、单步或多步执行，结合各种监测窗口就能清楚地了解程序的运行情况。

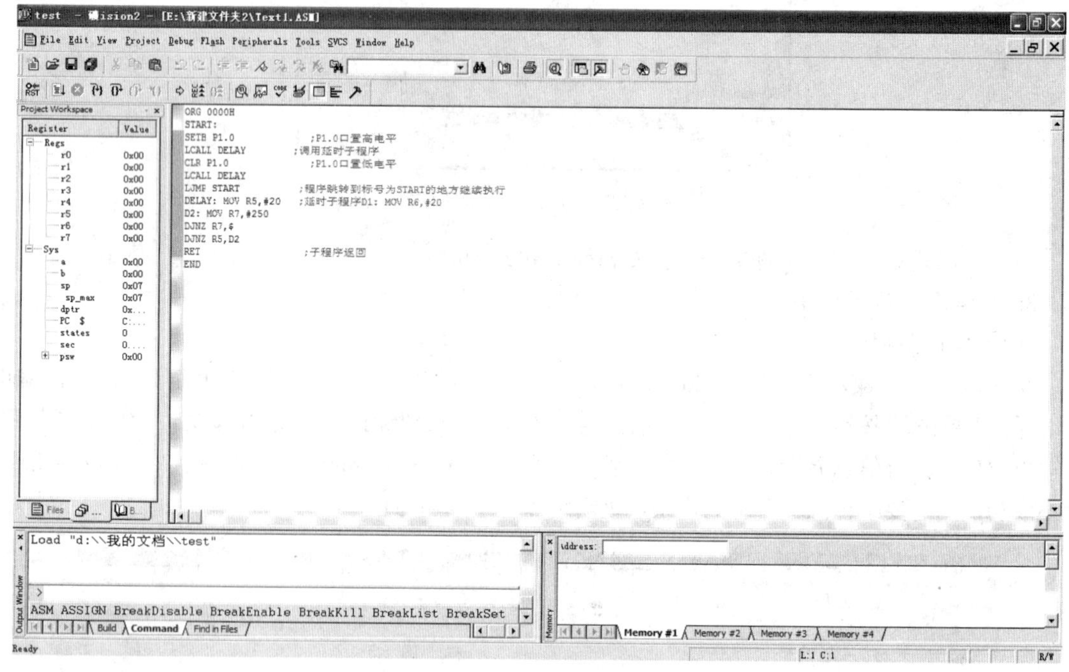

图 2.2.25 调试界面

说明：关于Keil µVision2的详细使用请参见其帮助文件或其他参考资料。

Protues中英文对照表

7407：驱动门。

1N914：二极管。

74LS00：与非门。

74LS04：非门。

74LS08：与门。

74LS390 TTL：双十进制计数器。

7SEG 4针BCD-LED：输出从0～9对应于4根线的BCD码。

7SEG 3-8译码器电路：BCD-7SEG转换电路。

ALTERNATOR：交流发电机。

AMMETER-MILLI：mA安培计。

AND：与门。

BATTERY：电池/电池组。

BUS：总线。

CAP：电容。

CAPACITOR：电容器。

CLOCK：时钟信号源。

CRYSTAL：晶振。

D-FLIPFLOP：D 触发器。

FUSE：保险丝。

GROUND：地。

LAMP：灯。

LED-RED：红色发光二极管。

LM016L：2 行 16 列液晶，可显示 2 行 16 列英文字符，有 8 位数据总线 D0～D7，RS，R/W，EN 三个控制端口（共 14 线），工作电压为 5V。无背光，和常用的 1602B 的功能和引脚一样（除了调背光的 2 个线脚）。

LOGIC ANALYSER：逻辑分析器。

LOGICPROBE：逻辑探针。

LOGICPROBE[BIG]：逻辑探针，用来显示连接位置的逻辑状态。

LOGICSTATE：逻辑状态，用鼠标单击，可改变该方框连接位置的逻辑状态。

LOGICTOGGLE：逻辑触发。

MASTERSWITCH：按钮，手动闭合，立即自动打开。

MOTOR：马达。

OR：或门。

POT-LIN：三引线可变电阻器。

POWER：电源。

RES：电阻。

RESISTOR：电阻器。

SWITCH：按钮，手动按一下一个状态。

SWITCH-SPDT：二选通一按钮。

VOLTMETER：伏特计。

VOLTMETER-MILLI：mV 伏特计。

VTERM：串行口终端。

Electromechanical：电机。

Inductors：变压器。

Laplace Primitives：拉普拉斯变换。

Memory Ics：存储芯片。

Microprocessor Ics：微处理器芯片。

Miscellaneous：各种器件，如 AERIAL－天线、BATTERY－电池、CRYSTAL－晶振、FUSE－保险丝、METER－仪表。

Modelling Primitives：各种仿真器件，是典型的基本元器件模拟，不表示具体型号，只用于仿真，没有 PCB。

Optoelectronics：各种发光器件，如发光二极管、LED、液晶等。

PLDs & FPGAs：PLD 和 FPGA 芯片。

Resistors：各种电阻。

Simulator Primitives：常用的器件。

Speakers & Sounders：扬声器和扩音器。

Switches & Relays：开关，继电器，键盘。

Switching Devices：晶闸管。

Transistors：晶体管（三极管，场效应管）。

TTL 74 series、TTL 74ALS series、TTL 74AS series、TTL 74F series、TTL 74HC series、TTL 74HCT series、TTL 74LS series、TTL 74S series：TTL 74 各系列。

Analog Ics：模拟电路集成芯片。

Capacitors：电容集合。

CMOS 4000 series：CMOS 4000 系列。

Connectors：排座，排插。

Data Converters ADC，DAC：数模和模数转换芯片。

Debugging Tools：调试工具。

ECL 10000 Series：各种常用集成电路。

Buzzer：蜂鸣器。

内容三

C 语言基础知识

C 语言基本结构及特点

1. C 语言的发展过程

C 语言是在 20 世纪 70 年代初问世的。1978 年由美国电话电报公司（AT&T）贝尔实验室正式发表了 C 语言。同时由 B.W.Kernighan 和 D.M.Ritchit 合著了著名的 THE C PROGRAMMING LANGUAGE 一书。通常简称为 K&R，也有人称之为 K&R 标准。但是，在 K&R 中并没有定义一个完整的标准 C 语言，后来由美国国家标准协会（American National Standards Institute）在此基础上制定了一个 C 语言标准，于 1983 年发表。通常称之为 ANSI C。

2. 当代最优秀的程序设计语言

早期的 C 语言主要是用于 UNIX 系统。由于 C 语言的强大功能和各方面的优点逐渐为人们认识，到了 20 世纪 80 年代，C 开始进入其他操作系统，并很快在各类大、中、小和微型计算机上得到了广泛的使用，成为当代最优秀的程序设计语言之一。

3. 目前最流行的 C 语言

目前最流行的 C 语言有以下几种：

- Microsoft C 或称 MS C
- Borland Turbo C 或称 Turbo C
- AT&T C

这些 C 语言版本不仅实现了 ANSI C 标准，而且在此基础上各自作了一些扩充，使之更加方便、完美。

4. C 语言的特点

（1）C 语言简洁、紧凑，使用方便、灵活。ANSI C 一共只有 32 个关键字，如表 2.3.1 所示。

表 2.3.1　C 语言关键字

auto	break	case	char	const	continue	default
do	double	else	enum	extern	float	for
goto	if	int	long	register	return	short
signed	static	sizof	struct	switch	typedef	union
unsigned	void	volatile	while			

ANSI C 共有 9 种控制语句，程序书写自由，主要用小写字母表示，压缩了一切不必要的成分。

（2）运算符丰富，共有 34 种。C 把括号、赋值、逗号等都作为运算符处理，从而使 C 的运算类型极为丰富，可以实现其他高级语言难以实现的运算。

（3）数据结构类型丰富。

（4）具有结构化的控制语句。

（5）语法限制不太严格，程序设计自由度大。

（6）C 语言允许直接访问物理地址，能进行位（bit）操作，能实现汇编语言的大部分功能，可以直接对硬件进行操作。因此有人把它称为中级语言。

（7）生成目标代码质量高，程序执行效率高。

（8）与汇编语言相比，用 C 语言写的程序可移植性好。

但是，C 语言对程序员要求也高，程序员用 C 写程序会感到限制少、灵活性大，功能强，但较其他高级语言在学习上要困难一些。

5. 简单的 C 程序介绍

为了说明 C 语言源程序结构的特点，先看以下几个程序。这几个程序由易到难，表现了 C 语言源程序在组成结构上的特点。虽然有关内容还未介绍，但可从这些例子中了解到组成一个 C 源程序的基本部分和书写格式。

例如：

```
main()
{
  printf("世界，您好！\n");
}
```

- main 是主函数的函数名，表示这是一个主函数。
- 每一个 C 源程序都必须有，且只能有一个主函数（main 函数）。
- 函数调用语句，printf 函数的功能是把要输出的内容送到显示器去显示。
- printf 函数是一个由系统定义的标准函数，可在程序中直接调用。

例如：

```
#include<math.h>
#include<stdio.h>
main()
{
  double x,s;
  printf("input number:\n");
  scanf("%lf",&x);
  s=sin(x);
  printf("sine of %lf is %lf\n",x,s);
}
```

- include 称为文件包含命令。
- 扩展名为.h 的文件称为头文件。
- 定义两个实数变量，以被后面程序使用。
- 显示提示信息。
- 从键盘获得一个实数 x。
- 求 x 的正弦，并把它赋给变量 s。
- 显示程序执行结果。
- main 函数结束。

程序的功能是从键盘输入一个数 x，求 x 的正弦值，然后输出结果。在 main()之前的两行称为预处理命令（详见后面）。预处理命令还有其他几种，这里的 include 称为文件包含命令，其意义是把尖括号（<>）或引号（""）内指定的文件包含到本程序来，成为本程序的一部分。被包含的文件通常是由系统提供的，其扩展名为.h。因此也称为头文件或首部文件。C 语言的头文件中包括了各个标准库函数的函数原型。因此，凡是在程序中调用一个库函数时，都必须包含该函数原型所在的头文件。在本例中，使用了三个库函数：输入函数 scanf，正弦函数 sin，输出函数 printf。sin 函数是数学函数，其头文件为 math.h 文件，因此在程序的主函数前用 include 命令包含了 math.h。scanf 和 printf 是标准输入输出函数，其头文件为 stdio.h，在主函数前也用 include 命令包含了 stdio.h 文件。

需要说明的是，C 语言规定对 scanf 和 printf 这两个函数可以省去对其头文件的包含命令。所以在本例中也可以删去第二行的包含命令（#include<stdio.h>）。

同样，在例 3.1 中使用了 printf 函数，也省略了包含命令。

在例题中的主函数体中又分为两部分，一部分为说明部分，另一部分为执行部分。说明是指变量的类型说明。例题 3.1 中未使用任何变量，因此无说明部分。C 语言规定，源程序中所有用到的变量都必须先说明，后使用，否则将会出错。这一点是编译型高级程序设计语言的一个特点，与解释型的 BASIC 语言是不同的。说明部分是 C 源程序结构中很重要的组成部分。本例中使用了两个变量 x、s，用来表示输入的自变量和 sin 函数值。由于 sin 函数要求这两个量必须是双精度浮点型，故用类型说明符 double 来说明这两个变量。说明部分后的四行为执行部分或称为执行语句部分，用以完成程序的功能。执行部分的第一行是输出语句，调用 printf 函数在显示器上输出提示字符串，请操作人员输入自变量 x 的值。第二行为输入语句，调用 scanf 函数，接受键盘上输入的数并存入变量 x 中。第三行是调用 sin 函数并把函数值送到变量 s 中。第四行是用 printf 函数输出变量 s 的值，即 x 的正弦值。程序结束。

运行本程序时，首先在显示器屏幕上给出提示串 input number，这是由执行部分的第一行完成的。用户在提示下从键盘上键入某一数值，如 5，按回车键，接着在屏幕上给出计算结果。

6. C 源程序的结构特点

（1）一个 C 语言源程序可以由一个或多个源文件组成。

（2）每个源文件可由一个或多个函数组成。

（3）一个源程序不论由多少个文件组成，都有一个且只能有一个 main 函数，即主函数。

（4）源程序中可以有预处理命令（include 命令仅为其中的一种），预处理命令通常应放在源文件或源程序的最前面。

（5）每一个语句都必须以分号结尾，但预处理命令、函数头和花括号“}”之后不能加分号。

（6）标识符，关键字之间必须至少加一个空格以示间隔。若已有明显的间隔符，也可不再加空格来间隔。

7. 书写程序时应遵循的规则

从书写清晰，便于阅读、理解、维护的角度出发，在书写程序时应遵循以下规则：

（1）一个说明或一个语句占一行。

（2）用{}括起来的部分，通常表示了程序的某一层次结构。{}一般与该结构语句的第一个字母对齐，并单独占一行。

（3）低一层次的语句或说明可比高一层次的语句或说明缩进若干格后书写，以便看起来更加清晰，增加程序的可读性。

在编程时应力求遵循这些规则，以养成良好的编程风格。

8. C 语言的字符集

字符是组成语言的最基本的元素。C 语言字符集由字母、数字、空格、标点和特殊字符组成。

在字符常量，字符串常量和注释中还可以使用汉字或其他可表示的图形符号。

（1）字母。

小写字母 a～z，共 26 个；大写字母 A～Z，共 26 个。

（2）数字。

0～9，共 10 个。

（3）空白符。

空格符、制表符、换行符等统称为空白符。空白符只在字符常量和字符串常量中起作用。在其他地方出现时，只起间隔作用，编译程序对它们忽略不计。因此在程序中使用空白符与否，对程序的编译不发生影响，但在程序中适当的地方使用空白符将增加程序的清晰性和可读性。

（4）标点和特殊字符。

9. C 语言词汇

在 C 语言中使用的词汇分为 6 类：标识符、关键字、运算符、分隔符、常量、注释符。

（1）标识符。

在程序中使用的变量名、函数名、标号等统称为标识符。除库函数的函数名由系统定义外，其余都由用户自定义。C 规定，标识符只能是字母（A～Z，a～z）、数字（0～9）、下划线（_）组成的字符串，并且其第一个字符必须是字母或下划线。

以下标识符是合法的：

a，x，x3，BOOK_1，sum5。

以下标识符是非法的：

3s（以数字开头），s*T（出现非法字符“*”），-3x（以减号开头），bowy-1（出现非法字符“-”）。

在使用标识符时还必须注意以下几点：

- 标准 C 不限制标识符的长度，但它受各种版本的 C 语言编译系统限制，同时也受到具体机器的限制。例如在某版本 C 中规定标识符前八位有效，当两个标识符前八位相同时，则被认为是同一个标识符。
- 在标识符中，大小写是有区别的。例如 BOOK 和 book 是两个不同的标识符。
- 标识符虽然可由程序员随意定义，但标识符是用于标识某个量的符号。因此，命名应尽量有相应的意义，以便于阅读理解，做到“顾名思义”。

（2）关键字。

关键字是由 C 语言规定的具有特定意义的字符串，通常也称为保留字。用户定义的标识符不应与关键字相同。C 语言的关键字分为以下几类：

- 类型说明类。用于定义、说明变量、函数或其他数据结构的类型，如前面例题中用到的 int、double 等。
- 语句定义类。用于表示一个语句的功能。
- 预处理命令类。用于表示一个预处理命令，如前面例题中用到的 include。

（3）运算符。

C 语言中含有相当丰富的运算符。运算符与变量、函数一起组成表达式，表示各种运算功能。运算符由一个或多个字符组成。

（4）分隔符。

在 C 语言中采用的分隔符有逗号和空格两种。逗号主要用在类型说明和函数参数表中，分隔各个变量。空格多用于语句各单词之间，作间隔符。在关键字，标识符之间必须要有一个以上的空格符作间隔，否则将会出现语法错误，例如把“int a;”写成“inta;”，C 编译器会把 inta 当成一个标识符处理，其结果必然出错。

（5）常量。

C 语言中使用的常量可分为数字常量、字符常量、字符串常量、符号常量、转义字符等多种，在后面章节中会专门介绍。

（6）注释符。

C 语言的注释符是以“/*”开头并以“*/”结尾的串。在“/*”和“*/”之间的即为注释。程序编译时，不对注释作任何处理。注释可出现在程序中的任何位置。注释用来向用户提示或解释程序的意义。在调试程序中对暂不使用的语句也可用注释符括起来，使编译跳过不作处理，待调试结束后再去掉注释符。

C 语言数据及运算

1. 数据类型

数据是计算机加工处理的对象，C 语言中的数据包括常量、变量和有返回值的函数。为存储和处理的需要，将数据划分为不同的类型，编译程序为不同的类型分配不同大小的存储空间（存储单元的字节数），并对各种类型规定了该类型能进行的运算（运算符集），任何类型数据的值均被限制在一定的范围内，称为数据类型的值域（取值范围）。

（1）C 的数据类型。

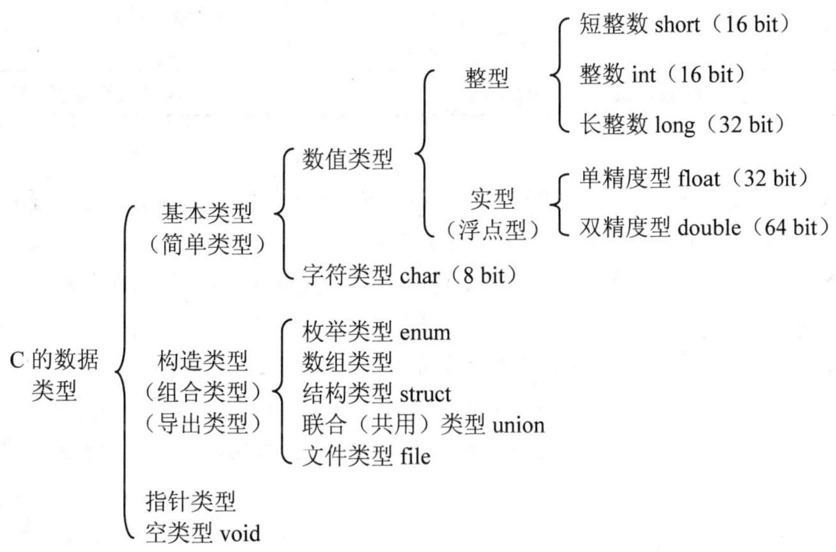

说明：构造类型是由基本类型按一定的规律构造而成的。

空类型的作用：表示函数没有返回值；说明函数无参数；表示指针不指向任何值。

（2）基本类型的名字和长度。

下列关键字称为类型区分符：char、int、short、long、signed、unsigned、float、double。类型区分符代表一个基本类型的名字，用来说明一个数据的类型。基本类型的名字和长度如表 2.3.2 所示。

表 2.3.2　基本类型的名字和长度

完整的类型名	简单的类型名	类型的长度（字节）	取值范围
char	char	1	有符号：-128～127 无符号：0～255
signed char	signed char	1	-128～127
unsigned char	unsigned char	1	0～255
int	int	2 或 4（与具体机器有关）	2 字节：-32768～32767 4 字节：约-21 亿～21 亿
short int	short	2	-32768～32767
long int	long	4	约-21 亿～21 亿
signed int	signed	2 或 4（同 int）	同 int
unsigned int	unsigned	2 或 4（同 int）	2 字节：0～65535 4 字节：约 0～42 亿
signed short int	signed short	2	-32768～32767
unsigned short int	unsigned short	2	0～65535
singed long int	signed long	4	约-21 亿～21 亿
unsigned long int	unsinged long	4	约 0～42 亿
float	float	4	绝对值约： 13.4e-38～13.4e+38
double	double	8	绝对值约： 1.7e-308～1.7e+308
long double	long double	>=8	由具体实现定义

说明：

（1）signed 和 unsigned 不能同时修饰 char，short 和 long 或 signed 和 unsigned 不能同时修饰 int。float 不能使用任何修饰词，double 可用 long 修饰。

（2）int 的长度与具体机器的字长相同，在 16 位机上为 2 字节，在 32 位机上为 4 字节。因此，int 的长度与 short 或 long 相同。

（3）signed char 用 1 个字节的低 7 位表示字符值，最高位表示符号。

（4）unsigned char 用整个字节表示字符值，无符号位。char 表示有符号和无符号与具体机器系统有关，但 char 一定和 signed char 或 unsigned char 其中之一相同。在多数机器系统中，char 与 signed char 相同。

2. 常量和变量

C 的常量有两种形式：一种是文字常量，简称常量或常数，文字常量是由表示值的文字本身直接表示的常量，如 123、3.14159；另一种是符号常量，是用标识符表示的文字常量（标识符一般用大写英文字母），标识符是文字常量的名字。任何一个常量都属于一个数据类型，文字常量的类型由文字常量自身隐含说明，如 123 为整型，3.14159 是一个浮点型，符号常量的类型由定义时指定。

（1）常量的表示。

C 的常量有整数常量、浮点常量、字符常量、字符串常量和枚举常量。

1）整数。

整数有 3 种形式：十进制整数、八进制整数和十六进制整数。

①十进制整数。

②八进制整数。

八进制整数是由数字 0～7 组成的数字串，第一个数字必须为 0（前导零），它是八进制数的标志。

③十六进制整数。

十六进制整数是由数字 0～9 和字母 a～f（或 A～F）组成的符号串，符号串必须以 0x 或 0X（十六进制的前缀）开头。

2）浮点数。

浮点数的缺省类型是 double，通过在浮点数后面加后缀字母可以表示单精度数（float）、双精度数（double）和高精度数（long double）。

单精度浮点数：在浮点数后面加 f 或 F，如 3.14159F。

双精度浮点数：在浮点数后面加 d 或 D，如 3.14159d。

高精度浮点数：在浮点数后面加 l 或 L，如 3.14159L。

在程序中可根据存储的需要、精度的需要或类型转换的需要将浮点数表示为适当的类型。

3）字符常数。

字符常数通常是指一对单引号（单撇号）括起来的一个字符，形式为：

'字符'

字符常数可以被看成是一个整数，值为该字符的 ASCII 码值。

4）字符串。

C 语言没有字符串类型，但可以表示字符串常数，字符串变量是用字符数组来表示的。字符串常数（简称字符串）是用一对双引号括起来的一个字符序列，其字符的个数称为字符串长度。形式为：

"字符序列"

5）符号常量。

为使程序易于阅读和修改，可以给程序中经常使用的常量定义一个有一定含义的名字，这个名字称为符号常量。符号常量是一个标识符，有三种方法定义一个符号常量：一种是利用编译预处理的宏替换功能#define；另一种是用 const 类型限定符说明并初始化一个标识符；第三种方法是通过定义枚举类型来定义符号常量。

①用#define 定义符号常量。形式为：

#define　标识符　常量表达式

常量表达式是值为常量的表达式，一般为已定义的符号常量或文字常量，也可以是由运算符连接常量形成的表达式；标识符是符号常量的名字，它代表常量表达式所表示的文字。例如：

```
#define PI 3.1415926
```

注意：

- 符号常量的名字（标识符）一般用大写字母。
- #define 行不是 C 语句，而是编译程序的预处理控制，因此其后面不加“;”。

②用 const 定义符号常量。形式为：

const 类型区分符　标识符=常量表达式;

符号“=”左边的标识符被定义为常量，标识符代表常量表达式的值。例如：

```
const int MAX=1000;
```

（2）变量说明。

变量：在程序中其值可变的量，每一个变量都有一个名字（标识符），称为变量名。常量的类型是由常量自身隐含说明的，不需要做显示说明，而变量的类型必须做显示说明。C程序中任何变量必须遵循先说明后引用的原则，以便编译程序为变量分配适当长度的存储单元以及确定变量所允许的运算。变量说明的形式为：

类型区分符　变量表

类型区分符：说明变量中所列变量的数据类型。变量表由一个或多个变量名组成，多于一个变量时中间用逗号（,）隔开。一个说明结束必须用分号（;）。变量数又称说明符表，这里一个变量名即是一个说明符。

给变量赋初值有两种方式：一是通过赋值语句置初值（如 i=0;）；另一种方式是在变量说明时给出初值，称为初始化，格式为：

类型区分符　变量名=表达式,...;

例如：

```
int age=15,index=1,i=0,j=0;
```

3．运算符和表达式

C的运算符十分丰富。由运算符通过对运算对象（操作数）进行各种操作，按操作数的数目可将运算符分为：单目（一元）、双目（二元）和三目（三元）运算符；按运算符的功能分类有：算术运算符、关系运算符、逻辑运算符、自增和自减运算符、位运算符、赋值运算符和条件运算符。另外还有数组的下标[ ]、函数调用( )、表顺序求值的逗号运算符和类型强制运算符等。

表达式是由运算符、操作符数组成的符合 C 的语法算式。从本质上说，表达式是对运算规则的描述并按规则执行运算，运算的结果是一个值，称为表达式的值，其类型称为表达式的类型。

（1）算术运算。

算术运算符包括+、-、++、--、*、/、%（整数）。

对于除运算符“/”，如果两操作数都是整数则执行整数除，结果也是整数，值为商的整数部分，小数部分被截去；若至少有一个操作数为浮点数则执行实数除，结果为浮点数。

对于求余运算符“%”，规定两操作数必须为整数，运算结果也为整数。

（2）关系运算。

关系运算符包括<（小于）、<=（小于等于）、>（大于）、>=（大于等于）、==（等于）、!=（不等于）。

关系运算符比较两个操作数值的大小，操作数可以为整数、字符、实数，两操作数类型可以不同，运算符按一般算术转换规则自动转换成相同的类型。

（3）逻辑运算。

逻辑运算符包括：&&（与）、||（或）、!（非）。

逻辑运算符的操作数可以为任何基本类型，&&和||的两个操作数的类型可以不同，运算时不执行类型转换。非0值的操作数视为逻辑真，0值操作数视为逻辑假，运算结果类型为 int，值为非0（逻辑真）或0（逻辑假）。

（4）自增和自减运算。

自增和自减运算符包括：++（增 1）、--（减 1）。

“++”和“--”是单目运算符，操作数必须是可更改的左值表达式。左值表达式是一个表示存储单元的表达式，一般为不带 const 说明的变量名。带 const 说明的标识符是不可更改的左值表达式。

可更改的左值表达式包括：基本类型的变量名、下标表达式、指针变量名和间接访问表达式（*指针变量）、结构成员选择表达式和结构变量名。用（）括起来的左值表达式也是左值表达式。

“++”将操作数加 1，“--”将操作数减 1，结果类型与操作数类型相同。整型或浮点型操作数按整型数值 1 增加或减少，指针类型操作数后面会详细讲解。

“++”或“--”可以出现在操作数前面（前缀式）或后面（后缀式），如++n、--n、n++、n--。

前缀式先将操作数增（减）1，然后取操作数的新值作为表达式的结果。例如若 n=1，则++n 结果为 2，n 的新值为 2。后缀式将操作数增（减）1 之前的值作为表达式的结果。操作数的增（减）1 运算是在引用表达式的值之后完成的，称为后缀++（或--）的计算延迟。一直延迟到出现下面情况时，操作数才增（减）1。

（5）位运算。

任何数据在计算机内部都是以二进制码形式存储的。例如一个 unsigned char 类型的字符 A 存储形式为 01000001。位运算是以逐个二进制位为直接处理对象的运算。这是 C 语言区别于其他高级语言的特色之一。

位运算符是指~（求反）、&（按位与）、|（按位或）、^（按位加、异或）、>>（右移）、<<（左移）。

除“~”是单目运算符外，其余均为双目运算符。所有位运算符的操作对象必须是整数。两个操作数类型可以不同，运算之前遵循一般算术转换规则自动转换为相同的类型。结果的类型是转换后的类型，结果的值与是有符号或无符号数有关。

1）求反运算（~）。

运算符“~”将操作数的每个二进制位取成相反值，即 0 变 1，1 变 0。结果的类型与操作数类型相同。

例如，将 i 变成二进制码 1101001111110101，则~ i=0010110000001010。

2）按位与、或、加运算（&、|、^）。

运算规则如表 2.3.3 所示。

表 2.3.3　按位与、或、加运算规则

I	j	i&j	i|j	i^j
0	0	0	0	0
0	1	0	1	1
1	0	0	1	1
1	1	1	1	0

3）移位运算符（<<和>>）。

“<<”和“>>”是双目运算符。移位运算的规则是将左操作数向左（<<）或向右（>>）移动由右操作数指定的位数。两操作数必须为整数，且右操作数为正数，可以是值为正整数的表达式，结果类型与转换后的左操作数类型相同。

左移时，高位被移出（丢掉），右边空出的低位用 0 填充；右移时，左边空出高位的填充方式决定于右操作数的类型，如果是无符号数，则用 0 填充，否则用符号位填充。

赋值就是把值存入变量对应的存储单元中，C 语言中赋值操作是作为一种表达式来处理的，赋值运算符（=）可以和算术运算符（+、-、*、/、%）及双目位运算符（&、|、^、>>、<<）组合成一个复合赋值运算符。

赋值运算符共有 11 个：=、+=、-=、*=、/=、%=、&=、|=、^=、<<=、>>=。

注意：复合运算符的两个组成符号之间不能有空白字符。

（6）简单赋值。

简单赋值运算符“=”仅执行赋值操作，表达式的形式为：

操作数 1=操作数 2

“=”的功能是将右操作数的值赋给由左操作数指定的存储单元（变量）。左操作数必须是一个可更改内容的左值表达式。赋值运算符的右操作数类型可以和左操作数不同，执行赋值之前右操作数被自动转换为左操作数的类型。

（7）复合赋值。

复合赋值运算符包括+=、-=、* =、/ =、% =、&=、|=、^=、<<=和>>=，以“+=”为例，复合赋值运算符的形式为：

操作数 1+=操作数 2

可理解为下面的展开形式：

操作数 1=操作数 1+操作数 2

例如 i+=1，可理解为 i=i+1。

（8）条件运算。

条件运算符（?:）是一个三元运算符，一般形式为：

操作数 1?操作数 2:操作数 3

操作数 1 必须为基本类型或指针类型、（一般为整型的）表达式，操作数 2 和操作数 3 可以是其他任何类型的表达式，且类型也可以不一致。

条件运算符的规则如图 2.3.1 所示。

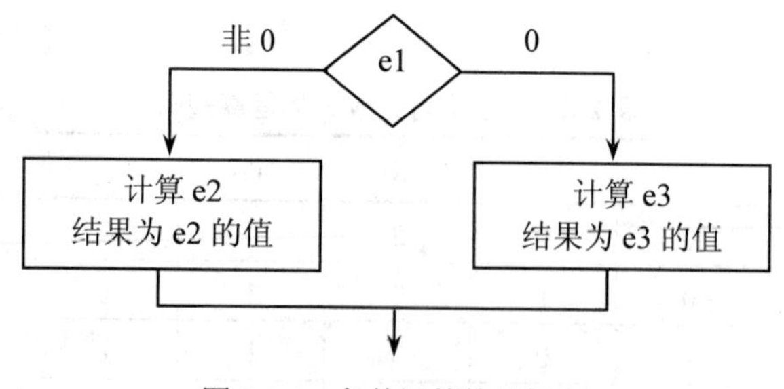

图 2.3.1　条件运算符的规则

C 语言基本语句

1．语句总述

组成 C 语言的主要成分是函数，而函数主要由语句组成。语句就像人们通常说的一句话一样，表达一个完整的思想。和其他高级语言一样，C 语言的语句用来向计算机系统发出操作指令。C 语言中有各种各样的语句以满足结构化程序设计的要求。C 语言提供的语句主要有说明语句和执行语句，其中执行语句包括空语句、表达式语句、控制语句、复合语句等，它们构成了程序的三种程序控制结构：顺序结构、选择结构和循环结构。

2. 顺序结构

C 语言中的顺序结构主要由说明语句、表达式语句、空语句以及复合语句组成。在顺序结构程序中，各语句（或命令）是按照位置的先后次序顺序执行的，且每个语句都会被执行到。可以用图 2.3.2 表示顺序结构流程图。

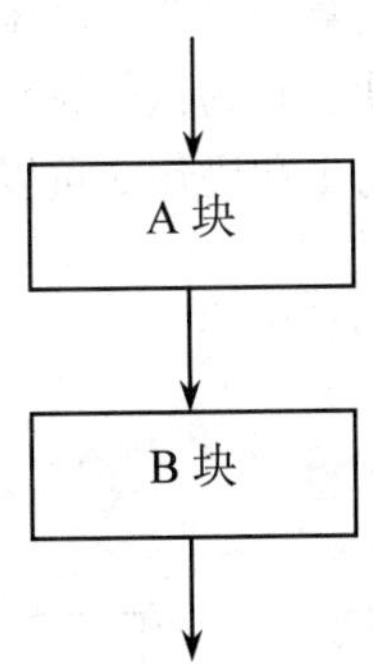

图 2.3.2 顺序语句结构

一般情况下，顺序结构的程序主体是完成具体功能的各个语句和运算。

例如：输入两个整数，完成两数的交换。

```
main()
{
    int  a, b, t;
    scanf("%d %d", &a, &b);        /* 提供数据 */
    t=a;
    a=b;
    b=t;                           /* 运算 */
    printf("%d %d", a, b);         /* 输出 */
}
```

3. 选择结构

选择结构是实现结构化程序设计的基本成分之一，它所要解决的问题是根据“条件”判断的结果决定程序执行的流向，因此该结构也被称为判断结构。程序执行的流向是根据条件表达式的值是 0 还是非 0 来决定的。非 0 代表条件为真，即条件成立；0 代表条件为假，即条件不成立。

设计选择结构程序，需要考虑两个方面的问题：一是在 C 语言中如何来表示条件，二是在 C 语言中实现选择结构用什么语句。在 C 语言中表示条件，一般用关系表达式或逻辑表达式。实现选择结构用 if 条件语句或 switch 分支语句。下面将详细介绍这些语句。

（1）if 语句。

1）简单的 if 语句。

在简单的 if 语句中，关键词 if 后跟随一个括号中的表达式，随后是花括号中的一条语句或多条语句。语法形式如下：

if(表达式)语句

这里的“表达式”就是决定程序流向的“条件”，当表达式的值为非 0 时执行“语句”，否则就不执行。此结构的执行过程如图 2.3.3 所示。

2）if…else 语句。

if-else 语句的语法格式为：

```
if(表达式)
    语句 1
else
    语句 2
```

if 后面的“表达式”，通常是能产生“真”、“假”结果的关系表达式或逻辑表达式，也允许是其他类型的数据，如整型、实型、字符型等。它的执行流程是：当 if 后表达式的值为真（非 0）时，执行语句 1，否则执行语句 2。这里的语句 1 和语句 2 可以是简单语句，也可以是复合语句。该结构的执行过程如图 2.3.4 所示。

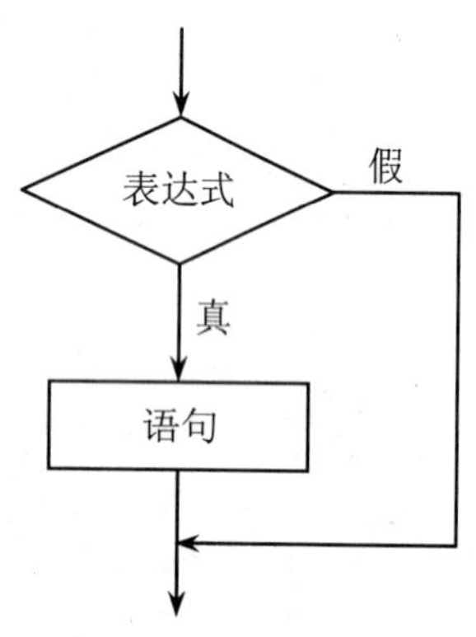

图 2.3.3 简单的 if 语句结构

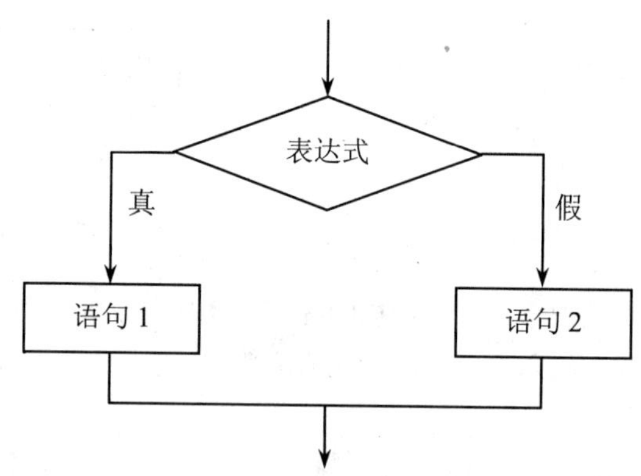

图 2.3.4 if…else 语句结构

例如：输入任意一个整数，输出该整数的绝对值。

```
main()
{
    int  n;
    scanf("%d", &n);
    if(n>=0)
        printf("%d", n);
    else
        printf("%d", -n);
}
```

3）系列 if…else 语句。

系列 if…else 语句是一种多分支选择结构，这种形式的 if 语句可以写成：

```
if(条件 1)  语句 1
else if(条件 2)  语句 2
…
…
else if(条件 n)  语句 n
else  语句 n+1
```

此语句的执行过程如图 2.3.5 所示，表示在 n 个条件中，如果满足其中某一个条件，则执行相应的语句并跳出整个 if 结构执行该结构后面的语句，若 n 个条件一个也不满足时，执行语句 n+1。如果没有语句 n+1，那么最后一个 else 可以省略，此时该 if 结构在 n 个条件都不满足时，将不执行任何操作。同样这里的语句可以是用一对{}括起来的复合语句。

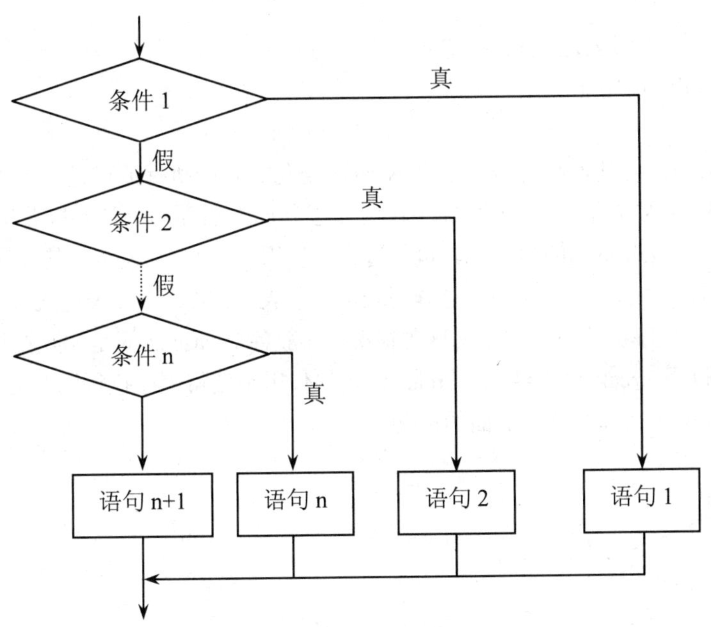

图 2.3.5　系列 if...else 语句

例如：输入一个分数，输出其等级：90 分以上，打印 A；80～90 分，打印 B；70～80 分，打印 C；60～70 分，打印 D；60 分以下，打印 E。

```
#include <stdio.h>
void main(void)
{
    int a;
    scanf ("%d", &a);
    if   (a>=90)   printf("The score is A");
    else   if (a>=80)   printf(" The score is B");
    else   if (a>=70)   printf("The score is C");
    else   if (a>=60)   printf("The score is D");
    else   printf( "The score is E");
}
```

关于使用 if 条件语句，需要说明以下几点：

- if 语句可以嵌套使用。
- if 结构中语句可以是简单语句也可以是复合语句，复合语句一定要加{}表示。
- 当程序中有众多 if 和 else 时，else 总是跟它上面最近的 if 语句配对。

（2）switch 语句。

分支语句即指 switch 语句，也称为开关语句，它也是一种多分支选择结构，switch 是关键字，后面跟一个表达式，这个表达式里包含的某些变量在具体的问题模型里通常可能有不同的常量值，switch 结构能够根据表达式值的不同，使得程序转入不同的模块执行。switch 结构的一般形式是：

```
switch(表达式)
{
    case   常量表达式 1: 语句 1
    case   常量表达式 2: 语句 2
    …
    case   常量表达式 n: 语句 n
    default: 语句 n+1
}
```

这种结构的语句，在其他高级语言中也称 case 语句。它的执行流程是：当表达式的值与某一个 case 后面的常量表达式的值相同时，程序就执行这个 case 后面的语句并接着执行这个 case 后面的后续语句，直到 switch 语句的最后。其执行过程可以用图 2.3.6 来表示，其中 e 表示 switch 后面括号中的表达式值，e1、e2、……、en 等分别表示常量表达式 1、常量表达式 2、……、常量表达式 n。但通常情况下程序员并不希望出现这种情况，一般各个 case 之间是相互排斥的，所以在每一组 case 语句后可以用 break 语句结尾，break 语句的作用是使得程序执行匹配的 case 后直接跳出 switch 结构，接着执行 switch 结构后面的语句。

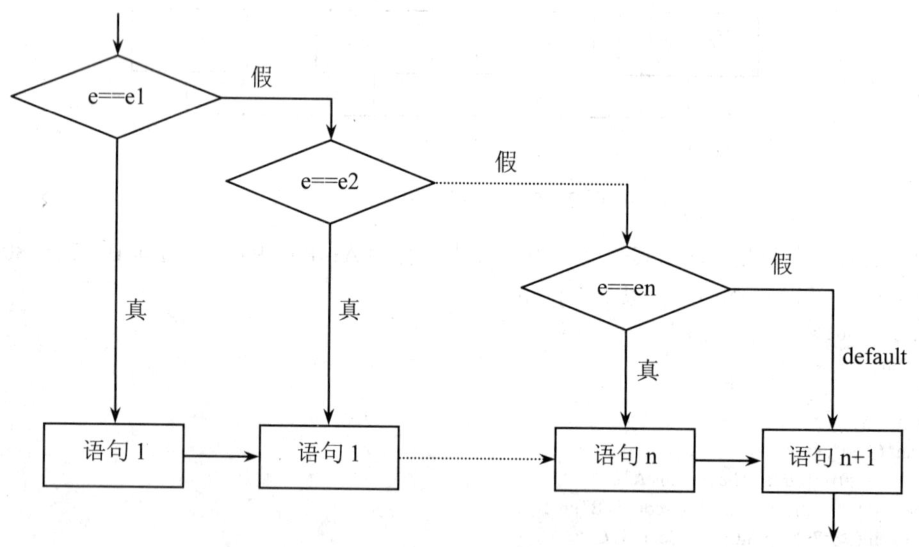

图 2.3.6　不带 break 语句的 switch 结构

关于 switch 结构的几点说明：

- 每个 case 后面的常量表达式的值必须互不相同，以免程序执行的流程产生矛盾。
- switch 后面括号内的表达式可以是整型表达式、字符表达式等。
- 多个 case 可以共用一组执行语句，例如：

```
…
case   4:
case   5:
case   6:
case   7:   d=8;
```

上述程序段表示 switch 结构的表达式的值为 4、5、6 或 7 时，都执行同一组语句（d=8;）。

- 若要在执行一个 case 分支语句后，使程序执行流程退出 switch 结构，那么可以加入 break 语句。常用的带 break 语句的 switch 结构的语法格式如下：

```
switch(表达式)
{
    case 常量表达式 1: 语句 1;   break;
    case 常量表达式 2: 语句 2;   break;
    …
    case 常量表达式 n: 语句 n;   break;
    default   语句 n+1;
}
```

例如：

```
#include <stdio.h>
void main(void)
{
    char grade;
    grade=getchar();
    switch(grade)
      {
        case  'A':  printf ("90~100\n");   break;
        case  'B':  printf ("80~89\n"); break;
        case  'C':  printf ("70~79\n"); break;
        case  'D':  printf ("60~ 69\n"); break;
        case  'E':  printf ("<60\n"); break;
        default :  printf ("error\n");
      }
}
```

4. 循环结构

循环结构也是结构化程序设计的基本成分之一，它所要解决的问题是在某一条件下，要求程序重复执行某些语句或某一个模块，这里的“条件”实际上也是一个表达式，根据表达式的两个状态（非 0 或 0）决定循环是否继续。这些被重复执行的语句或模块，称为循环体。为了使循环不至于变成无限循环（死循环），在执行循环体的过程中，一定要使循环条件表达式中的变量（循环控制变量）值有所变化。一个合理的循环结构，最终会使循环条件由一个状态变为另一个状态，使循环正常终止。循环条件所用的表达式，可以是算术表达式、关系表达式、逻辑表达式或最终能得到非 0 或 0 值的其他表达式。

在 C 语言中，主要有以下 3 种循环结构：

- while 结构
- do…while 结构
- for 结构

另外，C 语言还提供了两个无条件控制语句：break 语句和 continue 语句，这两条辅助语句一般用来控制程序中的某一循环结构是继续执行还是跳出循环结构。

（1）while 语句。

用 while 语句写成的循环结构也被称作为“当型”循环，其语法格式表示如下：

```
while(表达式)
```

语句

其中，表达式的作用是进行条件判断，通常为关系表达式或逻辑表达式；语句是 while 语句的内嵌语句，称之为循环体，循环体可以是简单语句也可以是复合语句。当执行 while 语句时，先判断表达式的值，若为非 0（真），执行循环体，每执行一次循环体后，都要再判断一下表达式的值，如果仍然是非 0，再一次执行循环体，如此循环一直到表达式的值为 0（假）时循环终止而接着执行 while 语句后面的语句。while 语句的执行流程如图 2.3.7 所示。

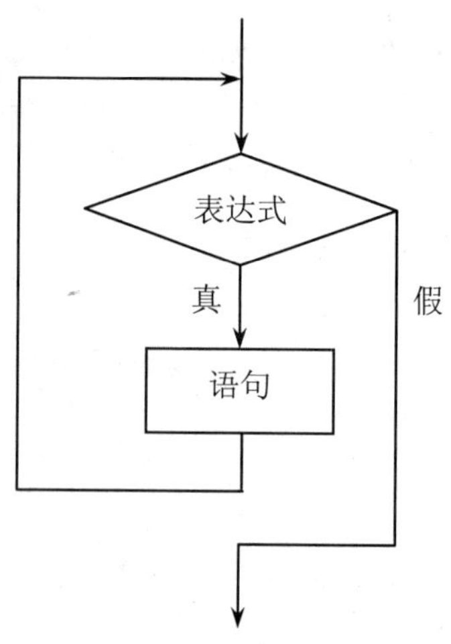

图 2.3.7　while 循环结构

例如：求 s= 1+2+3+4+…+100。

```
#include <stdio.h>
void main(void )
{ int    s=0, i=1;
   while (i<=100)
      {
          s=s+i;
          i++;
      }
   printf ("s = %d \ n", s) ;
}
```

对 while 语句的几点说明：

- while 语句的作用是当条件成立时，使语句（即循环体）反复执行。为此，在 while 的内嵌语句中应该增加对循环变量进行修改的语句，使循环趋于结束，否则将使程序陷入死循环。
- 在循环体中，循环变量的值可以被使用，但最好不要对循环变量重新赋值，否则程序也有可能陷入死循环。
- while 语句中的内嵌语句可以为空语句，也可以为单语句，或者是一个复合语句，注意复合语句一定要用一对{}括起来。
- 若条件表达式只用来表示等于零或不等于零的关系时，条件表达式可以简化成如下形式：

  while (x!=0) 可写成 while (x)；while (x==0) 可写成 while (!x)。
- 条件表达式部分可以嵌套赋值表达式。

（2）do…while 语句。

用 do…while 语句写成的循环结构也被称作为“直到型”循环，其语法格式表示如下：

```
do
    语句
while(表达式);
```

这种结构是先执行循环体，然后再判断表达式是否成立，若表达式成立，那么继续执行循环体，接着重新计算循环表达式中的值并判断真假，直到循环表达式的值为 0（假）时终止循环。它的执行流程如图 2.3.8 所示。

（3）for 语句。

for 语句是一种看上去形式比较简单的语句，它也属于“当型”结构，只是在进入循环前，要先执行一下初始化表达式。它的语法格式表示如下：

```
for (表达式 1;表达式 2;表达式 3)
    语句
```

for 后面括号内的三个表达式用分号隔开，它们的功能分别是：

表达式 1：初始化表达式。通常用来设定循环变量的初始值或者循环体中任何变量的初始值，可用逗号作分隔符设置多个变量的值。

表达式 2：循环条件表达式。

表达式 3：增量表达式。执行一次循环体后，接着求解一次增量表达式的值，目的是对循环条件表达式产生影响，使得循环条件表达式的值可能产生变化从而终止循环的执行。表达式 3 也可以写成以逗号分隔的多个表达式，也可以包含一些本来可以放在循环体中执行的其他表达式。

for 循环结构的执行过程如图 2.3.9 所示。从流程图中可以看出，程序进入 for 循环后，首先求解表达式的值，而后判断循环条件表达式 2 的值是真还是假，如果表达式 2 的值为真，执行循环体部分的语句后再去求表达式 3，接着重新判断表达式 2 的值是真还是假，如此循环直到表达式 2 的值为假时，立即终止循环而继续执行循环结构外面的语句。

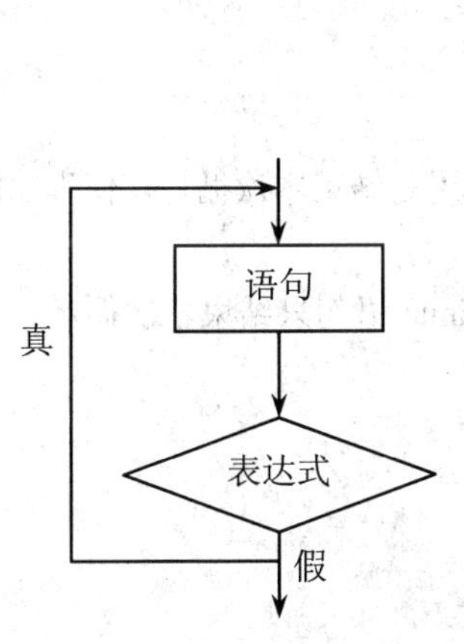

图 2.3.8　do-while 循环结构

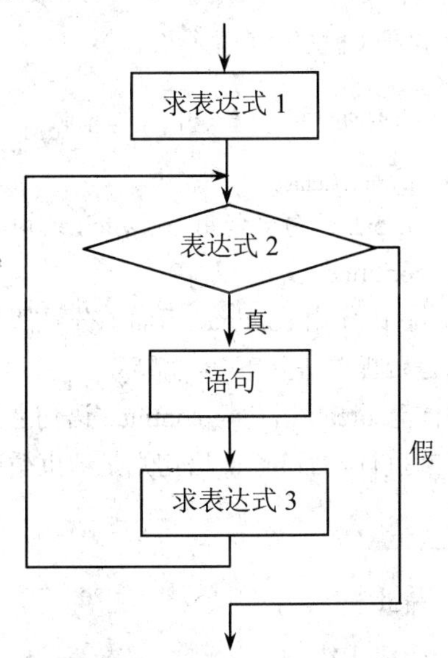

图 2.3.9　for 循环结构

例如：编程实现依次输出 26 个大写字母。

```
#include "stdio.h"
main()
{
    char  i;
    for (i='A'; i<='Z'; i++)
        printf("%c", i);
    printf("\n");
}
```

（4）break 语句。

break 语句由关键字 break 后加分号“;”组成。前面章节介绍到 switch 多分支选择结构时，曾介绍过 break 语句，它用来跳出 switch 结构，使程序能够执行该结构下面的语句。此处 break 语句被用在循环结构中，作用是跳出它所在的循环体，提前结束循环，使程序的执行流程无条件地转移到循环结构的下一句继续执行。

例如：编写一个程序，求整数 m 是否是素数。

素数也就是质数，它的特点是除了 1 和它本身外不能被其他任何数整除。在本题中，如果 m 是素数，那么区间[2,m-1]中的所有整数都不能被 m 整除。只要有一个数能被它整除，其他的数不必再验证就知道 m 一定不是素数。编写程序如下：

```
#include "stdio.h"
main()
{
    int  m, i;
    scanf("%d",&m);
    for (i=2;i<m;i++)
        if(m%i==0) break;              /* i 是 m 的因子 */
    if(i==m)                           /* 表明上面的循环执行完，没有一个数能被 m 整除 */
        printf("%d is a prime number.\n", m);
    else
        printf("%d is not a prime number.\n", m);
}
```

运行结果（程序分别执行 2 次）：

```
17↓
17 is a prime number.
18↓
18 is not a prime number.
```

注意：break 语句只能用于 switch 结构和循环结构中。

（5）continue 语句。

continue 语句由 continue 后面加分号“;”构成，它的作用是结束本次循环，使程序回到循环条件，判断是否提前进入下一次循环。

需要注意 break 语句与 continue 语句之间的区别，continue 语句只结束本次循环，而不是终止整个循环的执行。而 break 语句则是结束循环。

C 语言数组

1. 一维数组

（1）一维数组的定义。

一维数组定义的格式为：

类型说明　数组名[常量表达式]

例如：

```
float sheep[10];
int s2007[100];
```

其中 sheep 为数组名，10 表示此数组有 10 个元素，即 sheep[0]～sheep[9]，但是不存在 sheep[10] 这个数组元素；float 表示这 10 个元素都是实型数。数组类型可以是任意数据类型，如 char、int、float 及 long 等。

对一维数组的定义说明：

- 数组名的命名规则与变量名相同，必须是合法的标识符，即第一个字符应为英文字母或下划线。
- 用方括号将常量表达式括起来。常量表达式定义了数组元素的个数，即数组的长度。它只能是整型常量或符号常量。数组在定义之后，长度是不能改变的。
- 在数组定义时，常量表达式中不允许包含变量，如下列左式。但在操作语句（即数组元素的引用）中，数组常量表达式中允许包含变量，如下列右式。后面讲解的多维数组也适用此规则。

```
int n;                                int a[3];…
n=5;                                  int s,n=2;
int a[n];   //定义时变量下标非法      s=a[n];   //引用时变量下标合法
```

- 数组下标从 0 开始。

注意：

- 各元素在内存中占据的地址空间是连续的。
- 元素 a[0]的地址是整个数组的首地址，紧接着是 a[1]的地址，然后是 a[2]的地址……依次排列。也可用数组名 a 表示数组的首地址，即 a 等价于&a[0];。

（2）一维数组的引用。

C 语言不允许一次引用整个数组，只能逐个引用数组元素。定义了一个数组后，就可以引用数组中的每个元素，其一般格式为：

数组名[下标]

数组的下标可以是整型常量或整型表达式，固定从 0 开始，最大的下标是数组元素的长度减 1。

例如：从键盘输入 6 个数，将它们按反序输出。

```
#include<stdio.h>
void main()
{   int i,n;
    int num[6];
    for(i=0;i<6;i++)
        scanf("%d",&num[i]);
    for(n=5;n>=0;n--)            /*反序输出*/
        printf("%3d",num[n]);
    printf("\n");}
```

运行结果：

```
456789↙
9  8  7  6  5  4
```

注意：C 语言系统对下标不作语法检查。也就是说，在引用时若下标越界，系统不报编译错误，只报警告，可以继续执行语句，引用的结果为未知值。例如：

```
int a[3]={1,2,3};int s;s=a[3];
```

所以，对下标的控制需要完全由程序设计者自己把握。

（3）一维数组的初始化。

数组元素的初始化就是对所有元素赋初值。可以通过赋值语句来完成。如语句“int num[6];for(i=0;i<6;i++)scanf("%d",&num[i]);”就是通过执行 for 循环以及键盘的输入，对 num 数组赋值，这种方法是人机交互赋值。也可以采用在程序中定义数组时赋值，一般有以下两种方法：

1）在数组定义的同时赋初值。

C 语言规定，在定义数组时，可以直接对数组进行初始化。例如：

```
int a[6]={2,3,4,5,6,7};
```

写成一般形式为：

类型说明　数组名[常量表达式]={数值表};

其中花括号中的值是初始值，也称为初始值表，各值之间用逗号隔开。

在数组 a 中，由于数值表中 6 个数值已全部给出，可以省略方括号中的元素个数。例如：

```
int a[]={2,3,4,5,6,7};
```

2）在定义数组以后赋值。

对数组先定义，然后在程序中用赋值语句分别赋值，或采用人机交互对数组的每个元素分别赋值，例如：

```
int a[5];a[0]=2;a[1]=10;a[2]=5;a[3]=7;a[4]=12
```

2. 二维数组

二维数组的定义格式为：

类型说明　数组名[常量表达式 1][常量表达式 2];

其中，类型说明是指出该二维数组各元素的数据类型；常量表达式 1 为行下标，常量表达式 2 为列下标。如“int a[3][4];float b[5][10];”定义了数组名为 a 的整型二维数组和数组名为 b 的实型二维数组。

由于数组是一种构造类型的数据，所以二维数组可以看作是由一维数组的嵌套而构成的。即一维数组的每个元素又是一个一维数组，就组成了二维数组。C 语言将这样的分解连续地在内存中存储。如上面定义的二维数组 a[3][4]，可看作是一个一维数组，它有 3 个元素 a[0]、a[1]、a[2]，而每个元素又是一个包含 4 个元素的一维数组，如图 2.3.10 所示。可以把 a[0]、a[1]、a[2]看作是三个一维数组的名字。如一维数组 a[0]中的元素分别为 a[0][0]、a[0][1]、a[0][2]、a[0][3]。

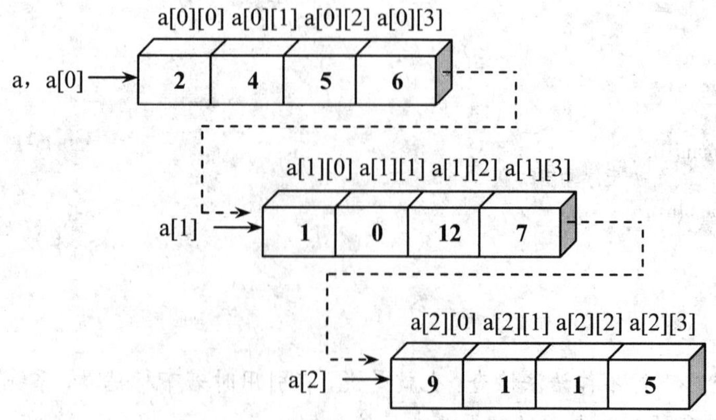

图 2.3.10　二维数组 a[3][4]的 3×4=12 个元素实际内存存储形式

3. 字符数组

前面介绍的数组用于存放数值数据。数组也可用于存放字符数据。一个字符数组可以存放字符串，而每个数组元素可以存放一个字符。字符数组可以是一维数组，也可以是二维数组（或多维数组）。

（1）字符数组的定义。

用来存放字符数据的数组称为字符数组。字符数组的定义与数值数组的定义方法类似。如：

```
char a[3];
```

此语句定义了一个名为 a 的有 3 个元素的一维字符数组。再如：

```
char b[3][4];
```

此语句定义了一个名为 b 的有 3×4=12 个元素的二维字符数组。

C 语言规定，每个字符变量只能存放一个字符，字符串必须通过字符数组才能进行处理。一维数组可以存放一个字符串，二维数组可以存放多个字符串。

（2）字符数组的初始化。

字符数组也允许在定义时作初始化赋值，有两种方式。

1）逐个字符给字符数组中的元素赋初值。

对一维字符数组的初始化，如语句“char a[3]={'y','e','s'};”相当于使用字符常量为字符数组的每个元素赋值，即 a[0]='y';a[1]='e';a[2]='s';。

如果提供的初值个数与数组定义的长度相同，在定义时可以省略数组长度，系统会自动根据初值个数确定数组长度。如：

```
char c[]={'s','t','u','d','e','n','t'};
```

数组 c 的长度自动定义为 7。用这种方式可以不必人工数字符的个数，在赋初值的字符个数较多时，比较方便。

2）用字符串常量为字符数组各元素赋初值。

可用字符串常量为字符数组各元素赋初值，如：

```
char a[4]={"yes"};
char b[7]={"school"};
```

其中花括号可省略，即：

```
char a[4]="yes";
char b[7]="school";
```

C 语言函数

1. 函数的概念

C 程序由一个 main 和任意个函数组成。

函数不可嵌套定义，具有全局性、平行性，函数分为有参与无参函数，程序从 main 开始执行，最后又回到 main 函数结束。

2. 定义函数的一般形式

（1）定义无参数的一般形式。

```
类型标识符 函数名([void])
{
声明部分
        语句
}
```

调用方式

函数名()；

若有返回值，可出现在表达式中，无返回值可单独出现。

（2）定义有参数的一般形式。

函数的定义通常包含以下内容：

```
函数返回值类型 函数名（形参表说明）        //函数首部，函数头
{
    声明语句            //函数体
    执行语句
}
```

说明：

①函数的类型是指函数返回值的类型。当不指明函数类型时，系统默认的是 int 型。

②函数名本身也有值，它代表了该函数的入口地址，使用指针调用该函数时，将用到此功能。

（3）形参全称为“形式参数”。形参表是用逗号分隔的一组变量说明（即定义），包括形参的类型和形参标识符，其作用是指出每一个形参的类型和形参的名称，当调用函数时，接受来自主调函数的数据，确定各参数的值，如：

```
int func (int x, int y)
{ … }
```

（4）用{ }括起来的部分是函数的主体，称为函数体。我们可以得到一个 C 语言中最简单的函数：

```
void dumy (){ }
```

3. 函数参数和函数的值

C 语言中采用参数、返回值和全局变量 3 种方式进行数据传递。

- 当调用函数时，通过函数的参数，主调函数为形参提供数据。
- 调用结束时，被调函数通过返回语句将函数的运行结果（称为返回值）带回主调函数中。
- 函数之间还可以通过使用全局变量，在一个函数内使用其他函数中的某些变量的结果。

（1）形式参数和实际参数。

形式参数（形参）是函数定义时由用户定义的形式上的变量。实际参数（实参）是函数调用时，主调函数为被调函数提供的原始数据。

按值传递参数——数值传递。

若实参和形参均为普通变量，则实参向形参传送数据的方式是“按值传递”，等价于：

数据类型 形参变量名=实参变量名;

形式参数是函数的局部变量，仅在函数内部才有意义，不能用它来传递函数的结果。

例如：调用函数的数据传递。

```
#include<stdio.h>
int max ( int x, int y )                //x 和 y 为形参，接受来自主调函数的原始数据
{
    int z;
    z=x>y?x:y;
    return(z);                          //将函数的结果返回主调函数
}
main()
{
```

```
    int a,b, c;
    puts("please enter two integer numbers");
    scanf("%d %d",&a,&b);
    c=max(a,b);                   //主函数内调用功能函数 max，实参为 a 和 b
    printf("max=%d\n",c);
    return 0;
}
```

说明：实参与形参必须类型相同，个数相等，一一对应。当调用函数时，实参的值传给形参，在被调函数内部，形参的变化不会影响实参的值。

按地址传递参数——地址传递。

函数的参数可以是指针类型。它的作用是将一个变量的地址传送到另一个函数中。

例如：将上例用函数处理，而且用指针类型的数据作函数参数。

```
#include<stdio.h>
void swapf(int * p1,int * p2);
main()
{
    int a, b;
    a=5; b=10;                    //说明两个变量并赋初值
    printf("before swapf a=%d   b=%d\n",a,b);
    swapf( &a, &b);               //用变量 a 和 b 作为实际参数调用函数
    printf("after swapf a=%d   b=%d\n",a,b);
    return 0;
}
void swapf(int * p1,int * p2)
{
    int temp;                     //借助临时变量交换两个形参变量 x 和 y 的值
    temp=*p1;                     //①
    *p1=*p2;                      //②
    *p2=temp;                     //③
    printf("in swapf *p1=%d   *p2=%d\n",*p1,*p2);
}
```

运行程序：

```
before swapf a=5   b=10
in swapf *p1=10   *p2=5
after swapf a=10   b=5
```

所以可以通过指针作为函数的参数，实现在函数体中对实参指针变量所指向的变量的操作。实参指针变量的作用仅是在调用函数时，为定义的形参指针变量赋初值。

（2）函数的返回值。

1）函数的返回语句。

格式：

    return 表达式;

或：

    return(表达式);

2）函数的功能：将表达式的值带回主调函数。

例如：已知函数关系 $y=\begin{cases}2x^2-x(x\geqslant 0)\\ 2x^2(x<0)\end{cases}$，编程实现。

程序如下：

```
#include<stdio.h>
int func(int x);
main()
{
    int a,c;
    scanf("%d",&a);
    c=func(a);
    printf("%d\n",c);
    return 0;
}
int func(int x)
{
    int z;
    if(x>=0)
        z=2*x*x-x;
    else
        z=2*x*x;
    return z;
}
```

说明：

①函数的返回值只能有一个。

②当函数中不需要指明返回值时，可以写成：

```
return;
```

若用 void 声明函数的返回类型，也可以不写。

③一个函数体内可以有多个返回语句，不论执行到哪一个，函数都结束，回到主调函数。如上例可改写为：

```
if ( x >= 0 )
    return (2*x*x-x);
else
    return (2*x*x);
```

④当函数没有指明返回值，即“return;”，或没有返回语句时，可以定义无类型函数，其形式为：

void 函数名(形参表)

{ …}

⑤函数定义时的类型就是函数返回值的类型。

C 语言指针

1. 什么是指针

指针是一种特殊的变量。它的特殊性表现在哪些地方呢？由于指针是一种变量，它就应该具有变量的三要素：名字、类型和值。于是指针的特殊性就应表现在这三个要素上。指针的名字与一般变量的规定相同，没有什么特殊的地方。p 指针的值是某个变量的地址值，因此我们说指针是用来存放某个变量地址值的变量。指针的值与一般变量的值是不同的，这是指针的一个特点。也就是说，指针是用来存放某个变量的地址值的，当然被存放地址值的那个变量是已经定义过的，并且被分配了确定的内存地址值的。一个指针存放了哪个变量的地址值，就说该指针指向那个变量。指针的第二个特点就表现在它的类型上，指针的类型是该指针所指向的变量的类型，而不是指针本身值的类型，因为指针本身值是内存的地址值，其类型自然是 int 型或 long 型，而指针的类型是由它所指向的变量的类型决定。指针可以指向任何一种类型的变量（C 语言中所允许的变量类型），因此，其类型是很多的，例如 int 型、char 型、float 型、数组类型、结构类型、联合类型，指针还可以指向函数、文件和指针等。

下面通过一个例子，进一步对指针的两个特点加深理解。例如：

```
int a=5,*P;
```

这里，说明了变量 a 是 int 型的，并且赋了初值。在说明语句中，*P 表示 P 是一个指针，*是说明符，它说明后面的变量不是一般变量，而是指针，并且 P 是一个 int 型指针，意味着 P 所指向的变量是一个 int 型变量。假定，要指针 P 指向变量 a，由于指针是用来存放变量的地址值的，因此，要将变量 a 的地址值赋给指针 P，变量 a 的地址表示为&a，这里&是运算符，表示取其后面变量的地址值。如果有语句：

```
P=&a;
```

则 P 是指向变量 a 的指针。假定 a 被分配的内存地址是 3000H，P 和 a 的关系如图 2.3.11 所示。

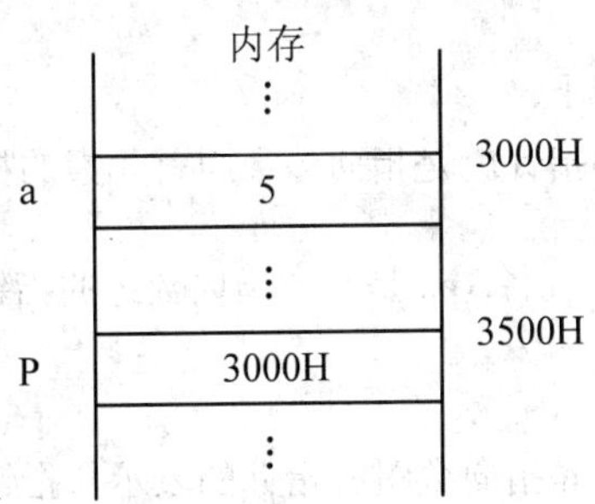

图 2.3.11　P 和 a 的内存地址

图中标明变量 a 的内存地址为 3000H，变量 P 的内存地址为 3500H，变量 a 的值（即内容）为 5，而指针 P 的值为 3000H，可见指针 P 是用来存放变量 a 的地址值的。

C 语言中关于地址值的表示有如下规定：

（1）一般变量的地址值用变量名前加运算符&表示。例如，变量 x 的地址值为&x。

（2）数组的地址值可用数组名表示，数组名表示该数组的首元素的地址值。数值中某个元素的地址值用&运算符加上数组元素名。例如：

```
int a[10],*p1,*p2;
p1=a;
p2=&a[5];
```

这里，*p1 和*p2 是指向 int 型变量的指针，“pl=a;”表示指针 p1 指向 a 数组的首元素；“p2=&a[5];”表示指针 p2 指向数组 a 的数组元素 a[5]的指针。

关于&运算符的用法，需要注意的是它可以作用在一般变量名前、数组元素名前、结构变量名前和结构成员名前等，而不能作用在数组名前，也不能作用在表达式前和常量前。

综上所述，对指针的含义应作如下理解：指针是一种不同于一般变量的特殊变量，它是用来存放某个变量的地址值的，它存放哪个变量的地址就称它是指向那个变量的指针。指针的类型不是它本身值的类型，而是它所指向的变量的类型。简单地说，对指针应记住如下两点：

- 指针的值是地址值。
- 指针的类型是它所指向变量的类型。

2. 指针的表示

在明确了指针的含义以后，接着要学会正确地表示指针。

（1）指向基本类型变量的指针表示如下：

1）指向 int 型变量的指针，例如：

```
int  * p1, *p2;
```

这里，P1 和 p2 是两个指向整型变量的指针，p1 和 p2 前的*是表示指针的说明符。

2）指向 char 型变量的指针，例如：

```
char   *pcl,*pc2;
```

这里，pcl 和 pc2 是两个指向字符型变量的指针。

3）指向 float 型变量的指针，例如：

```
float   *pf1,*pf2;
double   * pdl,*pd2;
```

这里，pfl 和 pf2 是两个指向单精度浮点型变量的指针。pdl 和 pd2 是两个指向双精度浮点型变量的指针。

（2）指向数组的指针表示如下：

1）一般地，认为指向数组的指针就是指向该数组首元素的指针，例如：

```
int a[5][3],(*pa)[3];
```

其中，a 是一个二维数组的数组名，pa 是一个指向数组的指针名，该指针指向每列有 3 个元素的二维数组。再如：

```
pa=a;
```

则表示指针 pa 指向二维数组 a 指向数组的指针的表示与指针数组的表示很相似，使用时要注意其区别。例如：

```
float m[3][2],*p1[3],(*p2)[2];
```

这里，m 是一个二维数组名，p1 是一个一维一级指针数组名。所谓指针数组就是数组的元素为指针的数组。p1 是指针数组名，数组 p1 有 3 个元素，每个元素是一个一级指针，该指针指向 float 型变量，p2 是一个指向数组的指针，它指向一个每列有 2 个元素的二维数组。可见，p1 和 p2 的表示形式很相似，前者是指针数组，后者是指向数组的指针，其含义是完全不同的。

2）指向数组元素的指针一般是指向该数组的任何一个元素，例如：

```
float n[10][5],*p;
p=&n[5][1];
```

这里，p 是一个指向 float 型变量的指针，将数组 n 的某个元素的地址值，如&n[5][1]赋给该指针 p，则 p 便是一个指向数组 n 的某个元素的指针。一般地，指向数组元素的指针是一个指向该数组元素所具有的类型的变量的指针，它与指向数组的指针在表示上是有区别的。

3. 指针的赋值

前面已经讲过，指针的值是地址值，因此，给指针赋值或赋初值要是一个地址值，而各种变量的地址值的表示方法前面已经讲过了，因此给指针赋值不是一件困难的事。

（1）赋值和赋初值。

给指针可以赋值，也可以赋初值。

赋值是用一个赋值表达式语句进行；赋初值是在说明或定义指针的同时给它赋值。

不论是赋值还是赋初值，对一般的指针都是给予一个相对应的地址值；对于指针数组，则按其数组的赋值或赋初值方法进行赋值。例如：

```
int x,*p=&x;
```

这是给指向 int 型变量指针 p 赋初值，即将 int 型变量的地址值赋给了 p。如果写成赋值的方式，如：

```
int x,*p;
p=&x;
```

又如：

```
float y[2][3],*py[2]={y[0],y[1]};
```

这是给一个指针数组 py 赋初值，py 是一个具有 2 个元素的指针数组，它的每个元素是一个 float 型的指针，这里 y[0]和 y[1]是用来表示二维数组 y 的两个行地址，即将数组 y 看成是三行三列的一个数组，每一行是一个一维数组，它由 3 个元素组成。由此可见，一个二维数组可以表示为一个一维的指针数组，该指针数组的每个元素对应二维数组的每一行。

对于指向数组的指针，一般用相应的数组名给它赋值（或赋初值），例如：

```
int x[3][5],(*px)[5];
px=x;
```

这里，px 是一个指向数组的指针名，它所指向的数组是一个具有每列 5 个元素的二维数组。将数组 x 的数组名赋给 px，则 px 将指向二维数组 x。

对于指向数组元素的指针，就将它所指向的某个数组元素的地址值赋给它。

（2）指针赋值时应注意的事项。

给指针赋值（或赋初值）除了要用地址值外，还要注意以下几点：

1）指针被定义后，只有赋了值（或赋了初值）才能使用。或者说，没有被赋值的指针不能使用。使用没有被赋值的指针是很危险的，有可能造成系统的瘫痪。因为一个没有被赋值的指针，定义后它将被分配一个内存空间，该空间仍保存着原来的内容，即存在一个"无效"的地址值，该地址值可能是内存中存放关键系统软件的地址，一旦使用了该指针去改变它所指向的内容，则会造成系统软件被改变，因此有可能造成系统的瘫痪。所以，指针在使用前一定要先赋值。

2）给指针赋值时一定要注意类型的一致。这就是说，int 型变量指针要赋一个 int 型变量的地址值，例如：

```
int a,*pa;
pa=&a;
```

上述语句是正确的，而下列赋值是错误的：

```
int*pa
float b
pa=&b
```

（3）可将一个已赋值的指针值赋给另一个同类型的指针。这里，有两点要注意：一是没有被赋值的指针不能赋给另一个指针；二是不同类型的指针是不能这样赋值的。例如：

```
int a,*p,*q
   p=&a
   q=p
```

这里，先给指针 p 赋值，然后再将指针 p 赋给同类型的指针 q，于是指针 q 和 p 同时指向变量 a。

（4）暂时不用的指针可以赋值 NULL，例如：

```
int *p;
p=NULL;
```

其中，P 是一个暂时不用的指针，被赋值为 NULL。前面讲过，指针不赋值就使用是很危险的。因此，为了避免这种危险，可将暂时不用的指针赋值为 NULL，将来使用时再重新赋值。这样，被赋值为 NULL 的指针一旦被使用也不会带来危险。被赋值为 NULL 的指针又称为无效指针。

（5）指针也可以被赋一个整型数值，但是使用这种赋值的方法要十分慎重。一般对于内存的地址分配情况不是十分清楚时，最好不要使用，因为这种赋值方法也会带来系统瘫痪的危险。

4. 指针所指向变量的值

指针的值，前面已经讨论过了，它是所指向变量的地址值。而指针所指向变量的值就是该指针所存放地址的那个变量的值。例如：

```
int a=5,P=&a;
```

显然，p 的值为变量 a 的地址值。而 p 所指向变量的值便是 a 的值，即 5。

变量的值可以直接用变量来表示，如上例中，变量 a 的值是 5，而变量的值也可以间接地用指向该变量的指针来表示，即为该指针所指向的变量值。反过来说，指针可以间接地表示它所指向的变量的值。如何表示呢？这要使用单目运算符；*作为单目运算符是用来表示指针所指向变量的值，或者称为指针所指向的内容。在上例中，*P 的值便是 5，因为*P 表示 P 所指向变量的值。运算符*的功能是用来表示它后面的指针所指向的变量值。单目运算符，又称为“间接访问”运算符。

掌握指针这个概念，不仅要知道什么是指针，而且还要知道与指针相关的两个运算符，一个是单目运算符&，另一个是单目运算符*。简单地说，&运算符是用来表示变量的地址值的；*运算符是用来表示指针所指向变量的值。这两个运算符在指针的应用中经常遇到，一定要掌握它们的功能和用法。

下面通过一个例子，进一步理解和掌握指针的值和类型，以及运算符&和*的功能和用法。

例如：分析下列程序的输出结果。

```
main()
  {
  int x,y;
  int *px,*py,*p;
  px=&x;
  py=&y;
  p=(int*)malloc (sizeof (int));
  *px=5;
  *py=6;
  *p=7;
  printf ("%p,%p,%p\n",px,py,p);
  printf("%p,%p\n",&x,px);
  printf("%d, %d,%d\n",*px,*py,*p);
  printf(" %d,%d\n",y,*py);
  }
```

执行该程序，输出结果如下：

```
地址值 1,地址值 2,地址值 3
地址值 1,地址值 1
5,6,7
6,6
```

说明：

①程序中先说明了三个指针 px、py 和 p，说明（或定义）指针时，在指针名前加*号。接着，用三个赋值表达式语句给定义的三个指针进行赋值，前两个分别将两个变量的地址值赋给了指针，后一个是使用 malloc ()函数进行分配内存单元的。赋了值的指针才可使用。

②程序中又使用三个赋值表达式语句通过指针间接地给变量赋值。其中，*px=5;与 x=5;是等价

的，*py=6;与 y=6;是等价的。这里使用的*是单目运算符。*px 表示指针 px 所指向的变量 x，*py 表示指针 py 所指向的变量 y，*p 表示 p 指针所指向的变量。通过指针可以间接地给它们指向的变量赋值。

③程序中前两个 printf ()函数是用来输出指针的值和变量的地址值的。这里值得注意的是在 printf ()函数的控制串中使用了格式符%p。%p 是 Turbo C 编译系统中提供的输出十六进制表示地址的格式符 p，这在标准 C 语言的输出格式中是没有的。使用%d 格式输出地址值是可以的，但是在 16 位机器上，十进制整型数表示不了所有的地址，因而会出现莫名其妙的负值，这是溢出后的结果。所以，在 Turbo C 编译系统中，常用%p 来作输出地址值的格式符。第一个 printf ()函数的语句输出的是三个地址值，分别是指针 px 的值，指针 py 的值和指针 p 的值。第二个 printf ()函数的语句输出两个相同的地址值，指针 px 的值就是变量 x 的地址值&x。

④程序中后两个 printf ()函数输出的是变量值，第三个 printf()函数的语句输出三个指针所指向的变量值，即为 x、y 和指针 p 所指向变量的值。第四个 printf ()函数的语句输出两个变量值，这两个变量值是相等的，因为它们是通过不同形式表示的同一个变量。y 是直接表示的变量值，*py 是间接表示的变量 y 的值。

5. 指针加减整数运算

一个指针可以加上或减去一定范围内的一个整数，以此来改变指针的地址值。例如：

```
int a[10],*p=a
```

p 是一个指向数组 a 的首元素的指针，而 p+=1 则表示指针 p 指向了数组元素 a[l]，即指向了数组的下一个元素，p+=1 表达式与 p++表达式是等效的，都是用来将指针 p 所指向的数组元素向下移一个。同理，p+=2 则表示将 p 所指向的元素向下移动 2 个，即使 p 指向 a[2]元素。指针 p 还可以作 p++、p--、p+=i、p-=i、p+i、p-i 等运算。

这里需要注意的是：指针加 1（即 p++）不是简单地将 p 的值加上 1，而是将 p 的值加上 1 倍的它所指向的变量占用的内存字节数。指针加 i（即 p+=i）是将 p 的值加上 i 倍的它所指向变量占用的内存字节数。对于 int 型变量，它占用内存的字节数为 2，因此，p+-=i 实际上是 p+=2*i，对于指针指向的变量为 float 型的，p+=i 实际上是 p+=4*i。对于指针减去一个整数也是如此。这告诉我们，指针运算不同于地址运算，尽管它们实际上都是地址运算。